긍정의 훈육

긍정의 훈육 청소년 편

초판 1쇄 발행 2018년 6월 22일
초판 3쇄 발행 2023년 6월 10일

지은이 | 제인 넬슨, 린 로트
옮긴이 | 김성환, 정유진

발행인 | 김병주
COO | 이기택
뉴비즈팀 | 백헌탁, 이문주, 백설
행복한연수원 | 이보름
에듀니티교육연구소 | 조지연
디자인 | 김지선
펴낸곳 | ㈜에듀니티(www.eduniety.net)
도서문의 | 070-4342-6124
일원화 구입처 | 031-407-6368 ㈜태양서적
등록 | 2009년 1월 6일 제300-2011-51호
주소 | 서울특별시 금천구 가산동 371-28 우림라이온스밸리 A동 1208호

ISBN 979-11-85992-78-5 (13590)
값은 표지에 있습니다.

아들러 심리학이 알려주는 존중과 격려의 양육법

긍정의 훈육

청소년 편

제인 넬슨 · 린 로트 지음 | 김성환 · 정유진 옮김

ᕦᕤ에듀니티

머리말

 어느덧 십대가 되어버린 자녀가 아기였을 때를 기억하는가? 막 걷기 시작한 그날, 얼마나 획기적인 사건이었던가! 부모라면 절대 놓칠 수 없는 장면이며, 그럴 때 부모는 자녀를 한없이 지지하고 격려하는 마음을 갖게 된다. 아이가 작은 손으로 당신 손을 꼭 잡고 한 걸음씩 걷기 시작했을 때, 당신은 얼마 후면 아이가 이 손을 놓고 스스로 걸어야 한다는 것을 알고 있었다. 손을 놓으면 넘어지기도 하겠지만 그 또한 자라는 과정의 일부분이라 생각했다.

 그래서 당신은 손을 놓고, 아이는 몇 걸음 비틀거리며 걷다가 넘어지고 만다. 그때 당신은 어떻게 했었나? 아이를 격려했을 것이다.

 "네가 해낸 걸 보렴! 몇 걸음이나 혼자서 걸었잖아. 넌 할 수 있어. 다시 한번 더 해볼까?"

 그렇게 당신은 아이와 함께 위대한 시간을 보내곤 했다. 아이가 지쳐서 더 이상 걷지 않으려 할 때에는 뒤로 물러나서 잠시 기다렸다. 때가 되면 잘 걸을 수 있을 것이라는 믿음을 갖고.

 그러면서 당신은 아이가 자랄 환경을 안전하게 꾸몄다. 날카로운 모서리를 감싸고, 아이를 다치게 할 만한 물건들을 치우고, 인생 기술을 배우는 데 안전한 공간을 만들었다. 우리는 이를 '다리 만들기'라고 부르는데, 부모는 다리 건설자인 셈이다. 자녀가 아직 어리고 도움이 많이 필요할 때, 이방 저방 옮겨 다니면서 경험하며 배우고 성장하기에 안전하도록 다리 난간을 좀 더 촘촘하게 만든다. 자라면서 점차 능숙해지면, 다리 난간 사이를 좀 더 넓혀서 안전하면서도 더 자유롭게 돌아다닐 수 있게 할 것이다.

지금 당신의 자녀는 어른이 되는 법을 배우고 있는 십대이다. 다리 난간의 폭은 어느 정도인가? 부모의 두려움 때문에 너무 좁게 만들지는 않았나? 반대로 안전하게 성장하기엔 너무 넓은 게 아닌가? 부모는 자녀가 어른으로 채 성장하기도 전에 그들을 떠나보내게 되기 십상이다. 그렇게 부모 품을 떠난 아이는 비틀거리다가 쓰러질지도 모른다. 자녀가 넘어지고 실수할 때 당신이라면 이 또한 성장과정의 일부라고 받아들일 수 있겠는가? 그런 자녀를 보면서 당신 역시 흔들리거나 실수하지 않을 수 있겠는가? 자녀를 격려하고 용기를 북돋워주고 스스로 이겨낼 것이라는 믿음을 보여줄 수 있겠는가?

청소년기는 성장과정에서 매우 중요한 시기다. 이 시기 청소년들은 자신이 누구인가 성찰하고, 부모로부터 독립하려 한다. 뇌과학 연구에 따르면, 청소년기의 두뇌는 안정적인 상태가 아니라 아직은 불안정한 상태라고 한다. 불안정한 뇌는 청소년들을 안전한 집에서 복잡한 바깥 세상으로 뛰쳐나가게 만든다.

문제는 대부분의 부모가 청소년기 뇌의 이런 측면을 잘 이해해 문제를 예방하거나 해결하기보다는 상황을 더욱 나쁘게 만드는 양육 방법을 쓰고 있다는 점이다. 이 책은 자녀와 부모의 자존감을 함께 높여주는 상호 존중의 분위기 속에서 아이들을 가르치고 격려하며 지원할 수 있도록 도와줄 것이다. 또한 자녀가 유능한 어른으로 자라는 데 도움이 될 수 있는 방법들을 보여줄 것이다. 게다가 놀라운 보너스! 당신 자신이 십대였을 때 풀지 못한 문제를 탐색하고 해결함으로써 당신 역시 앞으로 나아가는 법을 배우게 될 것이다.

이 책의 모든 장이 너무나 중요해서 어떤 장을 처음에 둘지 결정하기 어려웠다. 어느 장이든 십대 자녀를 키우는 데 큰 도움을 줄 것이므로 마음 가는 순서대로 읽어도 괜찮다.

이 책을 통해 독자들은 친절하고 단호하며 격려하는 양육에 대해 배우게 될 것이다. 십대 자녀를 키운다는 것은 부모와 자녀 모두 전쟁을 치르는 것과 같다. 대부분이 '친절하고 단호하기'보다는 그다지 효과적이지 않은 양육 방법들을 사용하게 된다. 이 시기를 지나는 동안 삶에 대한 유머와 경외감마저 잃기 십상이다. 당신의 십대 자녀가 어린 시절에 얼마나 귀엽고 사랑스러웠는지 떠올려보라. 그런 다음 지금의 십대 자녀를 다시 보면 이런 생각이 들 것이다.

'아니! 이 사람은 도대체 누구지? 그동안 무슨 일이 일어났기에…. 그나저나 나는 이제 무엇을 해야 하지?'

그러다 보니 많은 사람이 십대에게는 징벌과 보상을 사용한 통제가 필요하다고 말한다.

통제는 단기적으로는 효과가 있는 것처럼 보인다. 하지만 장기적으로는 친절하며 단호한 양육 방법으로 자란 아이가, 스스로 선택하고 책임지는 과정에서 삶의 기술들과 사회적 기술을 개발할 가능성이 훨씬 더 크다. 이 책은 십대 자녀나 당신 스스로를 포기하는 일 없이, 효과적인 해답과 원칙을 찾는 데 도움을 줄 것이다. 십대 자녀와 함께 살아가는 동안 당신은 상호 존중의 진정한 의미를 깊게 경험하고 배우게 될 것이다. 통제하지 않는 친절하면서 단호한 양육이 십대 청소년에게 얼마나 매력적인지 알게 될 것이다.

당신이 지금까지 철권통치를 해왔다면, 자녀는 더 많은 자유를 원할 것이다. 하지만 아이들은 더 많은 자유와 선택의 진정한 의미를 오해할 수 있다. 그러므로 선택에 따르는 책임을 배우도록 도와주어야 한다. 통제를 포기한다는 것은 허용적인 부모가 된다는 것이 아니다. 서로 존중하면서 아이들이 자신의 삶을 통제할 수 있도록, 즉 삶의 주인으로 살아가도록 돕는 것이다. 이를 위한 다양한 방법을 이 책에서 배우게 될 것이다.

다른 한편 지금까지 과잉보호를 해왔다면, 자녀는 책임 따윈 지고 싶어 하지 않을 것이다. 그런 아이들은 자신을 위해서 부모가 모든 일을 하도록 조종하는 데 익숙하다. 책임은 자신이 지는 게 아니라 부모가 지는 것이라 생각한다. 실제로 미숙하고 게으르고 약간은 두려움을 느낄 수도 있다. 자녀가 꼭 필요한 일을 해낼 능력이 없거나, 무얼 하든 어설퍼 보이고, 작은 일에도 쉽게 스트레스를 받는다면 어떻게 해야 할까? 아이들이 부모의 역할이란 자신들을 위해 뭔가를 계속 해주는 것이라고 생각하는 것에 대비해야 한다. 자기 행동에 대한 책임까지도 부모가 짊어져야 한다는 생각에도 대비해야 한다. 조금 힘들더라도 친절하고 단호한 양육을 실천한다면, 자녀가 더욱 책임감 있는 사람이 되고 스스로를 능력 있는 사람이라고 느끼는 것을 보면서 기뻐하게 될 것이다.

십대 자녀가 자신의 인생을 위한 준비를 하도록 하는 것이 당신의 중요한 임무다. 좀 더 어렸을 때부터 했더라면 더 좋았을 것이다. 그러나 어렸을 때 시작하지 못했다면 지금이 바로 시작할 때다! 새로운 통찰과 기술이 익숙해질 때까지 한 번에 하나씩 연습하며 조금씩 나아가면 된다. 그리하면 십대 자녀를 키우는 것이 그리 어렵지 않을 것이다. 십대 자녀를 기르는 즐거움을 누리는 것도 가능하다.

| 차례 |

자녀가 십대가 되었다는 신호

자녀가 십대가 되었을 때

샐리가 십대가 되었을 때, 어머니는 딸이 지금까지와는 다른 사람이되었다고 생각했다. 전과는 다른 스타일의 옷을 입었고, 다른 친구들을 사귀었으며, 록 가수의 팬이 되어 기타를 연주하기 시작했다. 샐리는 샐리였지만 다른 샐리가 되었다. 바로 '로커 샐리!'

샐리 어머니에게 친구가 물었다.

"샐리가 어렸을 때 슈퍼히어로에 관심이 많았던가? 원더우먼이 되고싶다며 타이츠에 W자를 꿰매달라고 했었잖아. 그런 모습이 정말 귀여웠지."

어머니는 샐리가 어렸을 때 얼마나 귀여웠는지 떠올리며 미소 지었다. 친구가 이어서 물었다.

"샐리가 저렇게 될 거라고 생각했었어? 로커처럼 입고 있잖아. 그래, 정체성을 찾고 있는 중이겠지. 하지만 저건 진짜 샐리의 모습이 아니야."

당신 자신의 모습을 떠올려보라. 십대였을 때부터 지금까지 당신의 성격은 어떻게 변해왔는가? 지금이야 청소년 자녀와 영원히 함께 살아야 할 것처럼 느껴지겠지만, 사춘기는 성장과정에서 잠깐 지나가는 때일 뿐이다. 영원히 지속되는 것도, 최종 목적지도 아니다.

이상적인 십대와 평범한 십대

우리는 십대 자녀 양육에 관한 워크숍을 할 때 '십대 그리기'라는 활동을 통해 먼저 십대에 대한 부모들의 선입견을 끌어낸다. 참가자들을 두 모둠으로 나누고 한 모둠은 대부분의 부모들이 생각하는 '평범한' 사춘기의 십대 아이들을 묘사하도록 한다. 이때 좀 과장해서 표현하라고 한다. 결과물을 모아보면 자기중심적이고, 시끄러운 음악을 들으며, 권위를 무시하고, 가족보다 친구를 더 좋아하고, 각종 포스터로 방을 지저분하게 장식해놓고, 자동차와 독립적인 스타일을 중시하며, (얼마나 끔찍해 보이는지는 상관하지 않고) 친구들 옷을 따라 입고, 이어폰을 끼고, 비디오 게임을 하고, 담배를 피우고 술을 마신다. 참가자들의 이야기를 더 들어보자.

"사실 이건 좀 과장되었네요. 모든 십대가 그렇지는 않아요."
"하지만 많은 아이들이 이런 경향이 있긴 해요."

"우리 아이는 스스로 방 청소를 하는데 아무래도 평범한 십대는 아닌 것 같아요."
"생각해보니, 솔직히 나도 한때 그랬었어요."

이 마지막 말을 듣자, 참가자들은 자신 역시 그런 청소년기를 겪었지만 거기에 머무르지 않고 계속 변화하고 성장해왔다는 것을 깨닫게 되었다.

다른 그룹에게는 부모들이 바라는 '이상적인' 십대를 그리도록 했다. 그 아이들은 학교 무도회에서 여왕이나 왕으로 뽑히고, 약속을 잘 지키고("시간을 꼭 지킬 게요, 언제나처럼요."), 다른 사람들을 잘 도와주고, 부모와 이야기하는 것을 좋아하며("내 삶의 모든 것을 이야기하고 싶어요."), 몸에 좋은 음식만 먹고, TV는 보지도 않으며, 운동도 잘하고, 운동 장학금에다 학업 장학금까지 받고, 대학진학시험인 SAT 점수도 높으며, 머리를 하거나 화장품을 사는 데 드는 돈은 아르바이트를 해서 스스로 벌고, 남은 돈은 대학 진학과 자동차 구입을 위해 저축하며, 모든 사람들을 존중하고(심지어 자기 형제자매까지!), 적극적이고, 비디오 게임이나 스마트폰 게임 따위에 시간 낭비를 하지 않는 최고 우등생이었다. 참가자들의 이야기를 더 들어보자.

"이런 아이들은 친구가 없겠는걸요? 누가 얘를 좋아하겠어요?"
"내 친구 중에 이런 애가 있었는데, 솔직히 밥맛이었어요."
"우리 아이가 약간 이런데, 너무 힘겨워해요."

"솔직히 나도 못 했으면서, 자식이 이렇게 되기를 바라고 있네요."

"이런 애들을 몇 명 알고 있는데, 정말 대단한 아이들이에요."

부모들은 이상적인 십대를 '좋은 아이'라고 생각하곤 한다. 하지만 보통 사람들의 생각과는 달리, 이런 아이들은 부모를 기쁘게 하고 부모에게 인정을 받으려 하며 어른이 되어서도 다른 사람의 기대와 요구대로 살아갈 가능성이 높다. 부모는 그 아이를 기준으로 다른 자녀들을 대한다.

"너는 왜 네 형처럼 못 하니? 엄마를 힘들게 하지 않는 애는 네 형 하나밖에 없구나."

'좋은 아이'들은 칭찬을 받을 때만 자신이 중요한 사람이라고 느낀다. 그래서 처음으로 큰 실수를 하게 되었을 때 쉽게 나락으로 떨어진다. 입시 경쟁을 잘 못 견디고, 대학에 들어가면 자신만 특별한 존재인 것은 아니라는 사실을 알게 된다. 이런 압박을 견디지 못하고, 최고가 될 수 없다는 생각에 심지어 자살하는 아이도 있다. 대학 입학 후, 아이들은 그제야 자기 정체성을 찾기 시작한다. 대학의 첫 1년을 공부 대신에 파티를 쫓아다니면서 보내기도 한다. 이젠 부모가 옆에서 뭐라 하지 않으니까.

모든 십대 아이들은 "나는 누구인가, 나는 괜찮은 사람인가?"라고 묻고 묻고 또 묻는다. 자신을 찾는 여행은 아이들에 따라 겉으로는 다르게 보일 수 있다. 드러나는 것에 현혹되지 마시라. 이 정도의 불안함도 없이 청소년기를 보내는 건 극히 드문 일이다. 부모가 이상적인 십대에 대한 환상을 갖고 있다면, 자녀는 완벽주의로 고통을 겪게 된다는 것을 명심하기 바란다.

십대 부모의 감정

자녀가 극적으로 달라짐에 따라 부모의 감정도 영향을 받는다. 어렸을 적 아이에게 배변 훈련을 시키면서 얼마나 흥미진진해 했었는지 떠올려보라. 그리고 무슨 말에든지 아이가 "싫어!"를 외칠 때는 어떤 감정이 들었던가? 초등학교에 입학하던 날, 또 자녀가 처음으로 친구 집에서 자고 오던 날은 어떤 감정이었는지 생각해보라. 그 어렸던 아이가 이제 청소년기로 접어들고 있다. 어떤 기분이 드는가? 다음에 소개하는 부모들의 충격과 스트레스가 이해가 될지도 모르겠다.

아버지인 허브는 11살 난 딸 킴이 같은 반 남자애에게 하루 동안 210통의 문자 메시지를 보낸 것을 우연히 발견했다. 서로 얼마나 좋아하며 얼마나 키스하고 싶어 하는지에 대한 이야기들이었다. 15살인 언니메이시는 남자애들이나 문자 메시지에 관심이 없었기 때문에, 허브는 어린 딸이 십대가 된 것을 깨닫고 깜짝 놀랐다.

또 다른 사례. 어머니 맥신은 의붓아들과 함께 겨울 외투를 사러 갔다. 점원이 쇼핑백에 옷을 넣어주자, 아들은 계산대에 쇼핑백을 둔 채밖으로 나가버렸다. 맥신은 쇼핑백을 들고 따라가며 감사할 줄 모르는 아들에게 짜증이 났다.

차에 탔을 때 맥신은 아들에게 이유를 물었다.

"쇼핑백을 들고 돌아다니는 걸 친구들에게 보여주고 싶지 않아요.

쪽팔리거든요."

맥신은 자기가 그 녀석을 안아주고 싶은 건지, 때려주고 싶은 건지 도무지 알 수 없었다.

샌디는 자기 조카 얘기를 했다. 어느 날 바지를 골반 아래에 걸쳐 입고, 짝짝이 양말에 끈 없는 테니스화를 신고, 빗지도 않은 머리는 무스로 떡칠이 되어 있는, 최신 '십대' 패션을 장착한 모습!

피트는 친구에게 아들 얘기를 들려주었다.

"13살 된 아들에게 대체 무슨 일이 일어난 건지 모르겠어. 1분 전엔 분명히 나랑 둘도 없는 친구였는데 갑자기 소리를 지르고 나를 원수처럼 대해. 그런 짓을 해놓고도 별것 아니라고 생각하는 녀석 때문에 정말 힘들어. 너무 열 받아서 거의 기절할 정도라니까."

피트의 친구가 웃으면서 말했다.

"피트, 십대의 세계에 온 것을 환영해. 자넨 십대의 부모로 선택된 거야!"

십대 자녀를 양육하는 것은 엄청난 스트레스다

사람들은 흔히 인생은 이래야 한다는 이상과 실제 현실과의 괴리 때문에 스트레스를 받는다. 그런데 그 사실을 이해하는 것만으로도 큰 도움이 된다. 생각 때문에 스트레스가 생기므로, 삶의 방식을 바꾸어야 한다거나 이러저러 해야 한다는 생각 자체를 바꾼다면 스트레스를 줄이는 데 도움이 될 것이다. 심호흡을 하거나 산책을 하지 않아도, 진정제를 먹거나 술을 마시지 않아도 된다. 다음과 같은 활동을 하고 나면, 스트레스를 줄이는 게 그리 어렵지 않다는 것을 알게 될 것이다.

스트레스 실습

1. 종이 한 장을 펼치고, 맨 위에 십대 자녀는 이래야 한다는 당신의 생각을 적는다.

2. 맨 아래에 십대 자녀가 실제로 어떤 모습인지 적는다.

3. 맨 위와 맨 아래 사이의 빈 공간을 보라. 거기에 큰 글씨로 '스트레스'라고 쓴다. 스트레스는 이처럼 삶은 이래야 한다는 당신의 생각과 실제의 삶 사이의 빈 공간에 존재한다. 왜 그렇게 스트레스를 받았는지 보이는가? 둘 사이의 공간이 너무 크기 때문일 것이다.

4. 다음으로 스트레스를 받을 때 자신이 어떻게 하는지 생각해보고 종이 중간쯤의 빈 곳에 쓴다. 이는 스트레스에 대한 당신의 대응 방식이다.

5. 그 대응 방식을 자세히 살펴보라. 그 대응 방식 때문에 더 스트레스를 받고 있다는 생각이 들지 않는가.

6. 종이 아랫부분을 위로 접어 올린다. 이때 위아래 글씨가 같은 쪽이 되도록 접어 올려서 기록한 내용이 한꺼번에 보이게 한다.

7. 삶은 이래야 한다는 당신의 생각과 실제의 삶을, 중간의 스트레스 없이 바라보라. 어떤 생각이 들고, 어떤 감정이 느껴지며, 어떤 결심을 하게 되는가?

어머니인 에이미는 이 활동을 할 때, 맨 위에 이렇게 썼다.

"내 아들은 자꾸 게으름을 피운다. 숙제를 하지 않고 버티고 버티다가 마지막에 간신히 해서 나를 화나게 한다. 계속 잔소리를 해야 해서 싫다."

아래에는 이렇게 썼다.

"내가 무엇을 하든, 아들은 화만 내고 더 게으름을 피운다. 어떻게든 숙제를 해내기는 하지만 서로에게 너무 스트레스가 된다."

종이의 위와 아래 사이에는 스트레스를 어떻게 푸는지 썼다.

"왜 해야 할 일을 하지 않는 건지 화가 치밀어 오른다. 뭐든지 그때 아들이 하고 있던 걸 중지시키고 숙제를 하라고 다그친다. 그동안 허용해주던 것들을 금지시킬 거라고 겁을 주고 화를 낸다."

에이미는 아들을 변화시키지 못해 스스로를 실패한 어머니라고 생각했다. 종이를 접어서 맨 위와 아래를 맞추고 바라보면서 이렇게 말했다.

"소용없는 짓이었지요. 아무리 화내고 잔소리를 해도 바뀌는 것은 없으니까요. 아무리 하라고 해도 버티고 버티다 마지막에야 숙제를 합니다. 내가 그러는 게 아들을 더 게으르게 만든다고요? 어차피 내가 뭘 해도 아무것도 변하지 않으니 이젠 나라도 스트레스를 받지 말아야겠어요. 잔소리를 하는 대신 칭찬을 했을 때 아들의 표정을 지켜보는 것도 재미있을 것 같아요."

'스트레스 실습'은 많은 부모의 스트레스를 줄이는 데 도움을 주었다. 당신의 자녀가 지금 십대라 하더라도 영원히 십대는 아닐 거라는 점을 생각한다면 스트레스를 줄일 수 있을 것이다.

아이들의 지금 모습이 영원히 지속되는 것은 아니다

메리가 십대였을 때, 어머니는 메리가 자기 방이나 싱크대에 그릇을 그냥 둔다고 끊임없이 잔소리를 했었다. 메리는 지금 남편에게 똑같은 잔소리를 하고 있다. 또 브라이언은 십대였을 때 자기중심적이고 이기적으로 보였지만, 지금은 사회복지사가 되어 사람들을 돕고 있다.

당신이 십대였던 때를 떠올려보라. 어른인 지금은 그때와 어떤 차이가 있는가? 책임감이 더 커지지 않았나? 삶에 대해 더 많은 목적과 동기를 갖고 있지 않은가? 그때에 비해 덜 이기적이지 않은가? 다른 사람을 더 많이 배려하지 않는가? 십대부터 지금까지 자신이 어떻게 변화해왔는지 기록해보는 것도 큰 도움이 될 것이다.

보기에는 그렇지 않다 해도 십대는 아직 다 자란 것이 아니다. 그들의 행동은 일시적일 뿐이다. 십대는 자신이 다른 가족과 어떻게 다른지, 자신이 어떻게 느끼는지, 어떤 생각을 갖고 있는지, 자신의 가치가 무엇인지 탐색하고 싶어 한다. 이처럼 가족과 분리되어 자신의 개성을 만들어가는 과정을 개성화individuation라고 한다.

십대의 개성화는 빠르면 10~11세에, 늦으면 18~19세에 시작된다. 그런데 신체적으로는 변하더라도 개성화가 되지 않는 사람도 있고, 어른이 되어서야 급격하게 개성화하는 사람도 있다. 개성화의 8가지 특징을 살펴보자.

개성화의 8가지 특징

1. 자신의 정체성을 찾고 싶어 한다.

2. 개성을 찾아가는 과정은 반항하는 것처럼 보이기도 한다.

3. 몸과 마음에서 엄청난 변화를 겪는다.

4. 가족보다 친구를 우위에 둔다.

5. 능력과 자율을 갈구하고 경험하려 한다.

6. 부모로부터 사생활을 지키려 한다.

7. 십대 자녀는 부모를 당황시킨다.

8. 자신이 전지전능하다고 생각한다.

이런 특징은 십대 전반에 걸쳐 계속 나타난다는 점을 명심해야 한다. 하지만 겉으로 드러나는 발달 과정은 그때그때 매우 다르게 보일 수 있다.

1. 자신의 정체성을 찾고 싶어 한다

부모가 모르는 비밀이 생기기 시작하면 자녀가 개성화하고 있다는 신호이다. 당신이 사춘기였을 때에는 어떤 비밀을 갖고 있었는지 기억나는가? 부모들과 '십대의 비밀'(자신이 십대였을 때 부모 모르게 했던 것들)이라는 활동을 할 때였다. 야밤에 부모 몰래 밖에 나갔던 이야기와 술을 마시거나 담배 피운 이야기, 이성 친구와 포옹하고 키스했던 이야기, 감옥에 가게 되었다고 장난친 이야기들을 나누면서 다들 박장대소했었다. 그랬던 사람들이 지금은 회사 대표, 교사, 교장, 기계공, 의사, 배관공이며, 동시에 자신들이 십대 때 했던 짓을 지금 십대인 자녀가 할까 봐 두려워하는 아버지와 어머니들이다.

2. 개성을 찾아가는 과정은 반항하는 것처럼 보이기도 한다

부모들은 십대 자녀가 반항을 할까 봐 걱정하지만, 반항하지 않는 게 더 걱정스러운 일이다. 십대는 가족과 분리되는 과정을 거쳐야 하는데, 반항하면서 그 과정을 겪는다. 처음에는 가족이 중요하게 여기는 가치에 도전하고, 부모가 원하는 것과는 완전히 반대되는 것만 하려고 한다. 그러고는 점차 다양한 방식으로 반항할 것이다. 개성화 과정 초기에는 대체로 부모에게 대항한다. 부모의 의도와 정반대로 행동하는 것은 다른 존재가 되는 가장 간단하면서 자연스러운 방법이다.

십대에 반항을 허용하지 않는다면 20대, 30대 또는 50대가 되어서 반항할 수도 있다. 반항하지 않는 십대는 위험을 감수하거나 있는 그대로의 자신을 받아들이길 두려워하는 '인정 중독자'일 수 있다.

가정에서 지지받으면서 개성화 과정을 거친 십대는, 20대에 가족의 가치를 다시 받아들이게 될 가능성이 더 높다. 반대로 비하적인 판단, 처벌, 통제를 당한 십대는 개성화하는 데 어려움을 겪게 되고 나중에 가족의 가치로 돌아오게 될 가능성도 더 낮다.

3. 몸과 마음에서 엄청난 변화를 겪는다

자신들이 원하든 원하지 않든 아이들은 신체적, 성적으로 성숙하고 있으며, 이건 본질적으로 통제할 수 없는 생물학적 과정이다. 이로 인해 나타나는 모순적이고 격동적인 감정 때문에 아이들 스스로 이 같은 변화를 두려워할 수 있다. 자신의 몸이 친구들에 비해 너무 빠르게 성숙하고 있다고 느낄 수도 있고, 너무 느리게 성숙하고 있다고 느낄 수도 있다. 대부분의 부모들은 자녀가 좀 더 천천히 성숙하기를 바라지만, 그게 마음대로 될 리는 없다.

신체적인 성숙이 진행되면서 갑작스럽고 엄청난 호르몬의 변화가 일어나고 마치 조울증에 걸린 것처럼 감정의 롤러코스터를 경험하기도 한다. 1분 전만 해도 그렇게 밝고 유쾌하던 아이가 지금은 당신을 미치게 만들 수도 있다. 어떤 아이들은 신체적 성장이 너무 빨라서 실제로 몸이 손상되는 성장통을 겪기도 한다.

많은 연구자가 청소년기에 뇌 발달의 '두 번째 물결'을 겪는다고 이야기한다. 또한 사춘기가 시작되면서 여러 가지 호르몬 작용과 새로운 뇌 발달로 인해 폭발적인 경험을 하게 된다고 말한다. 충동이나 감정을 조절하고 문제를 해결하는 역할을 하는 전두엽은 아직 성숙하고 있는 중이다. 십대는 원시 뇌라고 불리는 변연계에서 감정을 처리하고 결정한다. 그러니까 십대는 다른 사람들에게 반응하고 자신의 감정을 이해하며 어떤 결정을 내릴 때에 본능에 의존한다. 그래서 십대는 충동적이고 드라마틱하며 위험에 쉽게 몸을 내던지곤 한다. 십대가 자신의 감정을 알아차리고 두뇌로 충분히 생각하도록 도와주어야 한다(이 점은 6장에서 자세하게 다룬다).

십대의 이상한 선택이나 행동들이 두뇌 발달 과정의 특성이니까 봐달라는 건 아니다. 하지만 부모와 교사가 두뇌 발달 과정을 이해한다면, 왜 십대들에게 다가가 친절하고 단호하게 훈육하면서 올바른 사회적 기술을 가르쳐야 하는지 이해할 수 있을 것이다. 그리고 인내하고 또 인내해야 한다는 것도!

두뇌 발달 과정을 이해하면 십대 자녀의 행동을 부모를 향한 것으로 받아들이지 않을 수 있고, 침착하고 친절하며 단호해지는 데도 도움이 된다.

4. 가족보다 친구를 우위에 둔다

십대 아이들은 또래 집단에 소속되는지 아닌지를 매우 중요하게 여기며, 이런 사회적 관계의 바탕 위에서 중요한 결정들을 내린다. 그 때문에 부모는 열을 받곤 하지만 이건 십대의 중요한 특성 중 하나라는 점을 받아들여야 한다. 아이들은 자신이 승자인지 패자인지 판단하는 것을 중시하며, 스스로를 패자라고 생각하면 복잡하고도 격렬한 반항을 한다. 매우 혼란스러워하거나 심각한 트라우마가 되기도 한다. 그런데 도대체 친구들과 어울리느라 가족은 거들떠보지도 않는다는 게 말이 되는가!

개성화 과정에서는 친구 관계가 매우 중요함에도 부모들은 이를 거부나 반항으로 받아들이곤 한다. 개성화 과정을 부모에 대한 도전이라여기지 말자. 부모가 인내심을 가지고 힘겨루기나 비판하고 싶은 마음을 조절할 수 있다면, 자녀가 20대가 되었을 때 가장 친한 친구로 부모 곁에 있어줄 것이다.

5. 능력과 자율을 갈구하고 경험하려 한다

친구나 이웃들이 당신 자녀를 가리켜 정말 공손하고 착한 아이라고 이야기할 때 속으로 충격을 받은 적이 있을 것이다.

"실례지만, 누구 이야기를 하는 거죠?"

그러나 이것은 당신이 양육을 제대로 하고 있다는 증거다. 아이가 부모에 대해서는 자신의 능력을 시험하고 있지만, 공적인 곳에서는 부모에게 배운 대로 실천하고 있는 것이다.

십대 아이들은 이 세상에서 중요한 존재이자 능력 있는 사람이 되기를 강렬히 원한다. 그래서 부모의 지시나 명령을 받지 않고 스스로 할 수 있는 일을 결정하고 해내기를 원한다. 그런데 부모는 이를 자신들의 권위에 반항하는 것으로 받아들이고, 대판 싸우기 일쑤이다. 핵심은 자녀가 탐색하는 것을 존중하고 지지하며, 중요한 삶의 기술들을 가르치는 것이다. 자녀가 집 안에서 편안함을 더 느낄수록, 개성화 과정은 덜 고통스럽게 진행될 것이다.

6. 부모로부터 사생활을 지키려 한다

왜 십대 자녀들은 페이스북 같은 소셜 네트워크에서는 자신의 모든 생각과 감정을 공개 방송하면서 정작 부모에게는 사생활을 보장해달라는 걸까? 이건 합리적이지 않잖아! 이런 불평은 그만 멈추고, 페이스북 친구가 되면 된다.

아이들은 자신이 변화하는 속도가 너무 빠르고 조절할 수 없기 때문에 가족이 그걸 지켜보는 것을 원하지 않을 수도 있다. 자신에게 무엇이 중요한지를 스스로 찾고 싶어 하기 때문에, 뭔가를 결정할 때 부모의 허락을 구하지 않고 판단하고 행동하려고 한다.

십대는 부모와의 갈등을 피하거나 부모를 실망시키지 않으려고 다양한 방법을 개발해낸다. 가방에 옷과 화장품을 감춰두었다가 하교할 때 갈아입고 화장을 하거나, 몰래 담배를 피우고 성인영화를 보기도 하고, 일기장에 비밀 이야기를 쓰거나 부모가 알면 허락하지 않을 만한 친구들과 어울린다. 아니면 공공연한 거짓말로 자신의 사생활을 보호하려 한다.

아이들은 부모를 사랑하기 때문에, 부모를 보호하기 위해서 거짓말을 하곤 한다. 부모의 감정을 상하지 않게 하면서 자신이 하고 싶은 것을 할 수 있기를 원한다. 반대로 부모의 가혹한 비판이나 조치로부터 자신을 보호하기 위해서 거짓말을 하기도 한다. 십대 아이들이 하는 말을 들어보자.

"파티에 갈 때 거짓말을 해요. 엄마는 어른이 없는 파티에는 절대로 보내주지 않거든요."

"저는 엄마에게 꽤 정직한 편이에요. 엄마는 저를 제 나이보다 더 어른처럼 대해주고, 술을 예의 바르게 마시는 법을 가르쳐 주시거든요."

"1, 2학년 때 거짓말을 했었어요. 하지만 더 이상 거짓말을 하고 싶진 않았어요. 지금은 솔직하게 이야기를 많이 해요."

"엄마, 아빠가 듣고 싶어 하지 않는 것은 굳이 말하지 않아요. 좋은 이야기만 듣고 싶어 하잖아요. 그래서 이렇게 좀 꾸며서 이야기해요. '파티에 갔더니 어떤 정신 나간 여자애가 취해서 해롱거리고 있더라고요.' 사실 걔가 저예요, 헤헤."

"내가 사실을 이야기하면 엄마는 이해도 못하고 열을 받아버리기 때문에 무기력해져요."

"사실대로 이야기하는 것은 엄마, 아빠에게 달렸죠. 솔직히 이야기할 수도 있지만, 어떤 건 이야기하면 우리를 침대에 묶어버리려 할걸요?"

십대 자녀가 거짓말을 하는 동기를 이해한다면, 부모에게 사실대로 말해도 괜찮은 분위기를 더욱 효과적으로 만들 수 있다. 사실대로 이야기하면 비난과 고통 그리고 수치심을 겪을 게 뻔한데, 사실대로 이야기할 사람이 누가 있겠는가? 간절히 원하는 것을 하지 못하게 할 게 뻔한데, 당신이라면 사실대로 말할 수 있겠는가?

스스로 선택하고 실수하며 배우는 것을 당신 부모님이 못하게 막으려 한다면, 당신 역시 사실대로 말하기 어려울 것이다. 반면에 스스로 선택하고 실수하면서 새로운 가능성들을 탐색하는 것을 당신의 부모님이 믿어준다면, 당신도 솔직하게 말할 수 있을 것이다. 실수할 때조차도 부모가 지지하고 격려해준다는 것을 안다면 솔직하게 말할 가능성은 더 높아지기 마련이다.

프라이버시를 요구하는 십대 자녀가 두려울 수도 있다. 아이들이 무엇을 하고 있는지 모두 알지 못한다면, 부모로서 책임을 다하지 못하는 거라고 걱정할 수도 있다. 부모가 제대로 단속하지 않으면 자녀가 술이나 담배, 마약에 손을 대거나 비행을 저지르게 될까 봐 두려울 것이다. 그러나 중요한 사실은 이렇다. 십대 아이들이 비행에 빠진다면, 당신이 아무리 감시해도 소용없다. 오히려 아이들은 발각되지 않으려고 더욱 더 깊은 어둠 속으로 몸을 숨길 것이다.

이런 재앙을 막을 수 있는 가장 좋은 방법은 십대 자녀와 친밀하고 단호한 관계를 유지하는 것이다. 그리하여 자신이 부모에게 무엇과도 바꿀 수 없는 소중한 존재임을 알게 하고, 어른의 지혜가 필요할 때 부모에게 손 내밀 수 있도록 부모가 준비되어 있어야 한다. 부모는 자녀가 스스로에게 무엇이 중요한지 알아차릴 수 있도록 도와주어야 한다.

7. 십대 자녀는 부모를 당황시킨다

십대 자녀들은 공공장소에서 부모를 당황하게 만들거나 아예 가족들과 함께 외출하지 않겠다고 말하기도 한다. 지금까지 가족이 함께 해오던 좋은 시간들을 갑자기 거부하기 시작한다. 그렇게 부모를 내 팽개치는 것도 모자라 가족과 함께하는 것을 창피스러워한다. 그러나 당신이 두고두고 괘씸하게 여기지만 않는다면, 그건 일시적인 현상일 뿐이다.

아이들은 대체로 자기가 진짜 느끼는 그대로 부모에게 표현하지 않는다. 아이들과 만나서 부모에 대해 3~5개의 형용사로 말해보라고 하면, 믿을 수 없을 정도로 부모에 대해 긍정적으로 표현한다. 자녀가 자신을 미워할 거라고 확신하는 부모에 대해서조차도 멋지고, 친절하고, 잘 도와주고, 공정하다고 표현했다. 아침, 점심, 저녁 쉬지 않고 부모와 싸웠다는 아이들조차도 그랬다.

어느 새어머니는, 아들이 자신을 가족으로 받아들이고 있다는 이야기를 듣고 놀라서 물었다.

"오 이런! 네가 나를 엄마로 받아준다고 생각지 못했는데…."

"무슨 소리예요? 우린 가족이고, 엄마잖아요."

아들은 이렇게 느끼고 있었는데도 어머니는 그럴 거라고 전혀 생각하지 못했던 것이다.

8. 자신이 전지전능하다고 생각한다

자녀에게 옷 입는 방법이나 음식 먹는 방법, 또는 할 수 있는 것과 할 수 없는 것을 일일이 가르치는 부모들을 보면, 십대란 감기에 걸리거나 병을 앓는 일도 절대 없고 잠잘 필요도 없으며 정크푸드만 먹거나 아예 아무것도 안 먹어도 얼마든지 살 수 있다는 사실을 이해하지 못하는구나 하는 생각이 든다.

많은 부모가 자녀들이 그러고도 어떻게 살아남았는지 놀라워하지만 사실 대부분의 십대 아이들은 이렇게 지낸다. 어떤 사람들은 우리가 제시하는 방법이 지나치게 허용적이어서 심각한 문제를 일으킬 수도 있다고 하지만, 사실은 정반대다.

허용적인 것과는 다르다

'개성화의 8가지 특징'을 보고 강하게 반발하는 부모들도 있다. 그들의 이야기는 대부분 비슷하다.

"어린아이들이 자기 마음대로 하도록 내버려 두라니, 그건 부모임을 포기하는 거라고요."

절대로 아이들이 자기 마음대로 하도록 내버려 두라는 말이 아니다. 지나치게 허용적인 태도는, 자녀가 이 세상에서 가치 있는 것을 배우는 동안 부모로서 적절한 지원을 하지 않는 것이다. 십대 아이들은 반항심을 불러일으키는 외적 통제가 아니라, 안내가 필요하다.

반항의 불길에 부채질하지 마라

십대 자녀의 반항은 1~5년 정도로 일시적인 현상이라는 걸 잊지 않기를 바란다. 하지만 이런 반항이 개성화 과정의 한 부분임을 이해하지 못하고 큰 문제인 양 만들어 버린다면, 성인이 되어서도 그 반항은 끊이지 않을 것이다. 부모가 친절하고 단호한 양육법을 사용하면 자녀의 반항은 다소 줄어들 수 있다. 하지만 개성화를 정상적인 성장과정으로 받아들이지 않으면 자녀의 반항은 더 격렬해질 수 있다.

만약 당신이 그저 편안한 마음으로, 아이들이 자기 생각을 만들어가는 실험을 하는 중이라는 것을 기억한다면 자녀가 성장하는 과정을 함께 즐길 수 있을 것이다. 또한 당신이 편하게 마음먹으면, 자녀가 지금 보이는 모습이 결코 부모의 모습은 아니며 어른이 되어서 자녀가 그런 사람으로 살게 되는 것도 아니라는 것을 믿게 될 것이다. 이와 같은 새로운 태도를 가진다면 지금 일어나는 일에 쉽게 흔들리지 않고 장기양육에 집중할 수 있으며, 자녀가 믿을 수 있는 가이드이자 퍼실리테이터가 되는 법을 배울 수 있다.

이 장에서 배운 친절하며 단호한 훈육법

1. 당신이 반박하고 꾸짖고 설교하고 창피를 주지 않는다면, 자녀는 안정적인 십대를 보낼 수 있다. '이거 흥미로운걸' 하는 마음으로 등을 기대고 앉아서 자녀가 하는 것을 지켜보라.

2. 당신이 십대였을 때와 자녀가 똑같을 거라고 지레짐작하지 말고, 자녀에게 어떤 일들이 일어나는지를 지켜보라.

3. 당신의 십대 자녀는 지금 다 자란 게 아니라 자라고 있는 중임을 기억하라.

4. 당신이 십대 자녀가 성장하는 과정을 자랑스러워하는 게 아니라, 반항의 불길에 기름을 끼얹고 있는 건 아닌지 살펴보라. 개성화의 특징들을 다시 살펴보라.

5. 십대 자녀의 세계로 들어가기 위해 노력하라. 그리고 청소년기라는 질풍노도의 시기를 여행하는 자녀를 자랑스러워하라.

6. 혼자만의 시간 같은 프라이버시에 대한 자녀의 요구와 친절하며 단호한 부모의 지원 사이에서 균형을 유지하라.

7. 처벌하고 통제하는 대신 '성장'을 돕는 법을 연습한다.

십대 자녀와 좋은 관계를 유지하는 것은 너무나 중요하기 때문에, 각 장의 마지막에 나오는 활동에 대해 매주 잠깐이라도 시간을 내서 기록을 하기 바란다. 그렇게 쓰다 보면 더 잘 알아차리게 되고, 새로운 방법을 연습하는 데에도 큰 도움이 된다. 또한 당신이 타고난 놀라운 지혜를 발견할 수도 있고, 올바른 길로 갈 수 있게 안내를 받을 수도 있다. 노트에 자신의 대답을 쓰는 동안 당신은 더욱 더 많은 통찰력을 얻고, 인식을 확장하며, 무엇보다 실수에서 배울 수 있게 되며, 타고난 지혜를 잘 활용할 수 있게 된다.

자녀의 말과 행동은 부모인 당신 것이 아니라 자녀의 것임을 깨달을 때, 그 말과 행동 때문에 부모가 자신을 비난하거나 자기 문제로 받아들이는 것을 그만둘 수 있게 된다. 당신 자녀는 당신이 아니라, 부모와 분리된 개별적인 존재다. 자녀의 성공과 실패는 그들의 것이며, 그들이 경험하고 배워야 할 것이다.

1. 자녀가 당신과 분리된 존재임을 깨달을 수 있도록 당신을 괴롭게 하는 자녀의 행동을 하나 고른다. 아래 목록에서 골라도 좋다.

    a. 수업을 빼먹는다.

    b. 방에서 뒹굴면서 시간을 낭비한다.

    c. 가족 여행 가는 것을 거부한다.

    d. 부모가 선물로 사준 옷을 팔아버린다.

    e. 변덕스럽다.

    f. 해야 할 집안일을 잊는다.

    g. 극장에서 부모 옆에 앉지 않으려 한다.

    h. 대학에 가지 않으려고 한다.

2. 다음의 두 가지 태도를 살펴보라.

    a. 이 문제를 부모 자신의 문제로 받아들인다면 자기 스스로에게 이렇게 말하고 있을 것이다.

    "아이가 어떻게 행동하는가에 따라 나의 성공과 실패가 결정된다. 나는 끔찍한 부모일 수도 있고, 좋은 부모일 수도 있다. 다른 사람들은 나를 어떻게 생각할까? 아이를 위해 할 수 있는 모든 것을 다 했는데도 그런 식으로 행동한다면, 나는 대체 무엇을 할 수 있단 말인가? 아이가 나를 싫어하는 게 틀림없어, 그렇지 않다면 그런 행동을 할 리가 없지."

    b. 이 문제를 부모 자신의 문제로 받아들이지 않는다면 자기 스스로에게 이렇게 말하고 있을 것이다.

    "아이가 어떻게 행동하는가는 내가 아니라 아이 자신에게 달린 일이다. 자신의 삶에서 가치 있는 것을 스스로 탐색하면서 찾아내는 게 중요하다. 아이들은 도전하고 실패에서 배운다는 것을 믿는다. 이것이 아이들에게 어떤 의미일지 궁금하다."

3. 당신을 괴롭게 하는 행동을 다시 보고, a의 태도를 갖고 있다면 어떻게 행동할지 적어보라. 그런 다음 b의 태도를 갖고 있다면 어떻게 행동할지도 적어보라.

4. 실습을 통해 배운 것을 자녀와 이야기해보라.

2장

당신은 자녀의 편인가

사랑의 마음이 확실히 전달되게 하자

십대 자녀는 자기 인생이라는 비행기의 조종사가 되고 싶어 한다. 부모에게 사랑받고 싶고 부모가 지지해주고 받아들여 주기를 원하지만, 필요할 때 말고는 자신의 인생을 추구하도록 부모가 내버려 두기를 바란다. 심지어 어떤 때는 자신의 비행기에서 부모를 걷어차서 떨어트리려는 것처럼 행동하기도 한다.

반면에 많은 부모가 자녀의 인생 비행기를 직접 조종하고 싶어 한다. 자녀에게 조종간을 넘기면 그들에게 문제가 생기거나 상처를 입고 실패하거나 심지어 죽게 될까 봐 두려워한다. 이런 두려움 때문에 부모는 자녀를 과잉통제하고 그러면 자녀는 더 격렬하게 반항한다.

친절하며 단호한 부모가 되는 긍정훈육을 배우면 자녀 인생 비행기의 부조종사가 되어 함께 운항할 수 있다. 자녀가 뛰어난 실력과 책임감을 가진 인생 비행기의 조종사로 성장할 수 있도록 지지하고, 자녀에게 도움이 필요할 때 도움을 줄 수 있다. 실제 비행기에서 그러하듯 부조종사가 비행기를 조종하게 되는 순간이 올 수도 있다. 하지만 그런 경우는 매우 드물다.

코니는 아들 브래드의 인생 비행기의 숙련된 부조종사가 되는 법을 배우고 싶었다. 그래서 긍정훈육 부모교육모임에 참여했고, 아들의 인생 비행기를 조종하려 하면 할수록 처참하게 실패할 수밖에 없었던 이유를 알게 되었다. 코니는 실습을 하면서 아들의 세계로 들어가 볼 수 있었다. 이를 통해 엄하게 통제하면 반항을 하고 반대로 친절하게 허용해주면 아들이 그걸 교묘하게 이용한다는 것을 알게 되었다. 코니는 친절하며 단호하게 아들을 대하는 것이 중요하다는 것을 이해하게 되었고 여기에 능숙해지도록 열심히 연습했다.

하지만 브래드가 학교를 빼먹었다는 것을 알게 되었을 때, 그동안 배웠던 것은 모두 잊어버리고 조종석으로 뛰어 들어가서 과거에 그랬던 것처럼 조종하기 시작했다. 브래드를 방으로 몰아넣고 무책임한 행동에 대해 일장 연설을 늘어놓았다. 잔소리는 점점 심해져서 이전에 형에게 심하게 굴었던 것까지 이야기하자 브래드는 그만하라고 소리쳤다.

"엄마야말로 저를 전혀 존중하지 않잖아요."

코니는 자신이 너무 화가 난 나머지 아들을 말로 때리고 있다는 것을 느꼈다. 순간 부모모임에서 들었던 '사랑의 마음이 확실히 전달되게 하자'는 이야기가 떠올랐고, 지금 무슨 일이 벌어지는지를 알아차렸다. 코니는 태도를 바꾸었다.

"아들, 엄마는 네 편이라는 거 알고 있니?"

"내가 그걸 어떻게 알아요?"

브래드의 눈에 눈물이 맺혔다.

"매번 이렇게 나를 깔아뭉개 버리는데, 엄마가 내 편이라는 걸 어떻게 아냐고요?"

코니는 충격을 받았다. 솔직히 브래드를 깔아뭉개려고 했던 것은 아니었다. 단지 잘못을 지적하고 더 잘할 수 있도록 동기부여를 한다고 생각했었다.

코니는 아들을 안고, 눈물을 참으며 말했다.

"너를 도와주는 게 아니라 상처를 주고 있었다는 것을 몰랐어. 정말 미안해."

아들의 잘못에 잔소리와 비난 폭격을 퍼붓는데 어떤 아들이 어머니를 자기편이라고 느낄 수 있겠는가? 다행히 코니는 자신의 행동을 알아차리고 태도를 바꾸었다. 브래드의 방을 나서면 코니가 말했다.

"우리 둘 다 진정되고 나서 다시 이야기하면 어떻겠니?"

오랜 습관을 바꾸는 건 쉽지 않다

부모는 당연히 자녀 편이지만, 아이들은 그렇게 느끼지 않는 경우가 많다. 사실 부모들의 행동은 똑똑한 관찰자조차 속아 넘어갈 정도이다. 자녀를 위한다고 말은 하지만 부모들은 자녀 편이라는 게 무엇을 의미하는지, 인생을 행복하게 살기 위해 필요한 성격과 인생 기술을 개발하는 데 정말로 필요한 것이 무엇인지 보지 못할 때가 많다.

부모가 더 불안해할수록 아이들은 부모가 자기편이라는 느낌을 덜 받게 될 것이다.

'왜 엄마가 갑자기 막 열을 올리는 거지?'

자녀가 이렇게 느낄 때, 아마도 당신은 경제가 어렵고 구직난이 심각하다는 무서운 뉴스 폭탄 세례를 받고서, 자녀가 일자리를 구하기 위해 고군분투하는 20대가 되기 전에 지금부터 제대로 관리해야겠다는 생각을 했을지도 모른다. 그 관리란 유명 유치원에서부터 시작해 아직 어린 아이를 수많은 레벨 테스트와 자격증의 함정으로 몰아넣고 결국 대학 입학 경쟁으로 내모는 것이다. 미디어에서 "세상은 당신이 젊었을 때와는 완전히 달라요. 모든 것들이 훨씬 더 어려워졌죠."라고 하는 이야기를 들으면 당신 자신의 생각과 판단을 깎아내리기 쉽다. 예를 들면 "아이고, 내가 큰 실수를 했네. 세상을 너무 쉽게 생각했어."라거나 "내 아이가 혹시 실수를 한다면 세상 사는 게 더 어려워질 거야."라는 착각 속으로 빠져들게 된다.

긍정훈육은 세상을 살기 쉬운 곳이라고 말하는 게 아니다. 또 자녀가 행복하고 성공적인 삶을 살도록 준비시키려는 부모의 마음을 무시하지도 않는다. 오히려 긍정훈육의 양육 방법은, 십대들이 다양한 어려움에 효과적으로 대처하고 늘 행복한 사람으로 성장하는 것을 돕기 위해 만들어졌다.

부모들은 미디어에서 심각한 경제적 경고를 접하게 되면 아이가 스스로 선택하고 경험하며 실수하면서 성장하도록 지지하기보다는, 자녀가 모든 과목에서 A학점을 받아야 한다며 공부하라고 종용하거나 숙제를 대신 해주고 한 치의 오차도 없는 완벽한 지원서를 만들어내기 위해 철저히 통제하려고 할 것이다. 하지만 이것은 매우 근시안적인 생각이다. 자신의 실수로부터 배우면서 자신의 책임으로 삶의 의미를 추구하고 만들어가지 않는다면, 모든 과목에서 A학점을 받는다 해도 아무런 의미가 없다. 두려움이나 자기비판, 망칠 거라는 부정적인 생각을 갖게 되면 부모는 자신이 어느 편에 서 있는 건지 잊어버리기 쉽다. 그러면 자연히 이전에 해오던 가장 익숙한 양육방식으로 돌아가게 된다(양육방식에 대해서는 3장에서 자세하게 다룬다).

통제하는 부모가 되어 비난하고 꾸짖고 일장 연설을 늘어놓고 지적하고 깎아내리고 실망감을 표현한다면, 자녀는 지지받고 사랑받는다고 느낄 수 없다. 자녀는 통제하는 부모의 사랑은 조건부 사랑이라고 여기게 된다. 즉 부모를 자신의 편으로 만드는 유일한 방법은 부모가 원하는 것을 정확하게 하는 것이라 믿게 되는 것이다. 이것은 실존적 위기를 불러온다. 부모가 원하는 것만 하면서 어떻게 자신이 진정으로 바라는 것을 발견할 수 있겠는가? (일반적으로 반항은 부모가 너무 심하게 통제하는 게 아닌 한, 부모를 거스르기 위해서 하는 게 아니라 스스로를 위한 것이다.)

반면에 지나치게 허용적인 태도는 자녀가 적절한 책임 없이 너무 많은 자유를 누리게 하는 것으로, 자녀를 망치는 지름길이다. 허용적인 부모는 자녀가 마음대로 하게 내버려 둔다. 자녀가 아무런 노력을 하지 않는데도 자동차, 전자 기기, 옷을 사준다. 허용적인 부모는 자녀가 자신의 행동을 책임지는 데서 벗어날 수 있도록 계속 간섭하고, 자녀에게 꼭 필요한 배움의 기회가 왔을 때도 자녀를 빼돌린다. 이건 자녀의 편에 제대로 서는 게 아니다. 자녀가 독립된 존재로서 유능감을 키우는 데 꼭 필요한 인생 기술을 배우지 못하도록 막는 것이다.

방치된 아이들 역시 부모가 자기편이라고 생각하지 않는다. 부모에게 양육이 너무 어렵고 불편한 일이어서 포기하고 방치해버리면 아이들은 결핍을 채워줄 대체재를 찾게 되고, 심하면 약물중독에서 일중독까지 다양한 문제를 갖게 될 수 있다.

자녀의 잘못을 고쳐주기 전에 자녀에게 다가감으로써, 당신이 자녀의 반대편이 아니라 같은 편에 서 있음을 납득시킬 수 있는 7가지 방법을 소개한다. 자녀와의 관계가 다시 예전으로 돌아간다고 느껴지면, 7가지 방법을 다시 읽고 또 읽어야 한다.

십대 자녀에게 다가가는 7가지 방법

1. 자녀의 처지가 되어 공감하라.

2. 호기심을 갖고 들어라.

3. 누가 뭐라 하든 걱정하지 말고 자녀에게 가장 좋은 것을 하라.

4. 창피를 주지 말고 격려하라.

5. 사랑이 전해지도록 명확하게 표현하라.

6. 문제 해결 과정에 참여시켜라.

7. 존중하며 협의하라.

---

1. 자녀의 처지가 되어 공감하라

당신의 딸이 오늘 수업을 두 시간이나 빠져서 방과 후에 학교에 남게 되었다는 전화를 받았다. 너무나 열이 받아서 집에 돌아오기만을 기다렸지만, 딸은 학교에서의 일은 아랑곳하지 않고 친구랑 놀다가 저녁 늦게야 집에 돌아왔다. 문을 열고 들어오자마자, 당신은 부엌에서 소리치기 시작한다.

"너 정말 문제아구나. 이리 와봐! 뭐 하다 이제 와?"

이제 자녀의 처지에서 생각해보자. 당신이 방금 한 것처럼 당신 어머니가 소리쳤다면 어떻게 느꼈겠는가? 영감을 얻고 더 나아지도록 격려를 받았겠는가? 세상을 탐험하면서 스스로 결정하고, 때로는 실수하면서 자신의 능력을 키워가는 것에 자신감을 가질 수 있겠는가? 부모님이 당신의 의욕을 꺾는 게 아니라 격려하면서 이끌어주고 훈련시키는 거라고 믿을 수 있겠는가? 부모님이 '당신을 위한다'고 생각하겠는가 아니면 '당신과 대립한다'고 생각하겠는가?

이런 상황에 처했을 때에는 일장 연설을 하고 싶은 마음을 내려놓고 먼저 자녀에게 다가가야 한다. 심호흡을 하고 당신의 속마음, 즉 아이를 얼마나 사랑하는지를 떠올려라. 부드러운 목소리로 무슨 일이 있었는지 물어보라.

코니와 브래드 모자(36쪽 참조)를 다시 생각해보자. 코니는 늘 그랬듯 아들의 말을 듣기 전에 잔소리하는 함정에 빠져버렸다. 브래드에게 다가가지 못하고 대립하고 있다는 것을 알아차리고는, 코니는 아들의 마음을 이해하기 위해 호기심을 가지고 질문하고 공감했다. 공격적인 마음보다 지지하는 마음으로 브래드에게 다가갔다. 브래드는 17살이라 법적으로 의무교육 대상이 아니므로, 코니는 아들에게 학교를 그만 다니고 싶은 건지 물었다.

"그러면 뭘 해요?"

코니는 솔직하게 이야기했다.

"좋은 질문이야. 나도 잘은 몰라. 아마 네가 하고 있는 일들은 계속하겠지. 잠자고, 오후에는 뭔가를 하다가 저녁에는 친구들을 만나서 놀 수도 있겠구나. 물론 직장을 구해야겠지, 집세도 내야 하니까."

브래드는 처음으로 긴 시간을 경계심을 풀고 어머니와 자기 이야기를 충분히 나누었다.

"학교를 그만두고 싶지는 않아요. 대안학교에 가고 싶어요."

코니는 놀라서 물었다.

"왜?"

브래드는 어머니가 자신의 진심을 알고 싶어 한다고 느꼈고, 고등학교를 중퇴하고 싶지는 않다고 이야기했다. 브래드는 결국 대안학교에 가서 일반 고등학교에서 낙제했던 수업을 다시 들었다. 만약 이전 학교에 남아 있었다면 여름 방학 동안에 낙제 과목을 다시 들어야 했을 텐데 그랬다면 여름 방학을 망쳤을 것이다. 게다가 대안학교에서는 브래드의 속도에 맞게 진도를 나갈 수 있었기 때문에 단순히 수준을 따라잡는 것을 넘어서서 훨씬 더 잘하게 되었다.

2. 호기심을 갖고 들어라

호기심을 가지고 질문하고 경청하는 것은 당신이 자녀의 편에 서 있다는 것을 보여주는 것으로 아이에게 긍정적인 영향을 준다(잘못을 지적하기 전에 다가가기). 자녀의 말을 잘 듣지 않고 궁금해하지 않았던 때를 생각해보라. 결과는 어땠는가? 자, 이번에는 같은 상황에서 문제를 바로잡으려고 노력하기보다 호기심을 가지고 적극적으로 들어주는 당신의 모습을 상상해보라.

호기심을 갖는다는 것은 많은 부모가 자주 쓰는 20연속 질문과는 다르다. 호기심 질문법의 목적은 부모의 생각대로 아이들을 이끄는 것이 아니라 아이들이 스스로 생각하게 하고 자기 선택에 책임을 지도록 도와주는 것이다. 자녀의 생각이 정말로 궁금한 게 아니라면 차라리 질문하지 마라. 만약 솔직하게 말했다가 더 혼난 적이 있는 자녀라면, 호기심 질문은 통하지 않는다.

아이들이 스스로 생각하고 선택한 결과를 탐색하도록 돕는 것은 아이들에게 '논리적 결과'를 부과하는 것과는 다르다. '논리적 결과'를 부과하는 것은 위장된 처벌로서, 아이들이 한 행동에 대가를 치르게 하는 것이다. 이런 경우 아이들은 반항하기 쉽다. 호기심 질문은 무슨 일이 일어났고, 이유가 무엇이며, 그것에 대해 어떻게 느끼며, 여기서 배울 수 있는 것이 무엇인지 탐색하게 한다.

3. 누가 뭐라 하든 걱정하지 말고 자녀에게 가장 좋은 것을 하라

코니는 브래드 편에 서서 아들의 생각을 지지하기로 마음먹고서는 다른 사람들이 어떻게 생각할지는 걱정하지 않기로 했다. 대안학교는 일반학교에 적응하지 못하는 아이들이 간다는 생각도 내려놓았다. 그 대신 대안학교의 장점을 보기 시작했다. 아들에게도 상호 존중하는 분위기에서 자신의 속도에 맞춰서 공부할 수 있다면 훨씬 더 잘해낼 수 있을 거라고 이야기했다. (대체로 일반학교보다는 대안학교의 교직원들이 좀 더 친절한 편이다.) 그래서 코니는 전학을 위해 자기가 양쪽 학교에 전화하겠노라고 했다. 코니는 그다음 부모공부모임에서 아들과 함께 전화하는 것이 더 효과적이었을 거라는 얘기를 들었지만, 아무튼 그녀는 친절하고 단호한 부모가 되어가는 과정에서 크게 성장하고 있었다. 나중에 코니는 부모공부모임에서 다음과 같이 이야기했다.

어떻게 될지 몰랐어요. 하지만 아들의 마음속으로 들어가 보고 아들이 스스로 자신의 삶을 살 수 있도록 지지하게 되면서, 우리가 더 가까워진 것은 분명해요. 우리 둘 다 패배자가 되는 힘겨루기에서 벗어나서, 우리 둘 다 승자가 되는 해결책을 찾을 수 있었어요.

그리고 '좋은' 부모가 된다는 것에 대해 내가 잘못 생각한 건 아닌지 살펴보았어요. 내가 가장 좋다고 생각하는 대로 아이를 이끌려고 하다 보면 잔소리하고 훈계하고 통제하는 엄마가 되었고, 아들은 반항했어요. 하지만 지금은 친절하고 단호한 양육법으로 브래드와 해결책을 함께 찾으면서 아들이 원하는 사람이 되도록 지원하고 있어요. 다른 사람들이 어떻게 생각할까 하는 게 걱정될 때면, 잠시 아들과 거리를 두어요. 내가 누구 편에 서 있는지를 알아차리고 그에 따라 행동하는 건 스스로 정말 자랑스러워요.

1년 후 코니는 브래드가 대안학교에서 매우 잘 지내고 있다는 이야기를 들려주었다. 진도도 다 따라잡아서 정상적으로 수업에 참여할 수 있게 되었다고 했다. 코니는 아들이 잘하게 된 것은 처벌이 아니라 스스로 해결책을 찾도록 지지했기 때문이라고 믿고 있다. 브래드가 자신을 위한 행동에 집중할 수 있게 되자 어머니의 통제에 반항하지 않게 된 것이다.

십대 자녀를 바꾸려고 노력하기보다 부모 자신이 바뀌려고 노력한다면, 아이는 더더욱 책임감 있고 능력 있으며 배려하는 사람으로 자라게 될 것이다. 브래드가 자신의 학업에 대해 고민하고 있었던 건 분명하다. 다만 그게 어머니의 바람과는 달랐을 뿐이다.

자녀에게 장기적으로 가장 좋은 것이 무엇인지 생각해보라. 다른 사람들이 뭐라고 할지 걱정하기보다는 자녀의 편에서 무엇이 최선인지에 초점을 맞추어야 한다.

4. 창피를 주지 말고 격려하라

코니는 아들을 지지하는 것과 좌절시키는 것의 차이를 배웠다. 모욕감을 느끼게 하는 건 아들을 격려하는 것도 아니고 스스로 잘해야겠다는 마음이 생기게 하지도 못한다는 것을 깨달았다.

십대 자녀와 마음이 통하고 서로 도울 수 있도록 모욕이 아니라 격려를 해주고 싶어 하는 부모를 위해, 한 무리의 여고생들과 이야기를 나누었는데 그들은 다음과 같은 제안을 내놓았다. 다음 이야기들을 자녀와 나눠보면 좋겠다. 그리고 자녀에게 여기에 덧붙이고 싶거나 빼고 싶은 이야기가 있는지 물어보라.

> "부모님이랑 이야기하는 게 싫을 때도 있어요. 심각한 문제가 아닌데도 심각하게 만들어 버리거든요. 그래서 말하고 싶지 않아요. 영원히!"
>
> "친절하면 더 좋겠어요. 우리에게 뭔가를 가르치는 건 괜찮아요. 하지만 어른으로서가 아니라 언니나 오빠, 친구처럼 대해주면 좋겠어요."
>
> "절대 추궁하지 마세요. 그냥 물어봐 주세요."
>
> "뭔가 잘못했을 때 소리치지 마세요. 바로 대들 거니까요. 소리치거나 윽박질러 봐야 소용없어요. 바보 같은 소리로 들리니까 화만 내게 돼요. 소리치지 말고 말

을 하세요. 솔직하게 말을 해주면 좋겠어요."

5. 사랑이 전해지도록 명확하게 표현하라

코니가 속한 부모공부모임에서 로나는 자녀에게 사랑이 전해졌던 경험을 이야기했다. 어느 날 밤, 로나의 딸 마라가 집에 들어오지 않았다. 로나는 화가 나기도 했고 혹시나 딸이 마약에 손대는 건 아닌지 두렵기도 했다. 하지만 부모공부모임에서 배웠던 꾸짖고 잔소리하지 말라던 이야기가 생각났다. 로나는 두려움과 분노에 집중하는 대신 딸의 마음에 다가가야 한다고 생각했다.

다음날 아침 마라가 집에 왔을 때, 로나가 말했다.

"네가 무사해서 다행이다. 정말 걱정했어. 네 말을 듣기 전에 먼저 하고 싶은 말이 있어. 나는 네 편이고 너를 사랑한다는 걸 알았으면 좋겠구나."

마라는 진심으로 사과하며 말했다.

"엄마, 정말 죄송해요. 소피네 집에서 TV를 보다가 잠들어 버렸어요."

"그래, 그럴 수 있지. 하지만 새벽이든 한밤중이든 깨자마자 전화를 해서 네가 괜찮다는 것을 알려주었으면 좋았을걸. 그러면 그렇게 걱정하지 않았을 거야."

마라는 어머니를 안으면서 말했다.

"엄마, 정말 죄송해요."

로나는 딸과 더욱 가까워졌다고 느꼈고, 새로운 양육 방법에 좀 더 익숙해졌다.

"네가 잘못했을 때 엄마에게 전화하고 싶지 않았을 거야. 보통 혼내곤 했으니까. 하지만 이제는 더 이상 그러지 않으려고 노력 중이라는 것을 네가 알아주면 좋겠어. 아무리 잘못을 많이 하더라도 언제나 엄마한테 전화해. 나는 네 편이니까."

부모공부모임의 참가자들 중에는 마라의 말을 믿을 수 없다고 하는 사람도 있었다.

"좋아요. 하지만 당신은 딸이 외박하는 걸 내버려 뒀어요. 딸이 진짜 잠들었던 거라고 믿나요?"

로나는 사랑이 전해지면서 관계가 바뀌었다는 것을 깊이 이해하고 있었기 때문에 이런 반응에 당황했다.

"마라는 이미 외박을 해버렸어요. 처벌한다고 해서 외박한 사실이 바뀌지는 않아요. 지금까지는 벌을 줘야만 아이가 겁이 나서 다음에는 그러지 않을 거라 생각했었죠. 하지만 아이는 자신의 잘못을 숨기는 능력이 날로 향상되었어요. 솔직히 저도 TV 보다가 잠들었다는 게 사실이 아닐 수도 있다고 생각해요. 꼬치꼬치 캐묻는다고 뭔가가 달라지거나 도움이 되지는 않아요. 오히려 내가 딸을 얼마나 사랑하고 신뢰하는지 알게 하고, 엄마에게 반항하는 대신 스스로 생각해볼 수 있는 안전한 분위기를 만들어준다면 변할 거라고 믿어요. 두려움에서 사랑으로 양육방식을 바꾸는 데에는 시간이 걸리겠지요. 하지만 나는 바꿀 거예요. 사랑의 기초를 탄탄하게 다진 이후로 마라와 더 많이 이야기하고 서로의 감정을 나누고 존중하게 되었어요."

6. 문제 해결 과정에 참여시켜라

로나는 함께 해결책을 찾을 수 있을 만큼 마라와 친밀해졌다는 것을 알 수 있었다. 예전에는 딸이 해야 할 일을 말해주고 그 일을 하지 않으면 혼을 내거나 허용하던 것들을 금지시키겠다고 위협했지만 이번에는 함께 해결책을 의논했다.

"네가 늦으면 엄마한테 전화하기로 약속할 수 있겠니?"

"그때 엄마가 자고 있으면요?"

"네가 잘 있다는 것을 알지 못하면 잠들었다 해도 잘 자고 있는 게 아니야. 언제든지 전화하렴."

"엄마가 그렇게까지 나를 걱정하는지 몰랐어요. 나 때문에 항상 화나 있는 줄 알았거든요. 제 걱정은 마세요. 물론 앞으로 늦게 되면 꼭 전화할게요."

그날 밤 집에 돌아온 마라는 부모 침실에 와서 어머니와 아버지를 꼭 안고 밤 인사를 했다. 지난 몇 달 동안 하지 않던 일이다. 그 후 로나는 부모공부모임에 와서 다음과 같이 말했다.

완전히 달라졌어요. 예전에는 내가 얼마나 화가 났는지 마라는 모를 거라 생각했어요. 그저 소리치고 혼냈지요. 하지만 이번에는 내가 자기를 얼마나 사랑하는지 느끼게 해주었고 함께 방법을 찾을 수 있었어요. 솔직히 그때 친구네 소파에서 TV 보다 잠든 게 사실인지 아닌지는 몰라요. 하지만 이전에 하던 대로 했더라도 진실을 알아내지는 못했을 거예요. 도리어 우리 사이에 더 깊은 골을 만들었겠죠. 나는 지금 이 방식이 더 좋아요. 마라의 독립적인 태도는 여전히 나를 겁나게 하지만, 그래도 우리는 서로 이야기를 나눌 수 있을 정도로 마음이 통해요.

부모공부모임 참가자들은 로나의 지혜와 신념에 깊은 감동을 받았다. 로나의 이야기는 참가자들이 그동안 해왔던, 두려움에 기반한 자신들의 행동을 돌아보게 만들었다. 결코 만족스럽지 못했던 그 행동의 결과들까지도.

자녀에 대해 걱정하고 겁먹었던 때를 생각해보라. 부모가 자신을 얼마나 사랑하고 걱정하는지를 느끼게 하기보다는 꾸짖고 잔소리만 늘어놓지 않았던가? 잘못된 걸 고쳐주려고 하기보다 먼저 자녀의 마음에 다가가려고 노력했었나?

대부분의 아이들은 부모를 화나게 하는 것을 좋아하지 않는다. 부모가 느끼는 것을 침착하게 이야기한다면, 당장은 상관 안 하는 것처럼 보일지라도 결국은 아이들이 당신의 이야기에 귀를 기울일 것이다. 그렇게 이야기한 다음 하루 동안 십대 자녀의 변화를 지켜보라. 하루가 채 지나기 전에 아이들 쪽에서 친절하고 다정한 행동을 보여줄 것이다. 부모와 마음이 통하면 아이들은 자기 스스로 고쳐 나간다.

로나의 얘기에 처음에는 많은 부모가 "그래요, 하지만….." 하고 우려를 나타냈다. 로나가 너무 허용적이어서 마라가 함부로 외박을 했으며, 마라가 거짓말을 하고 마약에 손을 댄 거라면 로나도 결국 알게 될 거라고 생각했다. 이런 우려를 좀 더 신중하게 살펴보면, 문제를 해결하기는커녕 더 악화시킨다는 것을 알 수 있다. 로나가 통제하는 부모였다면, 마라는 더 반항적이 되고 부모 몰래 나쁜 짓을 했을 것이다. 로나는 마라에게 사실대로 말하라고 강요하는 대신 사실을 말할 수 있는 더 안전한 분위기를 만들어주었다. 로나가 친절하고 단호해짐으로써, 자녀에게 존중의 본보기가 되어주었다. 로나는 지혜롭게도, 마라와 해결책을 찾기 전에 마음으로 다가갔다. 어머니가 존중으로 대했기 때문에 딸도 기꺼이 따르게 되었다.

7. 존중하며 협의하라

어떤 부모들은 자녀에게 위협적인 목소리로 말한다.

"앞으로 이렇게 할 거야. 동의하지?"

그러면 아이들도 화를 내며 답한다.

"알았다고요!" (속마음은 '나 좀 그만 괴롭히라고요!'이다.)

받아들이는 것처럼 보일지라도, 따르고 싶은 마음은 없다. 언젠가 집을 떠나서 마음대로 할 수 있는 날만을 손꼽아 기다리고 있는지도 모른다.

우리가 권장하는 '합의' 과정은 자녀에게 다음과 같이 말하면서 존중하는 연습을 하는 것이다.

"나는 그것에 동의할 수 없어. 하지만 우리 서로 존중하면서 합의를 이끌어낼 때까지 충분히 이야기해보고 싶구나."

자녀에게 이렇게 말하는 것도 필요하다.

"우리 둘 다 괜찮은 결론을 낼 때까지 충분히 토의해보고 싶구나. 그게 잘 안 된다면 서로 존중하면서 합의를 할 수 있을 때까지 그 문제는 좀 미뤄두자."

합의를 했다면, 상황이 좋아지는지 어느 정도는 지켜본다. 만약 좋아지지 않는다면 다시 자녀와 약속을 잡아서 좀 더 이야기를 나눈다.

변화에는 연습이 필요하다

오랜 습관을 바꾸려면 시간이 필요하다. 자녀 인생 비행기의 조종사가 아니라 부조종사가 되기로 마음먹기까지도 시간이 걸리기 마련이다. 또한 자녀의 편이 되겠다고 결심해도, 중간중간 오랜 두려움에 기반을 둔 과거의 습관으로 되돌아가고 있는 자신을 발견하게 될 것이다. 자전거를 처음 배울 때 비틀거리던 것처럼 서툴게 느껴질 수 있다. 그러나 계속 연습하면, 결국 할 수 있다!

한편으로 당신 자신도 중요한 사람이라는 것을 명심하라. 자녀가 다 자라서 떠날 때까지 부모는 자기 자신의 필요나 삶은 포기해야 한다고 생각하는 사람이 많다. 하지만 부모가 이런 식으로 생각하면, 자녀는 더더욱 세상이 자기를 중심으로 돈다고 생각하게 된다. 당신이 스스로를 존중하고 당신 자신의 요구와 필요, 삶이 있다는 것을 십대 자녀에게 보여준다면, 아이들도 더 잘 자라게 될 것이다.

이 장에서 배운 친절하며 단호한 훈육법

1. 당신이 부조종사의 자리에 앉게 되면, 아이들의 삶을 어찌해보려고 노력하지 않아도 훨씬 더 긍정적인 영향을 줄 수 있다.

2. 변화하려면 시간이 필요하다는 것과, 언제든지 두려움에 뿌리내린 이전의 양육방식으로 되돌아갈 수 있다는 것을 기억하라. 계속 연습하라.

3. '십대 자녀에게 다가가는 7가지 방법'을 사용하여 사랑과 존중의 기초를 만들라.

4. 존중하는 의사소통이 아니라 무심코 자녀에게 모욕감을 주는 방식을 쓰고 있는 건 아닌지 자녀에게 물어보고 조언을 구하라.

5. 십대 자녀의 삶에 영향을 미치는 행동이나 결정을 하기 전에 먼저 그들과 이야기를 나누라.

6. 우왕좌왕하는 '셔플 훈육'(14장 344쪽 참조)을 하고 있다는 것을 알아차렸다면, 당신에게 좀 더 도움이 되는 새로운 방법을 찾아라.

7. 연습할수록 실력이 향상된다. 연습하고, 연습하고, 또 연습하라.

실전 연습

아이들은 부모가 자기편이라고 느끼면, 극단적인 행동을 하려는 충동
이 크게 줄어든다. 다음 활동은 당신이 자녀의 편에 서 있지 않다는 것
을 깨닫게 해주고 그것을 바로잡는 데 도움을 준다.

1. 자녀를 존중이 아닌 무시로 대했던 때를 떠올려보라. 일지에 그 상황
   을 기록한다.

2. 당신이 십대라고 상상하라. 그 상황에서 부모님이 지금 당신처럼 행
   동한다면 어떻겠는가? 어떻게 느끼고, 무엇을 결심하겠는가? 부모
   님이 당신 편이라고 느낄 수 있겠는가?

3. 위 활동에서 무엇을 배웠는가? 그 상황에서 부모로서 다르게 할 수
   있는 것은 무엇인가? 그렇게 한다면 어떤 일이 일어날지에 대해 일
   지에 기록한다.

4. 당신이 누구 편에 서 있다고 느끼는지 아이들에게 물어보라. '7가지
   방법'을 활용해 관계를 회복하고, 당신이 아이들 편이라는 것을 알
   수 있게 하려면 무엇을 바꾸어야 할지 골라본다.

3장

당신의 양육방식은 어디에 속할까

벽돌형, 양탄자형, 유령, 피디 부모

양육방식에 따라 자녀를 격려할 수도, 기운 빠지게 만들 수도 있다. 이번 장에서는 기운 빠지게 하는 양육방식(단기양육) 3가지와 부모와 자녀 모두를 격려하는 양육방식(장기양육) 1가지, 이렇게 4가지 양육방식을 살펴볼 것이다. 자녀에게 힘을 주고 능력을 갖춘 사람으로 성장하도록 돕는 게 아니라면, 그건 단기양육이다. 이에 반해 성공적인 장기양육은 자녀들이 행복해지고 사회에 기여하는 성공적인 삶을 살 수 있도록 그들에게 필요한 인생 기술을 가르쳐준다.

칼릴 지브란의 『예언자』 중 '아이들에 대하여'에는 우리가 실천하고자 하는 양육방식의 토대가 아름답게 그려져 있다.

당신의 아이는 당신의 아이가 아닙니다.

위대한 생명의 아들딸이지요.

아이들은 당신을 통해 왔지만,

당신에게서 온 것은 아닙니다.

아이들은 당신과 함께 있지만,

당신의 것은 아닙니다.

아이들에게 사랑을 줄 수는 있지만,

생각까지 줄 수는 없습니다.

아이들도 저마다 자기 생각이 있으니까요.

아이들에게 육신의 집을 줄 수는 있지만,

영혼의 집까지 줄 수는 없습니다.

아이들의 영혼은 내일의 집에 살고 있으니까요.

아이들처럼 되려고 애쓸 수는 있지만,

아이들을 당신처럼 만들 수는 없습니다.

삶은 되돌아가거나 머물지 않고, 그저 흘러가니까요.

간결하면서도 아름다운 칼릴 지브란의 시가 영감을 주기는 하지만 부모들은 실제 현실에서 이 시를 어떻게 적용해야 할지 알 수 없다. 이

책을 읽다 보면 양육방식을 어떻게 바꾸어야 할지 좋은 아이디어들을 많이 얻게 될 것이다. 또한 허용적이거나 통제적인 부모가 아니라 매우 적극적이고 자녀를 지지하는 부모로 성장하게 될 것이다. 그리고 십대 자녀를 둔 부모들이 두려워하는 문제들을 다룰 수 있도록, 부모와 자녀 모두를 존중하는 장기양육 기법들을 배울 수 있을 것이다.

일반적인 십대 양육 방법

첫 번째 양육방식은 통제형이다. 벽돌처럼 단단하고 무거우며 가장자리가 거칠거나 날카로워서 상처를 줄 수도 있다. 벽돌은 통제형 양육방식의 상징이다. 통제형 부모들은 부모 역할에 책임을 다하려면 십대 자녀를 통제해야 한다고 생각한다. 자녀가 부모의 바람대로 자라지 않으면 부모로서 역할을 제대로 하지 못하는 것이라 생각한다. 그래서 보상이나 처벌을 통제 방법으로 사용하는데, 주된 처벌로 외출금지, 권리 빼앗기, 용돈 빼앗기, 신체와 감정 힘들게 하기, 사랑하지 않는 것처럼 느끼게 하기 등이 있다.

이 유형은 통제하기 위해 노력하는 것으로 부모의 역할을 다하고 있다고 느끼지만 장기적인 영향은 고려하지 못한다. 통제형 양육은 아이들을 이렇게 만든다.

1. 힘이 곧 정의라고 생각한다.
2. "부모님께 사랑받으려면 나를 버려야만 해."라는 믿음을 갖게 된다.

3. 외적 보상이 없는 일에는 기여하지 않으려 한다.

4. 더 큰 보상을 위해서라면 속이기도 한다.

5. 순응하거나 반항한다.

이런 단기양육은 부모도 지치게 만든다. 부모는 자녀가 나쁜 사람이 되지 않도록 벌을 주거나 잔소리를 하는 한편, 좋은 사람이 되도록 보상하면서 부모의 책임을 다하고 있다고 생각한다. 이런 상황에서 자녀는 어떤 책임감을 배우게 될까? 아마도 이때 십대가 배우는 책임감이라면 부모에게 걸리지 않는 것, 더 큰 보상을 얻기 위해 속이거나 더 이상 보상이 없으면 따르지 않는 것뿐이다.

아이들에게서 스스로 판단하고 책임질 수 있는 결정권을 빼앗아 버린다면, 그들은 실수에서 배우며 성장할 수 있는 기회와 책임감을 배울 수 있는 기회를 잃고 만다. 뿐만 아니라 자신의 한계를 알아내고 스스로 그 한계를 설정할 수 있는 기회도 상실한다. 부모가 계속 통제하고 있는데 아이들이 어떻게 스스로 책임지는 법을 배우겠는가? 아이들을 무책임한 사람으로 키우는 가장 강력한 방법은 통제형 부모가 되는 것이다.

사례를 들어보자. 워크숍에 참가한 어떤 아버지가 통제를 포기해서는 안 된다는 주장을 폈다. 그에게는 15살 된 딸이 있는데 걸핏하면 정해진 귀가 시간보다 늦게 들어온다고 했다. 얼마 전에도 한 시간 늦게 들어와서, 1주일 동안 외출금지를 시켰다는 이야기였다. 그 아버지에게 아이가 그런 상황에서 무엇을 배웠을 거라고 생각하는지 물었다.

"자신의 행동으로부터 도망갈 수 없다는 것을 배웠겠지요."

"그에 대해 어떻게 느끼나요?"

"기분 좋습니다. 나는 딸아이의 친구가 아니라 부모니까요."

좀 더 이야기를 나눠보니 그도 십대였을 때에는 부모가 외출금지를 내리는 것을 매우 싫어했다고 말했다. 하지만 지금은 부모로서 그렇게 규칙을 정해 제한하고, 지키지 않으면 벌을 주는 것이 자신의 역할이라고 여기고 있었다. 외출금지가 문제를 해결하지 못한다는 것은 인정하지만, 그렇게 함으로써 부모의 역할을 제대로 해내고 있다고 느꼈다. 딸은 계속 늦게 들어왔고 그는 계속 외출금지를 했다.

"생각해보니 십대였을 때 나도 딸처럼 굴었네요. 집에 있을 때는 늘 아버지에게 반항했어요. 집을 떠나게 될 때까지 귀가 시간을 지키지 않았지요. 밤에 좀 편히 자려면 어서 이 집을 떠나야 한다고 생각했어요. 지금도 아버지와 사이가 안 좋고요. 내 딸과는 그런 사이가 되고 싶지 않아요. 알겠습니다. 새로운 방법을 배워야겠어요."

통제나 처벌은 매우 무례하며 매우 비효과적인 양육방식이다. 13살 이하 아이들은 권리를 빼앗는 금지의 처벌 방법에 대해, 처벌이 존중하는 방식으로 행해지거나 나름 합리적이라고 느끼면 잘못된 행동 때문이라 생각해 그 처벌을 받아들일 수도 있다. 하지만 그 아이들이 청소년이 되어 스스로를 어른이라 여기게 되면 그런 식의 외출금지나 권리 박탈 같은 처벌은 존중하는 것도 합리적인 것도 아니라고 생각하게 된다.

통제형 양육의 또 다른 위험은 의존적인 사람으로 자라게 한다는 것이다. 부모의 통제에서 벗어나지 못하는 아이들은 부모가 원하는 것을 하면서 살아야 한다고 생각한다. 이들은 자라서도 다른 사람들이 자신을 통제해주고 인정해주기를 갈망한다. 그러다 보면 친구를 사귀고 직장에서 일하고 결혼해서 자녀를 키울 때 심각한 문제를 일으킬 수 있다.

통제된 양육을 받은 아이들은 발달이 늦어지기도 한다. 성장하는 데 필요하지만 부모로부터 받지 못했던 것을 배우기 위해 치료를 받아야 할 수도 있다. 그들은 자기 스스로 선택하고 책임지는 데 필요한 삶의 기술을 배우지 못했다. 부모와의 분리를 받아들이고 인정에 대한 갈망에서 벗어나 스스로 살아가게 되기까지는 꽤 시간이 필요하다.

허용적, 과잉보호형, 구조자 부모

벽돌형 부모가 아니라면 양탄자형일까? 사람들은 당신을 밟고 다니고, 문제를 다루기보다는 덮어둔다. 단기양육 방식의 두 번째 방법인 허용적인 부모는 양탄자와 비슷하다. 아이들을 과잉보호하고 응석받이로 키우며 구조하려고 한다. 허용적인 양육은 아이들을 이렇게 만든다.

1. 다른 사람들에게 지나친 돌봄을 원한다.
2. 다른 사람들이 자기를 돌봐주는 것을 사랑이라고 여긴다.
3. 사람보다는 물건에 신경을 더 많이 쓴다.
4. 화나거나 실망했을 때 조절하는 법을 배우지 못한다.
5. 스스로 능력이 없다고 느낀다.

허용적인 양육방식을 가진 부모는 자녀가 고통받지 않도록 보호할 때 역할을 다했다고 생각한다. 이런 단기양육 방식은 자립심이라는 인생 기술을 배울 수 없게 한다. 사람은 고통과 실망 속에서도 살 수 있고, 그 속에서 많은 걸 배울 수 있다는 것을 알지 못한다. 도리어 부모와 세상이 자신을 위해 무언가를 해줘야만 한다고 생각하는 자기중심적인 사람으로 자라게 한다. 이런 허용적인 양육방식은 자녀가 좋은 성품과 인생 기술을 가진 성인으로 자라는 데에 도움이 되지 않는다.

사례를 들어보자. 코레타는 딸 제시가 상점에서 장난감이나 사탕을 원할 때마다 사주었다. 제시를 고통으로부터 보호하고 싶었다. 제시가 학교 숙제를 못했을 때에는 자신의 모든 계획을 뒤로 미루고 도서관과 상점에 들러 필요한 것을 다 구해다가 제시가 숙제를 마칠 수 있도록 도와주었다.

8학년이 될 때까지는 괜찮았다. 제시는 입고 있는 옷에 따라 인기가 달라진다고 생각했고 점점 더 많은 옷을 요구했다. 어머니가 안 된다고 하면 눈물을 흘리며 원하는 옷을 사주지 않으면 학교를 그만두겠다고 협박했고 결국 원하는 것을 얻었다. 제시가 어떤 사람으로 자랐을지 예상할 수 있겠는가?

대학에 들어간 제시는 신용카드를 사용해 물질적인 삶을 누렸다. 그러나 얼마 지나지 않아 큰 빚을 지게 되었다. 아르바이트 직장에서 고용주를 속이고 돈을 빼돌리다가 발각되어 해고당하고 파산 직전에 이르렀다. 제시는 어머니에게 울면서 매달렸고, 코레타는 또다시 딸을 구해주었다. 코레타는 관대하고 과보호하는 구조자 부모로서 애초에 자신이 제시의 문제에 기여한 바가 있다는 것을 깨닫지 못했으며, 갈

수록 더 나빠지게 만들었던 것이다.

제시가 자신의 선택에 대한 결과를 스스로 경험하도록 했다면 제시는 좀 더 책임감 있는 사람이 되었을 것이다. (이는 부모가 자녀에게 결과를 받아들이도록 만드는 것과는 다르다. 아이들이 자기 선택의 결과를 경험할 수 있도록 해주는 것과 부모가 결과를 강제하는 것은 판이하게 다르다.) 결과를 받아들이더라도 아주 존중받고 있다는 느낌이 들 수 있다. 코레타는 딸의 상황에 대해 공감하고, 자기가 도와줄 수 있는 한계를 알려주고, 딸이 스스로 재정적 책임을 질 수 있는 방법을 찾도록 도와줄 수도 있었다. 이렇게 하는 것이 두 사람 모두에게 힘겨운 일이었겠지만 둘 다에게 진정으로 힘이 될 수 있었다.

허용하고 과잉보호하며 구조해주는 양육방식은 부모를 성자처럼 보이게 할 수 있다. 십대 자녀가 좋아하는 방식일 수도 있다. 하지만 이런 식으로는 자녀가 스스로 날아오르게 도와주지 못한다. 부모가 과잉보호와 구조를 그만두면 이제 자녀는 부모가 자신들을 보살피지 않는다거나 사랑하지 않는다고 투정을 부릴 수도 있다. 하지만 오래가지는 않을 것이다. 아이들 스스로도 장기적으로는 이게 더 낫다는 것을 알고 있으니까.

어떤 식으로 아이들을 과잉보호하고 구해주었는지 생각해보라. 그로 인해 아이들은 자립심과 자기 능력에 대한 믿음을 발달시킬 기회를 빼앗긴 것이다. 이런 패턴을 멈추게 하려면 친절함과 단호함이 어느 지점에서 필요한지 정해야 한다. 단호함이란 간단히 말해 너무 허용적이지 않은 것이다. 친절함은 자녀와 공감하고, 시간을 갖고 훈련이나 문제 해결을 하고, 그리고 어떤 상황을 자녀가 처리할 수 있을 거라는 믿음을 보여주는 것이다.

계속 바뀌는 양육방식

대부분의 부모들이 그렇듯 당신도 여러 단기양육 방식들 사이를 오가고 있을 것이다. 지나치게 통제하고 있다는 생각이 들면 죄책감에서 벗어나기 위해 허용적인 태도로 바꾸기도 한다. 그러나 이 책을 읽고 실천한다면 단기양육으로 소모되는 시간을 줄이고 장기양육에 더 많은 시간을 쓰게 될 것이다. 무엇을 하든 당신이 왜 그 일을 하고 있는지 이해할 수 있게 되는 것이다. 또한 십대 자녀에게 자율적인 권한을 주고자 할 때 무엇이 효과적이고 무엇이 무의미한 일인지도 알게 될 것이다. 당신이 주로 쓰는 양육방식이 어떤지 알아차리는 데에도 도움이 될 수 있다.

태만한 양육방식(부모이기를 포기한 양육)

이 양육방식에서 부모는 유령이거나 없는 사람처럼 느껴진다. 자녀는 부모가 가까이 있다고 느끼지 못하거나 도리어 자신이 부모를 도와야 한다고 생각할 수도 있다. 이처럼 태만하고 부모이기를 포기하는 것이 세 번째 단기양육 방식이다. 태만한 양육방식은 아이들을 이렇게 만든다.

1. 나는 중요한 사람이 아니다. 사랑받지도 못할 것이다.
2. 포기하는 것만이 내가 할 수 있는 선택이다. 그게 아니라면 어딘가에 속할 수 있는 방법을 찾아야 한다(건설적일 수도 있고 파괴적일

수도 있다).

3. 부모님이 나를 사랑하지 않는 것은 내 책임이다. 부모님에게 사랑 받으려면 나는 이러저러해야 하고 스스로를 향상시켜야 한다. 내가 사랑받을 가치가 있다는 것을 증명해야 한다.

4. 우리 집에서 누군가는 책임을 져야 하므로 나는 아이여서는 안 된다. 내 형제와 부모님을 돌봐야 한다.

비록 문제의 양상은 다르지만, 예를 들어 경솔함이나 무감각함, 의사소통 부족이라든지 그보다 더 심각한 약물남용, 심리적 문제, 일중독, 그리고 자녀의 신체·감정·정신에 대한 무관심 등, 이것들은 모두 무지함이나 잘못된 신념 때문에 생긴다. 이렇게 방치되면 무엇을 해도 소용없고 차라리 아무것도 하지 않는 편이 낫다는 절망감을 갖고 살아가게 될 것이다.

사례를 들어보자. 어느 재혼 여성은 새 남편이 이전 결혼에서 낳은 아들과 딸에게 아버지 역할을 하지 않는다고 불평했다. 그런데 남편은 아내가 양육을 전적으로 책임지기를 바라면서도 아내의 양육방식에 대해서는 비판적이었다. 의붓자식들의 행동에 대해서 심하게 불평을 하면서도 아이들에게 직접 이야기하지는 않았다. 그러다 보니 아이들은 유치원 때부터 함께 살고 있는 이 어른을 사랑하거나 존경하지 않았다. 의붓아버지를 태만하다고 볼 수만은 없다. 경제적으로 가족을 부양했고, 아내에게 자녀 양육에 대해 조언했으며, 새로 태어난 아이는 함께 키웠다.

다행히 남편은 상담을 받으면서 의붓자식을 방치하고 있다는 것을 깨달았다. 그는 아이들에게 미안하다고 사과하고, 사실은 그들을 사랑하고 있으며 자신에게 중요한 존재라고 말해주었다. 그는 아이들과 의미 있는 시간을 함께 보내기 위해 노력했다. 아이들 일에 등 돌리지 않고, 그들의 이야기를 듣고 생각과 감정을 나누면서 아이들의 삶으로 더욱 깊이 들어갔다.

포기는 또 다른 형태의 방치다. 통제를 하는 대신 아이들의 행동을 무시하려고 노력하며, 알아서 잘되기를 바란다. 하지만 저절로 잘되는 일이란 없다. 십대 자녀들이 아무리 혼자 있게 내버려 두라고 말을 해도 실제로는 어떤 지침이 필요하다. 아직은 인생 비행기에 부조종사가 필요한 것이다. 자녀가 자신의 인생 비행기 밖으로 당신을 쫓아내는 것처럼 보일지라도, 당신이 그렇게 가버리면 자녀는 버려졌다고 느낀다. 자신의 부조종사가 친절하고 단호하게 양육하는 부모로서 자신을 존중해주기를 바란다.

또한 당신이 하는 말을 전혀 듣지 않는 것처럼 보이더라도 아이들은 듣고 있다. 아이들이 당신 말을 듣고 있다는 것을 당신이 알아차리게 되기까지 며칠, 몇 주, 혹은 몇 년이 걸린다 하더라도.

자녀의 행동을 조절하는 게 아니라 자녀에 대한 믿음을 갖고 부모 자신의 행동을 조절하는 것은 부모 입장에서는 아무것도 안 하는 것처럼 보일 수도 있다. 하지만 이것은 아무런 효과가 없는 일을 그만두는 것이다. 때로는 사랑하고 믿는 것만이 부조종사가 할 수 있는 일의 전부일 때가 있다. 단기적으로는 목표했던 것들을 이루지 못할지라도 장기적으로는 부모와 자녀 모두 엄청난 보상을 받을 수 있다. 예를 들면 통제하거나 과잉보호하거나 방치하던 것을 그만둔 다음, 어머니는 아들이 좀 더 공손한 사람이 되는 것을 보게 되었다. 좋은 본보기는 최고의 스승이었던 것이다.

친절하며 단호한 양육방식

친절하며 단호한 양육, 장기적이고 격려하는 양육방식이 바로 이 책의 핵심이다. 우리는 이를 긍정훈육이라 부른다. 친절하며 단호한 긍정훈육 부모가 되는 방법을 이번 장에서 개략적으로 살펴본 다음, 각 장별로 내용을 더욱 깊이 있게 다루게 될 것이다. 친절하고 단호한 양육방식을 통해 아이들이 배우는 것은 다음과 같다.

1. 자유에는 책임이 따른다.
2. 상호 존중을 연습할 수 있다.
3. 문제 해결, 의사소통, 타인 존중과 같은 가치 있는 인생 기술을 배울 수 있다.
4. 실수는 배움의 기회다.
5. 가족들은 저마다 자신의 삶이 있고, 나는 우주의 중심이 아니라 한 부분이다.
6. 부모님은 내가 비난이나 수치심, 고통을 느끼지 않는 분위기에서 스스로의 선택에 대한 결과를 탐색함으로써 책임 있는 사람이 되도록 도와준다.

친절하고 단호한 양육방식은 즉각적이고 단기적인 교정보다는 장기적인 결과와 목표에 더 많은 관심을 갖는다. 부모가 장기양육을 원한다면 극복해야 할 첫 번째 과제는 실수에 대한 혐오다. 인간은 성장과정에서 많은 실수를 저지른다. 실제로 평생 동안 실수를 계속하면서도 실수를 배움의 기회가 아니라 실패로 여긴다. 론다가 딸을 구해야 한다는 유혹에서 벗어나, 친절하고 단호한 양육 방법으로 딸이 인생 기술들을 배울 수 있게 지원한 예를 살펴보자.

론다의 딸 벳시는 어느 날 선생님이 학급에서 일어난 일을 처리하는 방식에 화가 나서 선생님과 면담 약속을 잡았다. 벳시는 어머니에게 같이 가달라고 부탁했다. 론다는 딸의 장기적인 성장을 위해 이에 동의하면서 다음과 같이 이야기했다.

"그래, 면담 자리에 같이 있어줄게. 네가 선생님께 네 마음을 잘 이야기하리라 믿어."

학교 가는 차 안에서 벳시는 자신의 의견을 말하는 연습을 했다. 그때는 별 어려움이 없었는데 막상 선생님 앞에서는 내내 더듬거렸다. 론다는 그저 벳시 곁에 서 있었다. 면담이 끝나고 론다는 선생님에게 시간을 내주어서 고맙다고 인사했다. 나중에 론다는 벳시에게, 자기 생각과 느낌을 선생님에게 이야기할 때 자랑스러웠다고 말해주었다. 론다는 벳시가 떨었던 것에 대해서는 한마디도 하지 않았다.

론다의 장기적인 목표는 딸이 용기 있는 사람이 되도록 돕는 것이다. 나이가 들면 힘들고 적대적인 상황에서도 자신의 의견을 말하고 스스로를 변호해야 한다. 어머니가 조용히 곁을 지키는 가운데 자기 할 말을 하는 연습을 한다면, 훗날 그런 상황에서도 벳시는 자신 있게 말할 수 있을 것이다.

양육방식을 바꾸는 것은 어렵다

자녀 양육 스타일을 바꾸는 것은 거의 새로운 언어를 배우는 것과 같다. 우리는 '통념'이 지배하는 문화에서 살고 있다. 요즘의 통념은 아이들을 아주 세세하게 관리하는 것이다. '헬리콥터 부모'라는 용어가 이런 양육방식을 설명하는 데 쓰인다. 거의 모든 사람이 따르는 대표적인 통념이 처벌과 보상 체계에 기반을 둔 학교 시스템일 것이다. 단호하고 친절한 긍정훈육 양육방식을 생각하고 있는 사람은 극히 드물다. 새로운 양육방식을 실천하게 되면, 당신은 마치 아픈 손가락처럼 사람들 사이에서 도드라져 보일 것이고 사람들은 당신을 괴짜로 여길 것이다. 심지어 자녀들조차 책임감을 가지라고 부추기지 말고 차라리 다른 부모들처럼 외출금지나 시켜달라고 할 것이다. 그러는 편이 사는 것도 더 편하고 당장 원하는 걸 얻기에도 유리하기 때문이다. 자녀 양육방식을 바꾸기 위해서는 이 모든 저항을 극복할 수 있는 세 가지 단계를 거쳐야 한다.

첫 번째 단계는 그것이 왜 좋은 생각인지 아는 단계이다. 우리는 앞에서 그 '왜'를 이미 배웠다. 그럼에도 오래된 패턴을 바꾸는 것은 매우 어려울 수 있다. 패러다임 전환이 필요하다. 부모는 자신과 십대들을 새롭고 다른 관점으로 봐야 한다.

두 번째 단계는 오래된 패턴을 대체할 효과적인 양육 기술을 배우는 것이다. 말은 쉽지만 실제는 다르다. 아마도 익숙하지만 효과적이지 않은 방법으로 문제 행동에 '반응'하는 자신을 발견하게 될 것이다. 그렇더라도 자신을 용서하고, 실수에서 배우며, 새로운 기술을 연습함으로써 '적절한 행동'을 선택해야 한다. 실수를 저지르는 자신과 자녀를 용서하는 과정은 매우 중요하기 때문에, 이 주제는 4장에서 좀 더 많이 다루게 될 것이다.

세 번째 단계는 통제를 내려놓는 게 무서운 일이라는 것을 인정하는 것이다. 이는 십대 자녀를 둔 부모들과 워크숍과 상담을 하면서 확실히 알게 된 사실이다. 우리는 부모들에게 예전의 방법이 작동하지 않는 이유를 설명하고, 새로운 양육 기술을 가르쳐주면서 통제하는 것은 환상이라는 것을 이야기해준다. 부모들은 고개를 끄덕이면서 듣는 듯하지만, 결국 이런 질문이 나오곤 한다.

"그런데 아이가 ＿＿＿＿＿ 하면 어떻게 해야 하나요?"

우리는 한숨이 나오는 것을 참으며 속으로 이렇게 중얼거린다.

'그런 상황에서 사용할 수 있는 매우 효과적인 방법을 적어도 6가지는 알려 드렸잖아요?'

물론 입 밖으로는 소리 내어 말하지는 않는다. 하지만 이런 질문들은 우리를 심사숙고하게 만든다.

'새로운 양육방식을 받아들이는 게 왜 이렇게 힘든 걸까?'

변화가 쉽지 않다는 것을 잊지 말아야 한다. 새로운 아이디어를 받아들이고, 많이 연습하고, 실수로부터 배우기 위해서는 시간이 걸린다. 우리는 많은 부모가 잘못된 질문을 하고 있다는 것을 깨달았다. 부모들이 잘못된 질문을 하는 동안에는 친절하며 단호한 양육방식이 도움이 되지 않을 것이다.

잘못된(단기양육 성질의) 질문들

1. 십대 자녀가 부모에게 순종하게 하려면 어떻게 해야 할까요?
2. '안 돼'라는 말을 이해하게 하려면 어떻게 해야 할까요?
3. 부모가 말할 때 듣게 하려면 어떻게 해야 할까요?
4. 부모가 말한 걸 하고, 부모에게 협조하게 하려면 어떻게 해야 할까요?
5. 십대 자녀를 '동기부여'(부모가 최선이라고 생각하는 것을 하게 함)하려면 어떻게 해야 할까요?
6. 부모가 이 문제를 어떻게 해결할 수 있을까요?
7. 이 상황에서 어떤 벌을 줘야 할까요?
8. 새로운 양육방식을 자꾸 잊어버리는 나는 무슨 문제가 있는 걸까요?
9. 이것을 하는 데 얼마나 걸릴까요?

올바른(장기양육 성질의) 질문들

1. 자녀가 유능한 사람으로 자라게 하려면 어떻게 도와주어야 할까요?
2. 자녀의 마음을 이해하고 성장과정을 지원하려면 어떻게 해야 할까요?
3. 자녀가 자존감과 소속감을 느끼게 하려면 어떻게 해야 할까요?
4. 자녀가 문제 해결 기술, 감정을 알아차리는 능력, 말로 감정을 표현하고 공감하는 능력 같은 인생 기술을 배우게 하려면 어떻게 해

야 할까요?

5. 자신에게 무엇이 가장 좋은지에 대해 자녀의 생각이 나와 다를 때 아이를 존중하려면 어떻게 해야 하나요?

6. 자녀와 내가 실수에서 배우려면 어떻게 해야 할까요? 실수했을 때 포기하지 않고 다시 시도하려면 어떻게 해야 하나요?

7. 변화에 시간이 걸린다는 것을 받아들이려면 어떻게 해야 할까요?

8. 한 번에 하나씩만 좋아져도 충분하다며 스스로를 격려하려면 어떻게 해야 할까요?

9. 나 자신과 자녀를 믿으려면 어떻게 해야 할까요?

긍정훈육으로 양육하면 자녀의 반항이 없어질까

많은 부모가 긍정훈육을 사용하면 십대 자녀가 잘못을 저지르지 않으리라 기대한다. 하지만 오히려 민주적인 가정에서 존중받으며 자란 아이들이 위험에 도전하고 새로운 것을 배우는 데 자신감을 가질뿐더러 더 반항적일 수도 있다.

자녀가 어렸을 때부터 친절하고 단호한 양육법을 써왔다고 가정해보자. 가족회의에서 문제 해결 기술을 사용했고, 아이들은 책임감과 협력하는 능력을 기를 수 있었다. 자녀와 좋은 관계를 맺고 있으니 질풍노도의 청소년기를 부드럽게 넘어갈 수 있기를 바란다. 꿈 깨시라. 십대는 십대일 뿐!

이 세상에는 호르몬을 길들이거나 뇌 발달을 변화시킬 수 있는 기술

따윈 없다. 그 호르몬들이 날뛰기 시작하면, 아이들은 청소년기의 발달과업을 시작할 것이다. 당황하지 마시라.

'긍정훈육이 효과가 없다면 어떻게 해야 하나?'

이런 생각이 들 수 있다. 도덕성에 대해 더 가르쳐야 하는 것은 아닌가? 자녀의 목표를 정하는 데 시간을 더 써야 하는 것은 아닌가? 무례한 사람이 되지 않도록 좀 더 통제해야 하는 것은 아닌가? 더 늦기 전에 고삐를 확 조여야 하는 건 아닌가?

십대는 어떤 부모에게도 쉽지 않은 시기다. 하지만 고삐를 조이고 벌을 주고 자녀의 동기를 조종하려 해봐야 소용없다. 상황은 도리어 더 나빠진다.

긍정훈육으로 자란 아이들은 지하로 숨어들거나 대학에 갈 때까지 기다리지 않고 바로 부모의 면전에서 대놓고 반항하는 것도 꺼리지 않는다. 부모가 양육하면서 했던 많은 이야기들이 그럴 때 반항의 근거가 되기도 한다.

"나 자신을 위해서 생각하고 내면의 소리를 들으라고 한 건 엄마잖아요!"

"왜 그렇게 화를 내세요? 실수는 배움의 기회라고 가르치셨잖아요. 찌그러진 범퍼야 고치면 되잖아요."

양육방식을 바꿀 때는 자녀에게 알리자

친절하며 단호한 양육방식으로 바꾸고 자녀와의 관계를 변화시키기로 결심했다면 좀 더 주의를 기울여야 한다. 당신은 부모 역할을 극적으로 바꿀 것이므로 자녀는 부모가 무엇을 기대하는지 알아야만 한다. 벌을 주거나 해결사 노릇을 그만둔다는 것은 엄청난 변화이기 때문에 자녀에게 명확하게 설명해야 한다. 처벌이나 해결사 역할은 효과가 없다는 것과 부모로서 실수했다는 것, 그리고 새롭게 변하려 한다고 알려주어야 한다. 그동안 선언하고 지키지 않았던 일들이 많았기 때문에 자녀는 부모가 이전과 어떻게 달라지는지 지켜볼 것이다.

우리의 목표는 부모들이, 자녀를 책임 있는 성인으로 키우는 친절하며 단호한 양육에 필요한 기술을 배우고 용기를 낼 수 있도록 돕는 것이다. 이런 성장과정은 부모와 자녀 모두를 풍요롭게 하는 경험이 될 것이다.

이 장에서 배운 친절하며 단호한 훈육법

1. 통제나 허용적인 양육 대신 장기적인 양육으로 청소년들이 책임감 있고 자립적이며 유능해지도록 돕는다.

2. 통제하려는 유혹이 들 때는 "이게 장기적으로 효과가 있을까?"라고 자문해보라. 아니라면 친절하며 단호한 양육 방법을 사용한다.

3. 자녀의 삶을 사사건건 관리하는 것이 더 편하겠지만, 그래서는 아이가 제대로 된 성인으로 성장할 수 없다. 자녀가 스스로 관리하도록 두어야 한다.

4. 당신의 양육방식을 바꾸는 것이 더 좋다는 것을 이해하고, 낡은 양육 방법을 더 효과적인 양육 방법으로 바꾸기로 결심하고, 통제를 내려놓는 두려움을 인정할 때, 자녀와 함께 더 많은 것을 이룰 수 있다.

5. 자녀가 실수로부터 배울 수 있는 여지를 더 많이 주면서 자유와 책임감의 균형을 맞추도록 도와준다.

6. 큰 그림에 집중하고, 두려움이 성장을 가로막는다는 것을 기억한다. 완벽한 부모가 되려고 하지 마라.

7. 자녀가 배우고 성장할 수 있도록 부모 스스로 마음을 안정시키는 시간을 가져야 한다.

실전 연습

1. 자녀를 통제하려 했던 최근의 상황을 생각해보라. 그 상황을 일지에 자세히 쓴다.

2. 그 상황에서 좋은 어른으로 자라는 데 필요한 기술을 배울 수 있도록 좀 더 합리적인 방법을 사용하려면 어떻게 해야 하는지 생각하고 기록한다. 그러면 다음번 상황에 대비할 수 있다.

3. 자녀에게 너무 허용적이었던 상황을 떠올려보라. 그 상황에서 어떻게 했는지 일지에 자세히 쓴다.

4. 자녀가 자립심을 가질 수 있도록 도와주기 위해 처음에 어떤 방법을 사용할 것인지 일지에 쓴다.

5. 부모가 자녀를 구조함으로써 아이가 자기 선택의 결과를 경험할 필요가 없게 만들었던 때를 생각해보라. 자세하게 기록한다.

6. 다음에 자녀를 구조하고 싶은 유혹을 느낄 때는 어떻게 할 것인가? 어떻게 하면 자녀에게 중요한 인생 기술을 친절하고 단호하게 가르칠 수 있을까?

7. 자녀의 좌절이나 문제(일중독, 약물남용, 정서적 문제 등)를 무시하는 상황을 생각한다. 자녀에게 미치는 영향을 일지에 기록한다.

8. 당신과 십대 자녀의 관계를 개선하기 위해 할 수 있는 일은 무엇인가? 구체적으로 적는다.

4장

실수를 배움의
기회로 만들려면

실수를 두려워하지 말자

실수를 하고 나쁜 평판을 얻게 되는 것은 언제인가? 실수는 배우고 자라는 과정에서 자연스러운 일이다. 실수에 대해 다른 사람을 의식하기 시작한 것은 언제부터인가? 실수를 배움의 과정이 아니라 문제가 있는 거라고 여기게 된 것은 언제부터인가? 실수에 대한 여러 오해는 어렸을 때부터 부모에게서 전해진 것이다.

실수에 대한 부정적인 생각은 우리 사회에 널리 퍼져 있다.

"나쁜 아이구나! 꽃병에 손대지 말라고 했잖아! 너는 오늘 유치원에서 말을 하면 안 돼!"

아마도 실수할 가능성에 대한 경고도 많이 생각날 것이다. 아이가 꽃병에 손을 댔기 때문에 나쁜 게 아니다. 도리어 꽃병을 만지고 싶어 하지 않는다면 정상적인 아이가 아닐지도 모른다. 학교에서나 사용하는 '레드카드'를 받는 유치원 아이들을 본 적이 있다. 어린아이들이 사회적, 학문적으로 배우는 과정에서 흥분했을 때 말하고 싶어 하는 것은 발달 과정에서 매우 정상적이다.

미묘한 의미를 담고 있는 말들도 있다. 아이를 학교에 보내거나 놀고 있을 때 "조심해야 해." 또는 "착하게 굴어야 해."라고 말하는 것은 배움의 기쁨과 자신감의 싹이 자라는 데 얼마나 치명적인가? 실수에 부정적인 의미를 담아 표현한 것이다.

"오늘도 모험을 즐겨보렴, 실수에서도 배울 수 있는 것이 얼마나 많은지 찾아보렴."

이런 말은 삶의 자연스러운 과정일 수밖에 없는 수많은 실수 때문에 자존감을 다치는 일 없이 배우고 성장할 수 있는 자유로운 분위기를 만든다.

힘든 시기 동안 치어리더가 되자

부모들은 어쩌다가 뭔가 잘하게 하려면 먼저 아이의 기분을 나쁘게 만들어야 한다는 터무니없는 생각을 갖게 되었을까? 기분이 나쁜데 어떻게 긍정적인 것을 배울 수 있겠는가? 사람은 기분이 좋을 때 가장 잘 배울 수 있다. 자녀의 실수를 비난하면 당연히 기분이 나빠지고, 실수로부터 배울 수 없게 된다. 하지만 부모가 태도를 바꿔서 실수란 배움의 좋은 기회이고 재도전할 수 있는 기회라고 생각한다면, 자녀도 스스로에게 믿음을 가지고 다음번에는 다른 방식으로 시도할 수 있을 것이다.

실수는 언제 일어날지 모르기 때문에 미리 계획을 세울 수는 없지만 여전히 실수로부터 배우는 것은 가능하다. 매일 저녁 식탁에 앉아서 각자 무슨 실수를 했고 무엇을 배웠는지 이야기를 나누어보기를 권한다.

부모가 자신과 자녀를 충분히 믿지 않는다면 자녀가 실수하는 모습을 보는 것은 참으로 어려운 일이다. 자녀가 어떤 일을 엉망진창으로 만들어버렸을 때 죄책감, 수치심, 비난, 처벌을 주는 것이 아니라 더더욱 지지해주는 부모가 되겠노라고 자신할 수 있는가?

자녀가 실수하고 또 실수하는데도 "괜찮아. 너는 할 수 있어." "와우, 대단한 걸!" 이런 태도를 유지하는 것은 어렵다. 자녀가 처음으로 술에 취해서 집에 들어온 날 밤 양육일기를 쓰고 싶겠는가? 거금을 들여 치아 교정기를 해주었는데 빼놓고 다니는 것을 보면 어떻겠는가? 숙제는 하지 않고 온종일 SNS나 게임을 하느라 시험을 망쳤다면 어떻겠는가? 어렸을 때 높은 아기용 식탁 의자에 앉아서 밑에 있는 강아지에게 음식을 나누어주는 것을 보고는 곧바로 할머니 할아버지에게 전화해서 자랑을 늘어놓았지만, 이제 더 이상 전화해서 자랑할 일이 없다. 그때는 그게 나이에 맞는 행동이었고 귀여워 보였지만, 지금은 하루 종일 친구에게 문자나 보내고 있는 자녀가 더 이상 귀엽게 느껴지지 않는다. 분명 제 나이에 맞는 행동을 하는 건데도 말이다.

십대 자녀의 이 단계에서 당신이 해야 할 일은 실수에서 배울 수 있도록, 때리거나 벌주는 대신 격려하고 지지하는 것이다. 벌을 받거나 비난받지 않는 게 확실하다면 아이들은 자신의 실수를 부모에게 기꺼이 이야기한다. 부모와 함께 편안한 상태에서 다양한 가능성을 찾아볼 수 있다면 실수를 더욱 줄일 수 있을 것이다. 하지만 대부분의 청소년들은 부모의 판단과 분노를 피하기 위해 실수를 숨기는 법을 배운다. 혹은 부모의 잔소리와 통제를 피하기 위해 실수가 아닌 것조차도 감추려고 한다.

호기심 어린 질문

부모가 저지르는 가장 흔한 실수 중 하나는 말하고, 말하고, 말하고, 말하고, 말하고, 말하고 또 말하는 것이다. 자녀가 실수하면 대부분의 부모들은 무엇이 일어났는지, 무엇 때문에 일어났는지, 어떻게 느끼는지, 무엇을 해야 하는지에 대해 이야기한다. 이어서 '교훈을 얻을 수 있도록' 벌을 준다. 하지만 부모가 말하는 것을 멈추고 물어보기 시작한다면 더욱 더 효과적이다.

호기심 어린 질문과 관련해 필자(제인 넬슨)가 가장 좋아하는 사례는 우리 집 막내딸 메리가 9학년 졸업 파티에서 술에 취하겠다고 선언했을 때였다.

> 나: ('안 돼! 그게 얼마나 위험한지 몰라? 네 인생을 망치고 싶어? 네가 그런다면 한 달 동안 외출금지에다 모든 권리를 잃게 될 거야.' 이 말이 목구멍까지 올라왔지만 참았다. 대신 깊게 숨을 쉬고 물었다.) 좀 더 이야기해줄 수 있겠니? 그렇게 하고 싶은 이유가 뭐니?
>
> 메리: 요즘 애들 다 그래요. 그게 재미있어 보인다고요.

나: 네가 술을 마시지 않는다고 친구들이 뭐라고 그러니?

메리는 이에 대해 생각했다. (당신이 호기심을 갖고 질문한다면 아이들이 그것에 대해 곰곰이 생각하는 걸 지켜볼 수 있을 것이다.)

메리: 애들은 늘 나를 대단하다고 말하고 자랑스러워해요.

나: 그 애들이 너에게 술 마시라고 강요하지는 않니?

메리: 그러지는 않아요. 가끔 마셔보라고는 하지만 싫다고 하면 더 말하지 않아요. 내 뜻대로 할 수 있어요.

나: 네가 술에 취한 다음에는 친구들이 너에게 뭐라고 말할 것 같으니?

메리: 음, 나에게 실망할 것 같은데요.

나: 너 자신에 대해서 너는 어떻게 생각할 것 같니?

메리: (한참 생각한 후에) 패배자처럼 느낄 것 같아요. (또 한동안 생각하고) 술 마시지 말아야겠어요.

나: 좋은 결정이야. 나는 네가 친구들을 따라 하기보다는 진정으로 네가 원하는 삶에 대해 생각하고 행동할 수 있다고 믿어. (사실 여기서 잠깐 강의를 하기는 했지만 메리는 강의라고 생각하지는 않았을 것이다.)

호기심 질문은 벌을 받는 대신 자신의 선택에 따른 결과를 탐구하는 데 도움이 된다. 몇 년 후 메리는 몇 차례 술을 마시려고 했었지만 썩 내키지 않았고, 술이 자기 삶의 일부가 되는 것을 원치 않는다고 생각했다. 친구들은 곧 익숙해질 거라고 했지만 메리는 '왜 내가 술에 익숙해져야 하지?'라고 생각했다.

아이들 스스로 생각할 수 있게 하는 것이 숨기고 반항하게 만드는 것보다 훨씬 낫다. 모든 아이들이 술을 마시지 않겠다고 결심하는 것은 아니다. 사실 대부분의 부모들도 술을 조금씩은 마시지 않는가? 자녀가 술에 대해 책임감 있는 태도와 무책임한 태도를 스스로 생각해볼 수 있도록 도와주는 것이 더 낫지 않겠는가?

호기심 질문은 자녀가 무엇을 생각하고 느끼고 배우고 있는지 진정으로 궁금할 때만 효과가 있다. 화났을 때는 호기심 질문을 하기가 어려울 것이다. 그러면 진정될 때까지 기다려야 한다. 그때 이렇게 이야기하면 효과적이다.

"나는 지금 너무 화났어. 하지만 너를 사랑해. 내가 좀 진정되면 다시 너와 함께 이야기를 나누고 싶어."

아니면 모든 가족이 이에 대해 토의하고 함께 해결책을 찾아보도록 가족회의 의제로 올리는 게 좋을 수도 있다.

실수에서 배우는 것을 먼저 보여주어라

부모로서 더 많이 알게 되고 성장하면 과거에 자신이 했던 많은 일들이 비효율적이었고, 심지어 자녀를 실망시켰을 수도 있었다는 것을 알게 된다. 자녀만 실수에서 배울 수 있는 게 아니라 부모도 배울 수 있다. 아이들은 경험, 지식, 지원 시스템, 발달 과정 안에서 최선을 다하고 있다. 물론 부모도 마찬가지이다. 실수는 배움의 기회라는 것을 가르치는 가장 좋은 방법은 부모 스스로 이 원칙을 실천하는 것이다. 당신이 실수할 때 당황스럽고 부끄럽고 스스로를 실패자라고 생각할 수도 있지만, 반대로 이를 배움의 기회로 삼을 수도 있다. '실수를 만회하기 위한 4R'는 당신이 다른 사람들에게 실수를 저질렀을 때 도움이 될 수 있다.

> **실수를 만회하기 위한 4R**
>
> 1. 인식한다 Recognition
> 2. 책임진다 Responsibility
> 3. 화해한다 Reconciliation
> 4. 해결한다 Resolution

1. **인식한다:** 당신이 실수했다는 것을 알아차리는 것이다. 스스로를 실패자로 보거나 비난하고 수치심을 갖는 것이 아니라, 그저 비효율적으로 그 일을 했다는 사실을 깨닫는 것이다.

2. **책임진다:** 어떤 실수를 했는지(반항하게 만들었거나 상처를 주었을 수 있다.)를 보고 그에 대해 기꺼이 뭔가를 하겠다는 것을 의미한다.

3. **화해한다:** 자녀에게 무례하게 대하거나 다치게 했다면 미안하다고 말하는 것을 의미한다. 당신이 사과하는 즉시 아이들이 "괜찮아요."라고 말할 것이다. 아이들은 매우 관대하다.

4. **해결한다:** 당신과 자녀 모두에게 만족스러운 해결책을 제시하는 것을 의미한다. 일단 실수를 알아차리고 책임지고 사과를 하면, 문제를 해결하는 데 도움이 되는 분위기를 만들 수 있다.

실수를 만회하는 4R 사례

어느 날 미용실에서 머리 손질을 받고 있는데 딸 메리가 필자를 괴롭히고 있었다. 돈 달라고 떼쓰고 미용사와의 대화를 5분마다 방해하면서 내 인내심의 한계를 시험했다. 집에 돌아왔을 때 나는 너무 화가 난 나머지 메리에게 버르장머리 없는 망나니라고 했다.

"나중에 미안하다고 말하지 마세요!" (메리는 '실수를 만회하는 4R'에 익숙했다.)

"괜한 걱정을 하시네. 절대 그럴 일 없어!"

그러자 메리는 방으로 달려가 문을 쾅 닫았다. 얼마 지나지 않아 나는 메리를 버르장머리 없는 망나니라고 부르는 실수를 저질렀다는 것을 알아차렸다. 메리의 방으로 가서 사과했지만 딸은 내 말을 듣지도 않았다. 아직 들을 준비가 되지 않았던 것이다.

"엄마는 위선자예요. 다른 부모들에게는 아이들을 존중하라고 가르치면서 나한테는 욕을 했어요!"

메리 말이 맞았다. 나는 죄책감을 느끼며 조용히 방을 나왔다. 그러나 처음에는 나의 실수를 배움의 기회로 보지 않았다. 대신에 나는 이 일을 그만두어야 하는 게 아닐까 하는 생각을 했다. 내가 가르치는 것을 내가 실천할 수 없는데 어떻게 부모교육을 계속한단 말인가? 5분 정도 지나자 메리가 내게로 와서 나를 안아주며 말했다.

"엄마, 미안해요."

"사랑하는 메리야, 나도 미안해. 너를 버르장머리 없는 망나니라고 불렀을 때, 사실은 내가 버릇없는 사람이었지(책임과 화해). 내가 내 행동을 조절하지 못하면서, 네 행동을 조절하지 못한다고 화를 냈구나."

"괜찮아요, 버르장머리 없는 망나니였던 것은 맞아요."

"그래, 하지만 너를 존중하지 않아서 네가 더 화가 났지."

"맞아요, 하지만 제가 방해하고 귀찮게 한 것도 사실이에요."

문제 상황에서 책임을 진다는 것은 바로 이런 것이다. 아이들은 실제로 경험함으로써 배운다. 나와 메리는 다음에 미용실에 가면 어떻게 할 것인지 계획했다(해결하기). 시간이 얼마나 걸리는지 알려주고, 메리는 그때 무엇을 할 것인지 정했다. 그리고 다음에 미용실에 갔을 때 우리는 그렇게 했다.

내가 가르치는 것을 나 자신이 실천하지 않는다는 것 때문에 죄책감에 빠질 뻔했지만, 나와 메리는 소중한 교훈을 배웠다.

실수를 통해 결과와 책임을 이해하기

실수에 집중해서 비판하고 죄책감을 갖게 하는 것보다 아이들이 자신의 결정에 대한 생각과 감정을 평가하고 다음에는 다른 결과를 얻기 위해 다르게 행동할 수 있게 도와주면, 부모로서 자녀에게 정말 많은 것을 가르칠 수 있다. 당신 자신의 실수를 평가하고 회복하는 데에도 이렇게 하면 큰 도움이 될 것이다.

십대 자녀 양육 워크숍에 참여한 베키는 다음과 같이 말했다.

내가 뭘 할 수 있었겠어요? 실수했다는 것도 알아요. 16살인 딸은 학업에 소홀했죠. 그 아이는 C학점에도 만족한다고 말했지만 그 정도로는 자신이 원하는 대학에 갈 수 없어요. 그래서 숙제를 마치기 전에는 다른 것을 할 수 없고, 제대로 다 했는지 확인하겠다고 했지요. 딸은 여기에 동의했지만 실제로 확인할 때가 되자, 집중하기 어려워서 제대로 하지 못했다고 이야기를 하더군요. 집중력에 문제가 있다고 말했지만 그 상황을 모면하려는 핑계라 생각했어요.

"대충 넘어가려고 하지 마. 책상에 앉아서 숙제를 해. 다 해야 친구 집에 갈 수 있어."

딸은 책상에 앉아서 거의 한 시간 동안 낙서를 하면서 툴툴거렸지요. 서로 비참한 기분이었어요. 나중에 나한테 보낸 쪽지에 이렇게 쓰여 있었어요.

"나는 엄마를 사랑하지 않아."

내가 잘못한 건 알아요. 친절하고 단호한 양육이 아니라 무섭게 하려 했지요. 그런데 내가 뭘 어떻게 했어야 하는 건지 모르겠어요.

워크숍의 퍼실리테이터는 다음과 같이 말했다.

실수는 배울 수 있는 좋은 기회이므로 잘못되었다고 생각하지 말아요. 대신 당신이 진정으로 원하는 것, 실제로 일어난 일, 그 일이 일어난 이유, 다음번에는 어떻게 다르게 행동할 수 있는지를 찾아볼 수 있는 기회로 생각합시다.

베키와 퍼실리테이터는 더 나은 해결책을 찾기 위해 상황을 검토했다.

퍼실리테이터: 따님이 좋은 성적을 받기를 원하는 이유가 무엇인가요?

베키: 대학에 갔으면 좋겠어요. 저는 갈 수 없었거든요. 제인은 그 기회를 놓치지 않기를 바라요.

퍼실리테이터: 제인이 당신의 그 마음을 이해하고 있을까요?

베키: 글쎄요, 아닌 것 같네요.

퍼실리테이터: 우선 그건 기억해두고 다음 이야기를 해봅시다. 노력하면 더 잘할 수 있을 거라 생각하는데 왜 제인은 C학점에 만족하는 걸까요?

베키: 제인이 가고 싶어 하는 대학은 학점보다 지역사회에 봉사하는 것을 더 중요하게 본다고 생각하는 것 같아요. 실제로 지역사회 봉사활동을 엄청 열심히 하고 있어요.

퍼실리테이터: 가장 중요하다고 생각하는 것에 집중하고 싶은 감정을 느껴본 적 있나요?

베키: 그럼요, 이해할 수 있어요.

퍼실리테이터: 당신과 제인이 중요한 문제를 제대로 다루지 않고, 힘겨루기로 서로 상처를 주고받는 악순환을 겪고 있다는 것을 알 수 있겠어요?

베키: 친구에게 가지 못하게 한 다음 기분이 별로 안 좋았어요. 아이들은 학교발전기금 모금행사에 기부할 만한 곳의 목록을 만들기 위해 모일 예정이었지요. 그런데 나는 보내지 않았어요. 힘겨루기에서는 내가 이겼지만 제인은 나를 비난했어요. 엄마를 사랑하지 않는다는 쪽지를 받았을 때 깊은 상처를 받았어요.

퍼실리테이터: 이 이야기를 바탕으로 이런 상황에 적용할 수 있는 원칙이나 전략에 대해 생각해볼 수 있겠어요?

베키: 아니요, 어찌할 바를 모르겠어요. 어떤 논리적 결과를 사용해야 할지 상상도 할 수 없네요.

퍼실리테이터: 바로 그거예요! 하나도 생각해낼 수 없다면 이런 상황에서 논리적 결과는 적절하지 않다는 거예요. 앞서 이야기했듯이, 대부분 논리적 결과가 별로 효과가 없는데도 그것을 적용하려고 해요. 사실 처벌을 논리적 결과라고 위

장하기도 하고요. 자녀의 마음으로 들어가 원하는 것을 함께 찾아보고, 사랑이 전해지게 하며, 서로에게 좋은 계획을 세우려면 어떻게 해야 할까요? 역할극을 통해 찾아볼까요?

베키: 좋아요.

퍼실리테이터: 그럼 당신이 딸의 역할을 하고 제가 엄마 역할을 해볼까요?

베키: 예. 지금은 그게 더 마음이 편하겠어요.

퍼실리테이터: 처음에 딸이 했던 이야기로 시작할게요.

베키(딸): 엄마, 그 수업에서 C학점 이상을 받는 것은 제게 그다지 중요하지 않아요.

퍼실리테이터(엄마): 네가 원하는 대학에 가려면 지금보다 더 좋은 점수를 받는 게 나한테는 정말 중요해.

베키(딸): 저도 엄마와 다르지 않아요. 그런데 대학 입학 자격을 찾아봤는데 학점보다 사회봉사가 더 중요하더라고요. 저한테는 이미 지원서에 써넣을 만한 사회봉사 기록이 엄청 많아요.

퍼실리테이터(엄마): 그래? 네가 입학 요건을 연구했다는 이야기를 들으니 다행이구나. 네가 그 대학을 얼마나 원하는지 알게 되었어. 나는 네가 조금만 하면 B나 A학점까지도 충분히 받을 수 있는데도 C학점을 받아서 그것 때문에 대학에 떨어지게 될까 봐 정말 걱정돼. 내가 입시담당 선생님을 만나서 네가 알아본 것에 대해 좀 더 자세히 이야기를 나눠봐도 되겠니? 그 선생님은 경험이 많으니까 네가 가려는 그 대학에 입학한 학생도 있을 수 있을 거야. 그러면 그 대학에서 입학 자격에 나온 대로 학생들을 선발하고 있는지 확인해볼 수 있겠지. 다음 가족회의에서 이 문제를 논의해보자. 우리 두 사람의 목표를 모두 달성할 수 있는 계획을 세울 수 있게.

베키(딸): 예. 고마워요, 엄마.

퍼실리테이터: 지금 딸로서 어떤 기분이 드세요?

베키: 엄마가 나를 사랑하고 존중한다고 느껴져요. 가족회의에서 계획을 함께 세우고 싶고요.

퍼실리테이터: 이제 힘겨루기와 복수의 악순환을 벗어나서 새로운 길로 접어들었네요. 이 길은 딸에게 적절한 통찰력과 유용한 사회적 기술을 가르침과 동시에, 엄마와 딸 모두 원하는 것을 얻을 가능성이 더 크답니다.

다음 목록은 힘겨루기와 반항, 복수의 악순환에 빠지게 하는 실수를 저지른 다음, 부모가 자녀를 더 잘 이해하고 의사소통을 잘할 수 있도록 도와주는 인식 방법과 기술에 대한 것이다.

실수를 바로잡는 6단계

1. 규칙의 조항보다 규칙의 진정한 의도로 돌아가라. (규칙의 의도는 딸이 선택한 대학에 입학하는 것을 돕는 것이었다. 숙제를 하게 하거나 처벌을 하는 건 규칙의 조항일 뿐이다.)

2. 다른 사람이 당신을 대해주었으면 하는 방식, 포용적이며 품위 있고 존중하는 방식으로 아이들을 대하라. (누군가가 당신에게 꼭 필요하고 가장 좋은 것이니 그 일을 하라고 협박한다면 어떤 기분이겠는가?)

3. 당신에게 무엇이 중요한지, 왜 중요한지에 대해 자녀와 함께 이야기를 나누어라. (사랑하고 존중하는 마음이 전달되도록 하라.)

4. 자녀에게 무엇이 중요한지, 왜 중요한지에 대해 이야기를 나누어라.

5. 필요하다면 규칙에 예외를 둘 수도 있다. (이것은 허용적인 것과는 다르다.)

6. 가능하다면 규칙에 예외를 두지 않도록 모두가 원하는 것을 이야기하고 계획을 세우고 약속한다.

자녀와 갈등하게 될 때 스스로에게 물어보라.

"나는 두려움과 분노에 사로잡혀 행동하고 있는가, 아니면 사랑과 믿음을 바탕으로 하고 있는가?"

그리고 '실수를 바로잡는 6단계'를 활용하여 문제를 바로잡고, 부모와 자녀 모두를 격려하는 친절하며 단호한 양육 기술을 사용하라.

이 장에서 배운 친절하며 단호한 훈육법

1. 자녀에게 실수는 뭔가를 배울 수 있는 훌륭한 기회라고 자주 말한다.

2. 자녀 스스로 결정하고 실수로부터 배울 수 있을 거라는 믿음을 가져라.

3. 무엇을 어떻게 할 것인지 친절하게 물어봄으로써 자녀가 선택의 결과를 탐구하도록 도와라.

4. 십대 자녀는 감정을 가진 젊은이이며, 반드시 이해와 품위 그리고 존중으로 대우받아야 한다.

5. 당신에게 무엇이 중요한지, 왜 중요한지에 대해 이야기를 나누어라. (사랑과 존중이 전해지도록 하라.)

6. 자녀에게 무엇이 중요한지, 왜 중요한지에 대해 함께 이야기를 나누어라.

7. 필요하다면 규칙에 예외를 둘 수도 있다. (이것은 허용적인 것과는 다르다.)

8. 그때그때 봐가면서 하기보다는 가족회의 날을 정해서 기다렸다가 함께 계획하라.

실전 연습

1. 심호흡을 하고 자녀에게 도움을 청하라.

2. 이 활동은 듣는 역할이라는 것을 기억하며 경청의 귀를 열어라.

3. 그런 다음 부모로서 저지른 실수가 무엇인지 자녀에게 물어보라.

4. 실수를 만회하는 4R을 활용하여 각 단계마다 답을 써보라.
(4R은 인식한다Recognition, 책임진다Responsibility, 화해한다Reconciliation, 해결한다 Resolution이다.)

5. 당신이 쓴 것을 가지고 자녀와 토의하라.

5장

십대 자녀를 변화시키는 6가지 기술

자녀를 변화시키는 건 가능하다!

"십대 아이들에게 동기부여를 해주려면 어떻게 해야 할까요?"

부모의 이 질문은 사실 "어떻게 하면 십대 자녀가 내가 원하는 대로 할까요? 어떻게 해야 게임을 그만두고 공부를 하게 될까요? 빈둥거리지 않고 아이가 뭔가 최선을 다하게 하려면 어떻게 해야 할까요? 어떻게 해야 균형 잡힌 삶을 살 수 있게 될까요?" 하는 의미를 담고 있다.

격려야말로 자녀를 변화시키는 열쇠다. 긍정훈육의 모든 기술은 자녀를 격려하고 자녀에게 힘을 불어넣어 주도록 고안되어 있다. 5장에서는 십대 자녀를 변화시키는 6가지 기술 즉 격려와 감사, 유머, 수평적 협상, 함께하기, 함께 문제 해결하기, 관철하기를 다룬다.

감사와 응원

사람은 기분이 좋을 때 더 잘한다. 자신이 행복해하는 일에 대해 칭찬을 받거나 스스로 동기를 고취시키려 할 때 격려를 받는 것만큼 기분 좋은 일은 없다. 이건 사람이라면 누구나 다 마찬가지이겠지만 특히 끝없는 비판과 계속되는 잔소리에 시달리고 시험 점수에 대해 낙담한 십대라면 더욱 그러하다. 격려와 칭찬은 다르다. 칭찬은 잘할 때만 보상을 하는 방식으로, 만약 자녀를 칭찬의 방식으로 양육한다면 아이가 커감에 따라 새로운 보상을 찾느라 힘든 시간을 보내야 할 것이다. 칭찬과 달리 격려는 보상이 없으며 꼭 성공하거나 잘하지 않더라도 할 수 있다.

누구나 다 감사와 응원을 받을 수 있는 가장 확실한 기회가 가족회의이다(자세한 내용을 7장에서 다룬다). 매주 가족회의를 하고, 가족회의를 할 때마다 긍정적인 분위기로 시작한다면, 십대 자녀는 단지 그 이유만으로도 가족회의에 참석하는 걸 좋아할 수도 있다. 어느 15살 소년은 일주일 중 가장 좋아하는 시간이 바로 자신이 감사와 응원을 받을 수 있는 가족회의라고 답했다.

한 주 동안 지내면서 아이들에게 그들이 얼마나 특별한 존재인지, 부모로서 어떤 점을 고마워하고 있는지, 또 예전에 얼마나 사랑스러운 아이들이었는지를 깨달을 수 있게 해주는 방법을 찾아보라. 어린 시절에 대한 이야기를 하는 것도 좋다. 자녀가 듣고 싶어 하는 말이나 사람들이 알아줬으면 하는 점들이 있는지 물어보고 그런 말들을 해주는 것도 좋은 방법이다. 비록 자녀가 알려줘서 하는 말이지만, 이 말을 들으면 자녀는 행복해진다.

유머

청소년들은 유머를 매우 좋아하고 설교나 지시보다 더 민감하게 반응한다. 유머를 이용해 자녀가 더욱 협조적이 되게 하고 분위기를 밝게 만든 이야기들을 소개한다.

딸이 식탁 세팅하는 걸 깜빡한 날, 어머니는 상관 않고 음식을 큰 그릇째 바로 가져와 자리에 모두 앉게 했다. 식구들은 개인 접시와 포크, 나이프 같은 게 하나도 없는 상황에 황당해하며 웃음을 터트렸다. 그이후로 딸이 식탁 세팅을 잊어버리는 일은 없었다.

피터는 3명의 십대 자녀를 둔 아버지다. 피터는 그동안 퀴즈와 내기를 사용해 아이들의 동기를 자극하고 웃음을 더해왔다. 하루는 피터가 집에 돌아왔는데, 각자 분담해서 하던 집안일이 제대로 되어 있지 않았다.

"누군가 할 일을 제대로 안 했네. 뭘 빼먹었는지 가장 빨리 알아맞힌 사람에게 1달러를 주지."

피터가 이렇게 말하자마자 3명의 자녀는 상금을 받기 위해 온 집 안을 뒤지며 해야 할 일을 찾기 시작했다.

하루는 피터가 아이들에게 말했다.

"지금부터 미식 축구 중계가 시작되기 전까지 너희들이 정원 청소를 다 마칠 수 있을까? 아빠는 너희들이 못 끝낸다에 2달러를 걸 거야."

피터의 내기가 효과적이었던 것은 그가 이것을 자주 사용하지 않았고 또 예기치 않을 때 썼기 때문이었다. 만약 피터가 내기를 보상이나 유혹으로 이용했더라면 아이들은 존중받는다는 느낌을 갖지 못했을 것이다. 그랬다면 은연중에 집안일을 거드는 이유가 오로지 돈이 되었을 테니까.

한번은 마트에 갔을 때의 일이다. 그날도 역시 피터의 재미 본능이 발동했다. 피터는 장보기 목록이 적힌 종이를 두 장으로 찢더니 한 장은 아들에게, 다른 한 장은 함께 간 아들 친구에게 주었다.

"15분 안에 장보기를 모두 끝내면 내가 피자를 쏘지. 출발!"

그날 마트에서는 미친 듯이 물건을 쓸어 담는 십대 두 명이 목격되었다고 한다.

때로는 어떤 일을 하게 하는 유일한 해결책이 유머밖에 없을 때도 있다. 샤론의 의붓아들 15살 콜이 함께 살기 시작한 지 얼마 되지 않았을 때의 일이다. 콜이 들어오고 집 안에 이런저런 문제가 생기기 시작했다. 처음엔 헤어드라이어가 사라지더니 부엌 행주 절반이 없어졌고, 마침내 담요도 몇 장 사라졌다. 콜은 통화중에 전화기를 들고 이리저리 돌아다니거나 춤을 추고, 손가락으로 전화선을 꼬고 심지어 여기저기 매듭을 지어놓았다. 콜은 매일같이 학교에서 돌아오면 부모님 침대에 누워서 TV를 보았다. 자기 방은 이미 너무 어질러져 있었기 때문이었다. 콜은 먹다 남은 음식 접시와 음료 캔과 잡지를 치우지 않고 부모님 침실에 두고 갔다. 마침내 샤론의 인내심이 한계에 달한 날이 왔다. 식사 준비를 하려고 보니 부엌 서랍에 포크와 나이프, 부엌 가위 따위가 하나도 남아 있지 않았던 것이다.

"콜 피터 앤더슨!"

샤론은 소리를 질렀다.

"이리 와봐!"

콜은 느릿느릿 다가와 물었다.

"무슨 일 있어요? 오늘 회사에서 힘든 일 있었어요?"

샤론은 그런 콜의 태도에 더 화가 났다. 하지만 콜에게 화를 내는 것은 그다지 좋은 방법이 아닌 것 같아 다른 방법을 시도하기로 했다. 샤론은 콜을 잘 알고 있었다. 콜은 어른들이 강제로 어떤 일을 시키거나 화를 내면 더 반항적이 되는 아이였다.

샤론은 잠시 심호흡을 하고 나서 물었다.

"콜, 신문에서 '별자리 운세' 읽었니?"

"무슨 말씀 하시는 거예요. 전 '별자리 운세' 안 읽어요. 아시잖아요."

"잘 들어봐."

샤론은 심각한 얼굴로 신문을 펴서 읽기 시작했다.

"오늘의 양자리 운세야. 당신은 엄마의 부엌 가위와 설거지할 접시와 포크, 나이프를 부엌에 갖다 놓고 싶은 강한 욕구를 느낄 것이다. 또한 꼬인 전화기 줄을 풀고 엄마의 브러시를 안방 욕실에 다시 갖다 두고 싶어진다."

"저를 놀리시는 거죠? 보여주세요."

콜이 신문을 잡으며 말했다.

"지금 가서 모든 것들을 제자리에 갖다 놓으면 신문의 '별자리 운세'를 오려줄게. 네가 나중에 읽을 수 있게 말야."

샤론의 농담에 콜은 얼굴 표정이 바뀌더니 "엄마는 참 이상해요."라고 웃으며 대답했다. 몇 분 후 콜은 설거지할 그릇들을 세탁 바구니에 가득 담아 부엌으로 나르더니 부엌 가위를 서랍에 집어넣고 꼬인 전화기 줄을 풀기 시작했다. 샤론은 콜에게 다가가 힘껏 안아주며 "고마워, 아들!"이라고 말해주었다.

그 뒤 어느 날, 샤론은 아들 콜에게 미루는 습관을 고치고 싶지 않은지 물었다.

그러자 콜은 이렇게 대답했다.

"엄마, 그건 집안 내력이에요. 우리 집안 사람들은 다 그래요. 피라니까요."

"글쎄, 하지만 네가 변화하고 싶다면 어떻게 해야 할지 내가 알려줄 수 있지. 물론 부디 알려달라고 네가 부탁을 한다면 말야."

"뭔데요, 엄마? 이렇게 부탁드릴 게요. 제발 가르쳐주세요, 네?"
라며 콜이 장난스럽게 말했다.

"콜, 일에는 시작과 중간 그리고 끝이 있단다. 근데 넌 시작은 잘하는데 중간은 보통 정도이고 마무리가 약하지. 너에게는 두 장의 카드가 있어. 하나에는 '미루기 대장 콜 앤더슨, 아무리 작은 일이라도 미루지'라고 쓰여 있고 다른 하나에는 '행복한 ABC 플랜'이라고 쓰여 있어."

"행복한 ABC 플랜이 뭐예요?"

"말해줄 수는 없지만 보여줄 수는 있어. 준비 됐니?"
샤론의 말에 콜은 자기가 다시 한번 걸려들었다는 것을 알았다. 하지만 콜은 어머니가 아들 체면을 살려주면서도 일을 재미있게 만드는 재주가 있음을 알았기에 어머니 말을 따르기로 했다.

"자, 그럼 A부터 시작하자. 네 차로 가서 집에서 들고 나간 수건과 담요를 모두 가지고 오는 거야."

콜은 바로 차로 가서 수건과 담요를 팔에 걸치고 돌아왔다.

"다음은 뭔가요?"

"이제 B야. 그 수건과 담요를 모두 세탁기에 넣고 세제를 넣은 다음 시작 버튼을 누르는 거지. 그런 다음 세탁기 앞에 서서 네가 C를 맞힐 수 있을지 생각해보렴."

"제 생각에 C는 제가 그 빨랫감들을 개어서 갖다 두는 거예요."

콜이 중얼거렸다.

"똑똑이 우리 아들. 네가 행복한 ABC 플랜을 알아차릴 줄 알았어. 행복한 기분이 들지 않니? 나는 행복한데."

샤론은 이렇게 말하며 웃었다. 콜은 머리를 가로저으며 정말 이상한 어른이라는 듯 샤론을 쳐다보았다.

샤론은 콜이 게으르다거나 반항적이라고 지적하면서 갈등 상황으로 만들어갈 수도 있었다. 그녀는 조화롭게 어울려서 살 것인지, 전쟁 구역에서 살 것인지를 두고 결정을 내렸다. 샤론이 유머에 더 의지할수록 아들은 더 협력적이 되었다.

수평적 협상

유머와 마찬가지로 십대들은 협상에 공감한다. 협상은 '주고받기'의 한 형태로서, 공평하고 합리적인 것을 추구하는 청소년들의 감각에 잘 맞는 개념이다. 십대들은 자기중심적이고 세계가 자신을 중심으로 돈다고 생각하기 쉽기 때문에, 협상은 다른 모든 방법이 실패했을 때 마지막으로 사용할 수 있다.

협상에도 좋은 협상과 나쁜 협상이 있다. 나쁜 협상이란 부모가 지킬 수 없는 것이거나, 비현실적이거나, 자녀의 나이와 능력, 경험을 넘어서는 것이다. 아주 오래된 나쁜 협상의 한 예가 "네가 개를 잘 돌보겠다고 약속한다면 개를 데려올게."라고 약속하는 것이다. 대부분의 아이들은 몇 주만 지나면 강아지를 돌보는 일에 싫증을 내게 되는데, 그 무렵이면 당신은 이미 강아지에 정이 들어 되돌릴 수가 없게 된다.

반면에 좋은 협상은, "주중에 네가 강아지 산책을 시켜주면, 주말에 엄마가 특별한 상을 줄게." 하고 말하는 것이다. 만약 개를 산책시키는 것을 당신이 볼 수 없는 상황이라면 이것도 안 좋은 협상이 될 수 있다. 좋은 협상과 나쁜 협상의 또 다른 예시로, 자동차를 들어보자.

"차를 쓰고 기름을 채워둔다면 차를 써도 괜찮아."는 나쁜 협상이다. 왜냐하면 자녀는 이미 차를 손에 넣었다. 그러니 약속을 지킬 이유가 없는 것이다. 반대로 좋은 협상은, "오늘 나가기 전에 세차를 한다면 저녁에 차를 써도 좋아."라고 말하는 것이다.

좋은 협상의 다른 예들을 좀 더 들어보자.

"수요일 저녁 식사 전까지 네가 맡은 집안일들을 다 한다면, 잔소리를 안 할게. 저녁 식사 전까지 네가 못 끝내면 다 마칠 때까지 저녁 식사를 미룰 수도 있어."도 좋은 협상이다. 부모가 그런 식의 마감에 익숙하고 수요일 저녁 식사를 집에서 할 수 있는 경우라면 말이다. 또 다른 좋은 협상으로, "너희들을 영화관에 데려다줄 다른 부모님을 구한다면, 끝날 때는 엄마가 너희들을 데리러 갈게."라고 할 수 있다. 이런 것은 어떤가? "네가 그 새 옷(기타, 게임 등)을 사기 위해 저축을 한 액수만큼 엄마도 돈을 보태줄게."

담보를 이용하는 것은 십대 자녀에게 아주 효과적이다. 아이들이 부모에게서 뭔가 빌리고 싶다면 그에 상응하는 담보를 제공해야 한다. 그리하여 자신들이 빌려간 것을 부모에게 반납하면 부모도 담보로 받은 것을 돌려주는 것이다. 자녀가 좋아하는 옷이나 휴대전화, 태블릿 등이 좋은 담보가 될 수 있다. 무엇이든 담보는 자녀에게 소중한 것이어야 한다.

함께하기

긍정의 훈육 교육에 참가한 다나는 자신의 딸 이야기를 들려주었다.

"제 딸 세이지는 학업 성적이 매우 우수해요. 시험에서는 항상 최고 점수를 받고, 과제를 수행하면서 어려움을 겪는 일도 별로 없어요. 지난번 선생님과의 상담에서도 세이지는 선생님이 좀 더 도전적인 과제를 내어주었으면 하고 말하더군요."

교육에 참여한 다른 부모들은 다나에게 비결을 물어보았다.

다나는 다른 부모들의 질문에 다음과 같이 대답했다.

저는 세이지가 뭔가에 도전할 때, 이것을 잘하면 세이지에게 어떤 도움이 될지 이야기해 줍니다. 새로운 것을 배울 때면 그다음 단계의 정보를 제공해주었고, 배운다는 게 얼마나 멋진 일인지 짚어줍니다. 새로운 것을 배운다는 것은 새로운 세상을 만난다는 것이라는 사실을 알려주는 거죠.

예를 들어, 행성에 대해 새로 배울 때, "어떤 사람들은 우리가 아직 알지 못하지만 새로운 행성이 있을 거라고 믿어."라고 하는 말은 아이의 질문을 자극하지요. 그러면 우리는 함께 인터넷으로 정보를 찾기 시작합니다. 제가 다 아는 것은 아니니까요.

아이들은 엄마의 말보다는 행동을 통해 배웁니다. 그래서 저 스스로 배우는 걸 얼마나 좋아하는지 보여주려고 애씁니다. 뭔가 배우고 싶은 것이 있을 때 책을 읽거나 강의를 들으러 가기도 하고, 세이지에게는 숙제를 먼저 하고 놀게 합니다. 우리 집 좌우명은 '하고 놀자'입니다. 좌우명을 실천하기 위해 노력하면서, 딸은 할 일을 미리 해놓고 노는 것이 더 좋고 스트레스도 덜 받는 방법이라는 것을 깨달았습니다. 예를 들어, 책을 읽고 독후감을 써야 하는 과제가 있다면 우리는 월초에 일찌감치 책을 구한 다음 책이 몇 쪽인지 확인한 후, 하루에 몇 쪽씩 읽어야 과제를 제출하는 날짜에 맞춰 독후감을 쓸 수 있을지 정합니다. 매일 조금씩 한다면 힘들지 않다는 것을 딸에게 가르치고 싶습니다. 몰아서 하면 누구나 힘들고 스트레스를 받게 됩니다. 이렇게 조금씩 꾸준히 한다면 과제를 즐기면서 할 수 있습니다. 힘들지 않다는 걸 알려주는 게 바로 아이가 배우는 걸 좋아하도록 만드는 비결이라고 생각해요.

아마도 제가 얻은 가장 중요한 깨달음은 아이가 과제를 하는 동안 곁에서 함께해야 한다는 점이었습니다. 세이지가 쉽게 산만해지는 스타일이거든요. 제가 자리를 뜨면 아이는 지우개를 가지고 장난을 치거나 거울을 보는 등 집중하지 못하기 때문에, 옆에 같이 앉아 있거나 요리를 하는 동안 부엌 식탁에서 아이가 과제를 하도록 합니다. 그러면 아이가 집중하는 데도 도움이 되고 아이 질문에 답을 해줄 수도 있지요. 이렇게 하는 게 쉽지는 않지만 저는 중요한 시기에 아이에게 좋은 영향을 미칠 수 있다는 것이 즐겁고 한편으로는 보상을 받는 기분입니다.

이제는 아이가 훈련이 되어 제가 오랫동안 옆에 있지 않아도 되게 되었습니다. 예를 들어, 한두 주 전에는 핼러윈파티에서 10시에 돌아오고서도 학교 읽기 숙제를 하느라고 애쓰는 모습을 보았거든요. 저는 지쳐서 옆에서 잠들어 버렸지만, 아이는 그날 분량을 다 하고 나서야 잠자리에 들었습니다. 어느 날엔가는 숙제를 하느라 밤늦도록 책상에 앉아 있었습니다. 이젠 제가 뭐라 하지 않아도 스스로 합니다. 자기 일의 주인이 된 것이지요.

요약하자면, 배우는 것을 자녀가 좋아하게 하고 그 과정에 부모가 함께하는 것이 중요하다고 생각해요. 부모가 함께하는 것이 아이의 성공을 열어주는 열쇠입니다.

다나는 아이를 혼내거나 비난하거나 강제하지 않고 지지하는 마음으로 아이와 함께했다. 그럼으로써 딸의 의욕을 북돋아주었다. 다나의 훈육 방식은 아이가 하자는 대로 두거나 자신이 원하는 대로 아이를 끌고 가는 게 아니라 아이와 함께한 것이다. 성공의 비결은 바로 아이와 의미 있는 시간을 함께 보내고 처음에 정한 것을 그대로 관철한 것이다. 그 결과 세이지는 좋은 습관을 가지게 되었고 이제는 스스로 할 수 있게 되었다.

함께 문제 해결하기

윌리는 5살 때부터 생일과 크리스마스 때마다 받은 돈을 쓰지 않고 차곡차곡 모았다. 그렇게 돈을 모으는 이유를 물어보면 윌리는 늘 어른이 되었을 때 근사한 차를 살 거라고 답했다. 어느덧 자라서 운전면허증을 따게 되었을 때, 윌리는 부모에게 차를 사겠다고 말했다. 윌리의 부모는 그 즉시 반대했다.

"절대 안 돼. 넌 이제 겨우 운전면허증을 땄을 뿐이야. 아직 네 차를 가질 때가 아니야."

윌리는 "전 지금까지 이 순간을 위해 돈을 모았어요. 전에는 이런 말씀 없었잖아요."라며 불평했다.

윌리와 부모가 같이 앉아서 '함께 문제 해결하기 4단계'를 시작하기에 적합한 순간이다.

함께 문제 해결하기 4단계

1. 자녀가 먼저 문제 상황과 원하는 것을 말한다.

2. 부모가 문제 상황과 원하는 것을 말한다.

3. 부모와 자녀가 원하는 것이 다르다면, 가능한 해결책들을 말해본다.

4. 부모와 자녀가 함께 실천할 수 있는 해결책을 선택한다. (단기간 동안 실천하고 또 이야기를 나눌 수 있다.)

윌리와 부모는 '함께 문제 해결하기 4단계'로 이 문제를 해결하기로 했다. 윌리가 먼저 문제에 대해 이야기를 했다.

"전 이 순간을 위해 최선의 노력을 했고 또 이 순간을 얼마나 기다렸는데요. 제 노력에 대한 보상을 충분히 받을 만하다고 생각해요."

다음으로 부모가 이야기를 이어갔다.

"네가 차를 갖게 된다면 엄마 아빠에게 말 안 하고 어디든 네 마음대로 갈 수 있다고 생각하게 될까 봐 걱정이 된다. 또 차만 생각하고 차를 유지하느라 온통 시간을 뺏겨서 학교 공부나 네가 해야 할 일을 제대로 못 할까 봐 걱정이 되기도 한다."

윌리와 부모는 각자 문제에 대한 생각과 감정을 공유한 후 해결책을 찾기 위해 브레인스토밍을 했다. 윌리네는 다음과 같은 해결책에 도달

했다. 윌리가 차를 사는 건 괜찮다. 다만 윌리는 차를 얼마나 자주 쓸 건지, 차를 타고 나갈 때는 부모님에게 미리 행선지를 밝히기로 한다. 만약 학교 과제를 빼먹거나 하면 그 일을 제대로 할 때까지 자동차 열쇠를 부모님에게 맡긴다.

만약 이런 동의 없이 차를 사도록 허락하고 벌로 자동차 열쇠를 뺏는다면 자녀는 강력하게 저항을 할 것이다. 하지만 문제 해결 과정에 함께 참여하고 약속을 했기 때문에 자녀들은 규칙을 존중하려 노력한다. 물론 이렇게 해결 과정에 참여했다고 하더라도 실제로 자녀가 자동차 열쇠를 부모에게 자진해서 반납할 가능성은 낮다. 따라서 중요한 것은 '관철하기'이다.

관철하기

지금까지 제시한 방법들이 꽤 빠르고 쉬운 방법인 데 반해, 이 '관철하기' 방법은 다소 복잡하고 특히 부모를 위한 지침이 필요하다. 그럼에도 관철하기는 아이들이 약속을 존중하도록 돕는 효과가 확실한 방법이므로, 노력해볼 만한 가치는 충분하다. 관철하기는 권위적이거나 허용적인 훈육 방법을 확실히 대체할 수 있는 방법이다. 가족 구성원 모두를 존중하면서도 필요한 일들을 해낼 수 있는 방법인 것이다. 또한 관철하기는 다른 사회구성원을 돕는 것을 배우는 동시에 스스로에게도 긍정적인 감정을 가질 수 있게 해주는 인생 기술을 익히도록 돕는다.

관철하기에 대해 이야기하기에 앞서, '논리적 결과'라는 훈육 방식이 왜 효과가 없는지를 먼저 이야기하려고 한다. 자녀가 규칙을 지키지 않을 경우, 많은 부모가 그 논리적 결과를 자녀가 감당해야 한다고 생각한다. 하지만 논리적 결과라는 건 대개 처벌을 위장한 경우가 많을 뿐 아니라 십대 자녀를 속이지도 못한다. 그게 무엇이든 처벌처럼 보이고 처벌로 느껴지고 처벌을 내리는 것으로 여겨진다면 부모가 아무리 논리적 결과라고 주장해도 처벌일 수밖에 없다. 우리는 '가장' 논리적인 결과라는 게 처벌의 어설픈 위장일 뿐이라고 말한다. 왜냐하면 진짜 논리적 결과는 논리적이어서 자녀에게 도움이 될 것이기 때문이다.

최근 미국에서는 논리적 결과 훈육법이 많은 가정에서 대중적으로 사용되고 있기 때문에, 우리가 이걸 청소년에게 효과적이지 않다고 말하면 불편해할 사람들이 있을 것이다. 청소년기의 아이들은 자신의 힘을 펼쳐 보이고 싶어 하므로, 논리적 결과라는 방법을 자신들을 통제하기 위한 것으로 받아들일 가능성이 매우 높다. 아이들이 논리적 결과라는 것을 어떻게 생각하는지 깨닫는다면, 십대 자녀의 마음을 움직이는 데에는 논리적 결과보다는 관철하기가 더 효과적이라는 것을 알 수 있을 것이다.

● 논리적 결과란?
○ 지각을 한 아이에게 청소를 하라고 하는 것은 벌이다. 그러나 지각을 한 아이에게 잘못한 행동과 관련이 있는 결과를 부여하는 것, 예를 들어 지각한 시간만큼 더 공부하게 하는 것을 '논리적 결과'라고 한다.

관철하기를 지키려면

관철하기의 4단계 접근법은 서로 존중하는 십대 자녀 훈육 방식이다. 비록 자녀의 저항을 받을 수도 있지만, 협력과 책임감, 삶의 기술을 기르는 훈육법이다. 자녀가 스마트폰을 내려놓고 가족과 함께하는 시간을 늘리도록 하고 싶다면, 또 아이들이 자신과 가족에 대해 책임감을 키우도록 하고 싶다면 매우 효과적인 훈육 방식이다. 관철하기에서 가장 중요한 것은 부모의 역할이다. 관철하기를 관철해야 하는 이가 바로 부모이기 때문이다. 부모가 약속을 관철하면 자녀도 따라오겠지만, 부모의 참여가 없으면 자녀도 하지 않는다. 관철하기를 '비행기 부조종사'의 임무로 생각하라.

관철하기 전 동의하기 4단계

1. 친절한 태도로 문제에 대한 정보를 물어본다. (먼저 자녀의 말을 듣고 그 다음에 부모의 생각을 이야기한다.)

2. 자녀와 함께 가능한 해결책을 브레인스토밍 방식으로 이야기한다. (과장하거나 유머를 사용하는 것은 매우 효과적이다.) 자녀와 부모 모두 동의할 수 있는 해결책을 선택한다. 이때 보통 부모와 자녀가 원하는 것이 다르기 때문에 자녀와 타협을 해야 할 수도 있다.

3. 날짜와 마감 시각 등을 정한다. (이것이 왜 중요한지는 경험을 통해 알게 된다.)

4. 약속이 지켜지지 않을 경우에 부모는 이 약속을 지키도록 친절하며 단호하게 행동할 것이라는 점을 알게 한다.

위와 같은 방법으로 자녀와 함께 관철하기를 실천할 때 우리가 흔히 저지르는 실수가 있다. 관철하기를 방해하는 걸림돌은 다음과 같다.

관철하기를 방해하는 4가지 걸림돌

1. 자녀가 나처럼 생각한다고 믿거나 나와 우선순위가 같다고 여긴다.

2. 문제에 집중하기보다 자녀를 평가하고 비난한다.

3. 구체적인 마감 시각을 미리 정하지 않는다.

4. 부모와 자녀가 서로 존중하지 않는다.

긍정의 훈육 워크숍에서는 관철하기를 실제로 어떻게 하는지 부모들과 함께 역할극을 하기도 한다. 자녀 역할을 맡은 참가자들에게는 약속한 과제, 예를 들어 방 청소를 약속 시간이 다 지나도록 하지 않는 역할을 하게 한다. 그리고 효과적인 관철하기 4단계를 보여주는 것이다. 역할극이 시작되면, 자녀 역할자는 해야 할 청소를 하지 않은 채 TV를 보고 있는 척한다. 그러면 부모 역할을 맡은 우리가 효과적인 관철하기를 위한 4단계를 사용한다.

효과적인 관철하기 4단계

1. 친절하고 정확하며 짧게 말하기("아직 청소가 안 되어 있어. 지금 하렴.")

2. 반항에 직면하게 되면, "우리가 합의한 규칙이 뭐였지?" 하는 질문을 던진다.

3. 반항이 계속되면, 더 이상 말하지 말고 비언어적인 방법을 사용한다. (시계를 가리키거나 미소를 지어 보이고, 안아준 다음 다시 시계를 가리킨다.) 말이 적을수록 더욱 효과적이다. 말을 많이 할수록 자녀에게 말다툼할 빌미를 주게 된다. 그리고 그 말다툼의 승자는 언제나 아이들이다.

4. 자녀가 (때로 엄청나게 짜증을 내며) 겨우 수긍한다면, "규칙을 지켜줘서 고마워."라고 말한다.

이때 자녀 역할을 맡은 참가자들에게는 현재에 집중하라고 말한다. 즉 십대 역할을 하는 사람은, 아이들이 그러는 것처럼 무례한 방법에 반응하기보다는, 일어나고 있는 일에 반응해야 한다고 주문한다. 이렇게 하면 그 '십대 자녀'가 얼마나 빨리 수긍을 하는지, (작은 저항은 하지만) 놀라울 정도이다.

그러나 많은 부모가 이에 동의하지 않는다.

"우리 집 아이는 그렇게 빨리 항복하지는 않을 거예요."

그러면 우리는 부모들에게 '관철하기를 방해하는 4가지 걸림돌'을 언급하며 십대 역할을 한 참가자들에게 다음과 같은 질문을 한다.

1. 혹시 자신(십대 자녀)이 부모에게 비난이나 비판을 받는다고 느낀 적이 있는가?
2. 혹시 부모가 당신(십대 자녀)과 그들 자신을 존중하지 않는다고 느낀 적이 있는가?
3. 부모가 문제에 집중하고 있었나?
4. 마감 시각을 부모와 합의해서 정했다면 어땠을까?

십대 역할을 한 사람들은 1, 2번 질문에는 늘 '아니요'라고 답하고 세 번째 질문에는 '네'라고 대답한다. 또한 마감 시각을 정해놓으면 그걸 미뤄달라고 부모와 언쟁을 벌이기가 쉽지 않았다고 말한다. 덧붙여서 부모 역할을 한 사람들이 말을 멈추고 부드러운 미소를 지어 보이며(효과적인 관철하기 3번), "소용없어, 우리 둘 다 잘 알잖아." 하고 말하는 것이 매우 효과적이었다고 말한다.

참가자들 중에는 아이들이 스스로 약속을 지켜야지 꼭 부모가 확인을 해야 하냐며 '관철하기'에 반대하는 부모도 있다. 약속한 것들을 상기시켜주지 않아도 스스로 책임감을 기르기를 바라는 것이다. 이런 부모들에게 다음과 같은 질문을 하고 싶다.

1. 존엄성과 존중을 유지하며 자녀에게 약속을 확인시켜줄 시간은 없지만, 아이를 꾸짖거나 훈계하고 벌을 주거나 아이 일을 대신 해주는 데 시간을 쓰고 있지는 않는가?
2. 그냥 두었을 때 행동이 바뀌었나?
3. 아이들이 약속한 것에 대해 책임감을 가지고 스스로 하는가?
4. 방 청소나 다른 집안일들이 자녀에게 중요하다고 진정으로 생각하는가?
5. 부모인 당신은 하기 싫은 일이 있을 때, 누군가 확인하지 않는데도 항상 제 시간에 끝을 내는가?

관철하기는 시간과 에너지가 든다. 하지만 비난이나 훈계, 벌주기보다 훨씬 생산적이고 즐거운 일이다. 집안일은 청소년들에게는 별로 중요한 일이 아니지만, 일상적으로 집안일에 참여하는 것은 중요하다. 그럴 때 관철하기는 아이들의 참여를 이끌어내고 가족 구성원으로서 책임감을 키우는 데 매우 효과적이다.

생활 속에서 실천하는 관철하기 기술

부모가 행동을 바꾸면 자녀도 행동을 바꾼다. 자녀와 함께 마감 시각

등을 정하며 구체적으로 약속을 할 때, 아이들은 공정하다고 생각하고 책임감을 느낀다.

13살 코리는 세탁기 돌리기와 자기 방 침대 정리를 약속했지만 그 약속을 지키지 않았다. 어머니인 제이미는 "세탁기를 돌리기로 한 약속에 대해 이야기를 하고 싶은데, 저녁 먹고 이야기 좀 나누자."라고 말했다. 그리고 저녁을 먹고 함께 자리에 앉아, 세탁기를 돌리기로 한 약속에 대해 이야기를 시작했다. 이야기를 하는 동안 제이미는 의외의 사실을 알게 되었다. 코리는 아직 세탁기 사용법을 잘 모르는 데다 혹시 고장을 낼까 걱정이 되었다는 것이다. 어머니는 우선 코리가 지저분한 옷을 입고 다니는 게 보기 좋지 않다고 말하고 세탁기를 사용하는 방법을 구체적으로 알려주었다. 세탁실로 가서 아들이 실제로 해볼 수 있게 했다. 그리고 언제 세탁기를 돌릴지 정했다. 코리는 화요일 저녁에 하기로 약속했다.

화요일이 되고 약속한 시간이 되었지만 코리는 세탁기를 돌리지 않았다. 코리는 거실에서 TV를 보고 있었다.

어머니는 아들에게, "언제 세탁기를 돌리는 게 가장 좋을지 네가 결정했던 거 기억나?" 하고 물었다.

코리는 "엄마, 지금은 좀 곤란해요. 중요한 경기를 보고 있거든요." 하고 대답했다.

어머니는 친절하며 단호하게 "몇 시에 돌리기로 했지?"라고 다시 물어보았다.

코리는 "6시요. 하지만 조금 후에 할게요."라고 답했다.

어머니는 잔소리를 하지 않고 코리의 어깨에 손을 올리고 잠시 기다려주었다.

잠시 뒤 코리는 "알았어요. 지금 할게요."라고 말했고 어머니는 그런 코리에게 비난이 아닌 격려를 해주었다. "약속을 지켜줘서 고맙구나." 하고.

이제 매주 화요일이 되면, 어머니는 아침에 코리가 해야 할 일을 상기시켜준다.

"코리야, 오늘 너 세탁기 돌리는 날이야."

그러면 코리는 자신이 해야 할 일을 생각할 수 있고, 어머니는 코리가 약속을 지킬 수 있도록 훈계하는 대신 부드럽게 돕는 것이다. 약속을 구체적으로 정하고, 상기시켜주고, 관철하는, 이와 같은 과정이 코리에게 매우 효과적이라는 것을 어머니는 알게 되었다. 코리가 집안일을 함께 하는 것은 어머니의 일을 더는 의미도 있지만 코리가 자신이 해야 할 일을 배우는 데도 매우 중요하다. 이 과정을 통해 그 동안 심했던 어머니의 잔소리와 비난이 줄어들게 되었다.

어머니 제이미는 또한 코리가 집안일을 알아서 하는 게 얼마나 어려운지 알게 되었다. 코리는 집안일보다 새로운 스케이트보드를 사는 일과 자신의 시험 점수에 더 관심이 있을 뿐이었다. 그래서 어머니는 화요일 아침이 되면 코리에게 해야 할 일을 상기시켜 주었고, 여기에 익숙해지자 마침내 코리는 스스로 그 일을 하게 되었다.

> 부모가 '관철하기'를 하지 않을 때 자녀가 배우게 되는 것
>
> 1. '부모도 하지 않는 것을 왜 나만 해야 하지?'라고 생각하며 약속 지키지 않기
> 2. 부모가 말하는 것이 영향력이 없다고 생각하기

3. 책임을 피하는 교묘한 방법들 고안하기

4. 부모가 관철하기로 책임을 묻지 않으니, 책임을 회피하거나 모면하기

5. 사랑을 '져주는 것'이라고 이해하기

이 장에서 제시된 방법들은 '계약'을 작성하는 것과는 다르다. 많은 부모가 계약과 '관철하기'를 혼동한다. 부모들은 한 번에 많은 약속을 담은 계약을 하고서는 약속한 것을 관철하지 않는다. 자녀들은 부모의 간섭에서 벗어날 수 있다면 무엇이든 기꺼이 약속할 준비가 되어 있다. 관철하기 역시 필요하다면 약속한 것을 글로 적을 수는 있겠지만 이것이 계약을 의미하지는 않는다. 왜냐하면 계약의 경우, 약속을 어기면 반드시 패널티를 받게 되지만, 관철하기는 패널티를 포함하지 않는다. 다만 약속한 것을 상기시키고 관철할 뿐이다.

부모도 약속한 것을 까먹을 수 있다. 이때 적어놓은 것이 있다면 자녀와 함께 확인하고, 약속한 것을 정확하게 이행하는 것이 중요하다. 그때그때 약속을 바꾸는 것은 좋지 않다. 어떤 가족은 금요일마다 가족회의를 하고 결과를 공책에 적는다. 어떤 가족은 결과를 냉장고에 붙여놓고 새로운 약속이 습관이 될 때까지 확인한다. 이와 같이 관철하기는 자녀와 부모 모두, 약속한 것을 책임지고 지키도록 하는 데에 가장 효과적인 방법이다.

관철하기에 대한 마지막 조언

관철하기는 부모와 자녀가 연습이 되면 더 효과적이다. 자녀와 동의 과정을 거치게 되면 관철하기가 더욱 부드럽게 진행된다. 원래의 약속

을 제대로 지키기 전까지는 이미 동의한 것을 두고 새로운 협상을 하지 않는다. 가족회의를 비롯해 정해진 약속에 따라 동의한 것을 바꿀 수는 있지만, 그전까지는 부모 또한 동의한 것을 존중해야 한다.

관철하기는 절대로 힘으로 밀어붙여서는 안 된다. 부모가 스스로 존중하는 태도를 보이면 자녀도 존중하게 되며 이는 부모와 자녀 모두에게 좋은 기억으로 남는다. 이렇게 동의하고 관철하는 것에 익숙해지면, 약속이 지켜지지 않을 때에도 유머 감각을 발휘할 수 있다. 관철하기는 부모와 자녀의 관계를 더욱 두텁게 할 수 있는 아주 훌륭한 방법이다.

관철하기의 과정은 부모가 자녀의 행동에 그때그때 반응하는 방식이 아니라 사려 깊게 이끌어주는 방식이다. 자녀에게도 나름대로의 우선순위가 있다는 것을 이해한다면 가끔 하기 싫어하는 모습을 보이더라도, 게으르거나 책임감이 없거나 배려심이 없는 것이 아니라 그 나이 때의 평범한 행동으로 사랑스럽고 애교 있게 느껴질 것이다. 이처럼 관철하기는 자녀 양육에 마법과도 같은 즐거움과 기쁨을 선물할 것이다.

1. 격려를 하며 자녀에게 힘을 불어넣어 주는 것은 부모가 원하는 것을 일방적으로 강요하는 것과는 다르다.

2. 유머, 수평적 협상, 함께하기 등의 방법은 긍정적으로 자녀를 움직이게 한다.

3. 함께 정한 약속을 지키게 하는 가장 효과적인 방법은 '관철하기'이다. 비록 처음에는 부모가 노력을 기울여야 하지만 익숙해지면 자녀에게 좋은 습관을 선물하는 것이므로, 당신이 투자한 시간이 결코 헛되지 않을 것이다.

4. 앞에 제시한 관철하기 전 동의하기 4단계와 걸림돌 4가지, 관철하기 4단계를 반복해서 읽기 바란다. 부모 혹은 사람으로서 하게 되는 자연스러운 반응과는 완전히 다르기 때문에 노력이 필요하다.

5. 약속을 한 뒤 첫 번째 이행 마감일에는 반드시 부모가 그 자리에 있어야 한다. 부모가 확인하지 않는다면 그 약속은 오래가지 않을 것이다.

6. 동의와 관철하기의 과정이 귀찮게 느껴진다면 자녀에게 뭔가 하라고 지시하는 데 이미 얼마나 많은 시간과 노력을 쓰고 있는지를 생각해보라. 또한 잔소리가 부모와 자녀에게 어떤 영향을 미치는지 생각해보라.

7. 동의와 관철하기를 통해 말을 덜 하게 될 것이다. 말을 적게 하면 적게 할수록 자녀는 부모의 이야기를 잘 듣게 된다.

8. 미리 연습하는 것을 주저하지 않는다. 이웃집 어머니와 연습할 수 있다. (http://semi.eduniety.net의 긍정의 훈육법–동의와 관철하기 영상을 참조한다.)

9. 잊어버리지 않기 위해서 적어놓을 필요가 있어서라면 써두는 것도 효과적이다. 하지만 자녀와 계약서를 작성하라는 의미는 아니다. 계약을 체결한다는 것은 자녀를 고객이나 거래 상대자로 생각한다는 것이다. 계약서를 작성한 거라면 자녀의 태도를 문제 삼을 수는 없다.

실전 연습

http://semi.eduniety.net의 긍정의 훈육법 – 동의와 관철하기
위의 영상을 보거나 관철하기 전 동의하기 4단계와 관철하기 4단계를 다시 확인한 후, 다음의 상황을 다른 부모와 역할극으로 연습해본다. 한 명은 부모 역할을, 다른 한 명은 자녀 역할을 한다.
이때 관철하기 전 동의하기 4단계를 먼저 한 다음, 자녀가 약속을 지키지 않는 상황을 설정하고 효과적인 관철하기 4단계를 써본다.

〈상황 예〉
• 밥 먹고 치우지 않기
• 옷 너저분하게 흩어놓기
• 책 여기저기 늘어놓기

6장

자녀와 대화는 잘되고 있는가

의사소통 기술

의사소통에 대한 질문들을 떠올려보자. 자녀와의 대화는 어떤가? 서로의 이야기를 잘 들어주는 편인가? 혹시 단답형으로 이루어지지는 않는가? 어렸을 때에는 부모에게 이런저런 이야기를 잘 하던 아이가 청소년이 되면 왜 부모와의 대화가 줄어드는 걸까? 만약 부모가 자신들의 이야기를 잘 들어주고 자신들을 이해한다고 아이들이 믿는다면, 다시 즐거운 대화가 시작될 수 있을까? 6장에서는 어떻게 하면 자녀와 대화를 잘할 수 있을지에 대한 다양한 정보를 다룬다. 인터넷 사용이나 채팅, 페이스북이나 인스타그램 같은 SNS, 스마트폰 문제 등에 대해서는 11장에서 좀 더 자세히 다룰 것이다.

자녀와의 '대화'라는 말을 들으면 솔직하게 어떤 것이 떠오르는가?

대부분의 부모가 '대화'라고 하면 말하는 것을 떠올린다. 그리고 실제로 많은 부모가 듣는 것보다는 말하기를 훨씬 많이 한다. 여기에 정답이 있다. 부모가 자녀에게 지시나 훈계, 가르쳐주기 등 말을 시작하면 아이는 어떻게 반응하는가? 시선이 움직이거나 친구에게 문자를 보내고 TV나 스마트폰 화면을 보고 있다면 그것은 부모의 이야기를 듣고 있지 않다는 증거이다. 자녀가 부모를 쳐다볼 수도 있지만, 당신이 말하는 데에만 집중한다면 자녀는 대화에서 슬며시 빠지게 된다. 상황이 이렇게 되면, "엄마가 말을 할 때에는 엄마를 똑바로 보라고 몇 번이나 이야기를 했니?" "이거 해놓고 놀라고 몇 번이나 말을 해야 돼?" "엄마 이야기를 듣기는 하는 거니?" 하는 말들을 하게 되는데, 당신이 이런 이야기를 한다면 그 말이 잘 통하지 않는다는 증거이다. 즉 방법을 바꾸어야 하는 것이다.

또 하나 생각해볼 것이 있다. 자녀들이 부모가 하는 이야기를 듣지 않는 것을 부모의 훈육을 거부하는 것이라고 생각하며 불평을 토로하는 부모가 많다. 당신뿐 아니라 청소년을 둔 많은 부모가 듣기보다 말하기를 더 많이 하고 아이들은 점점 더 대화에서 멀어지고 있다는 게 그나마 위안이 될지도 모르겠다. 즉 당신만 이 상황을 겪는 것은 아니다.

다시 강조하지만 의사소통의 핵심은 말하기가 아니라 듣기이다.

부모들이 찾아와서 "아이가 도통 제 말을 안 들어요."라고 말하면 우리는 이렇게 되묻는다.

"그럼 당신은 자녀들의 이야기를 잘 들어주나요?"

부모가 자녀의 이야기를 잘 들어줄 때, 자녀 또한 경험을 통해 배우고 부모의 이야기를 잘 들을 수 있게 되는 것이다.

입은 하나이고 귀는 둘이라는 것, 즉 듣는 것이 말하는 것보다 중요하다는 이야기를 알고 있고 또 중요하다고 생각하지만, 정작 그것을 실천하는 것은 매우 어려운 일이다. 간단히 말해, 듣는 것이 힘든 이유는 다른 사람의 말을 들을 때 자신의 관점에서 이해하기 때문이다. 자신의 관점에서 이야기를 듣기 때문에 다음과 같은 방식으로 대화를 끊기 십상이다. 즉 상대방보다 더 좋은 이야기나 생각이 있다고 하거나, 틀렸다는 것을 증명하려고 들기도 하고, 잔소리를 하거나 설명을 하려 하고, 틀린 것을 바로잡으려 한다. 특히 관계에서 받은 상처가 있다면 "지난번에 너도 그랬잖아."라며 보복하기 식이 되기 쉽다. 결국 듣는 것에서 말하는 것으로 전환하는 것이다. 부모는 매우 자신감을 가지고 자녀의 이야기를 들으며 부모의 관점에서 이런저런 이야기를 하게 된다. 이렇게 '말하는 것'이 최고의 훈육 방법이라고 생각하는 것이다. 아이가 눈을 피하고 이야기를 듣지 않는다는 것은 그 방법이 효과적이지 않다는 증거인데도 말이다.

아래에 나와 있는, '듣기'를 가로막는 것들을 거울이나 잘 보이는 곳에 붙여놓고 듣기가 어느 정도 될 때까지 참고하기 바란다.

듣기를 가로막는 것들

1. 자녀가 말할 때 끼어들어 고쳐주고, 어려움에서 구해주는 것이 좋은 부모의 모습이라 생각해 자녀가 스스로 해결책을 찾는 것을 방해하는 것

2. 아이가 인식하거나 느낀 감정에 대해 옳고 그름으로 이야기하는 습관

3. 부모의 관점이 옳다는 것을 계속 강조하는 것

4. 교훈적인 이야기, 도덕적인 것, 가치 판단을 주입하는 것

5. 부모 자신의 어린 시절 경험으로 자녀의 문제를 판단하는 것

6. 부모 이야기에 자녀가 반발하면 꾸짖거나 벌주고 비난이나 설교를 늘어놓는 것

듣기 기술에서 가장 중요한 것은 바로 '침묵'이다. 침묵하는 순간 당신은 말하려는 것을 멈출 수 있고 동시에 들을 수 있기 때문이다. 청소년들에게 부모와의 보다 나은 대화를 위한 조언을 해달라고 하자 10가지가 넘는 답변을 내놓았다. 그중 일부를 소개한다. 이것들은 한편으로 청소년들 스스로 듣기 기술을 향상시킬 수 있는 방법이기도 하다. 물론 부모가 먼저 실천해야겠지만.

청소년들이 부모에게 바라는 대화 방법

1. 설교하지 않기

2. 짧게 말하고 부드럽게 말하기

3. 어린아이 취급하지 않기

4. 부모님 이야기만 하지 않고 들어주기

5. 했던 말 반복해서 하지 않기

6. 용기를 내어 잘못한 것을 말하더라도 화내거나 과하게 반응하지 않기

7. 사생활에 대해 캐묻지 않기

8. 부모가 부르기만 하면 다른 방에 있더라도 몇 초 안에 뛰어갈 거

라고 기대하지 않기

9. "네가 제때에 하지 않아서 엄마가 대신 했어."라고 말하며 죄책감 주지 않기

10. 지키지 못할 약속을 하지 않기

11. 형제자매, 또는 친구들과 비교하지 않기

12. 내 친구들에게 내 이야기 하지 않기

다음에 이어지는 '잘 듣는 법'에 대한 이야기들은 부모가 자녀의 세계에 관심을 가지고 이해하려는 마음이 있을 때라야 효과를 발휘할 수 있다.

잘 듣는 법

1. 자녀의 이야기를 들을 때 비언어적인 신체 언어가 중요하긴 하지만, 사실 행동보다는 이야기를 들을 때의 당신의 진심과 감정이 더 중요하다.

2. 서로 다르다는 것을 존중해야 한다. 존중은 영어로 respect인데, spect은 '보다'라는 뜻이고 re에는 '다시'라는 의미가 있다. 즉 나의 관점이 아니라 타인의 관점에서 '다시 보는' 것이 존중인 것이다. 따라서 보는 관점에 따라 다를 수 있다는 것을 생각한다. (당신의 이야기를 누군가 잘 들어주면 좋은 것처럼, 자녀들도 그러길 바란다.)

3. "그렇게 느낄 수 있겠구나. 그런 감정이었니?"처럼 아이의 감정에 공감한다. 하지만 이렇게 감정에 공감한다는 것이 부모가 자녀와 똑같이 생각해야 한다거나 똑같은 결정을 내려야 한다는 것을 의

미하지는 않는다. 다만, 자녀가 그런 결정을 하는 과정을 이해한
다는 뜻이다.

4. 호기심을 가진다. 궁금증을 가지고 질문을 하면 대화가 풍성해
질 것이다. 예를 들어, "그래서 기분이 어땠어? 그게 너에게 중요
하니? 넌 언제 뚜껑이 열려? 아빠는 얼마나 자주 그러는지 아니?
'그 밖에 또' 널 불편하게 하는 것이 있니?" 등의 질문들이 있다.

마지막 질문의 '그 밖에 또'에 대해서는 조금 더 이야기를 할 필요가
있다. '그 밖에 또'라는 질문을 통해 청소년의 세계를 이해하는 데 도움
을 받은 부모를 많이 만났다.

호기심을 갖고 '그 밖에 또' 질문을 하라

"엄마, 학교 가기 싫어요."라고 아이가 이야기를 하면, 부모는 첫 대
화에서 바로 설득을 시작한다. 왜 학교를 가야 하는지에 대해서 말하
는 것이다. 하지만 아이의 첫 마디는 정작 중요한 문제가 아닐 수 있
다. 이것은 드러난 표면의 문제일 때가 많다. 질문을 하다 보면 아이가
왜 학교에 가기 싫은지에 대해 진짜로 중요한 정보를 얻게 된다.

"학교에서 그 밖에 또 힘든 것이 있니?"

"그 문제에 대해 더 이야기하고 싶은 것이 있니?"

호기심을 가지고 아이에게 정말 중요한 문제가 무엇인지 물어본다.
아마 더 중요한 정보를 찾을 수 있을 것이다. 처음에는 이렇게 질문하

는 것이 어렵고 어색하겠지만 연습을 하다 보면 정말로 자녀에게 궁금증과 관심이 생길 것이다.

다음은 13살 딸을 둔 아델의 이야기이다. 아델은 딸과 함께 아델의 친구 집에 들렀다. 그 집에는 어린 아기가 있었는데, 아델은 자기가 친구와 이야기를 나누는 동안 딸에게 그 아기를 좀 봐달라고 했다. 딸의 의견은 묻지 않은 채 말이다. 아델은 평소에도 딸의 동의 없이 일방적으로 결정하는 상황이 잦았다. 사실 청소년 딸에게는 좀 더 세심한 배려가 필요했다. 그러나 아델은 종종 이러한 필요를 깜빡하곤 했다. 집으로 돌아오는 길에 딸은 시무룩한 표정이었다.

아델이 물었다. "무슨 일이 있었니?"

그러자 딸은 "아뇨. 엄마는 늘 그런 식이잖아요. 저에게 물어보지도 않고 말이죠." 하고 말했다.

그때서야 아델은 자신이 실수를 했다는 것을 알게 되었고, 그에 대해 사과를 해야겠다고 생각했다. 하지만 곧장 사과를 하지 않고 딸의 마음이 진정되길 기다렸다. 저녁이 되자 아델은 "딸, 잠깐 앉아도 될까?"라고 말하며 딸 곁에 앉았다.

딸은 퉁명스럽게 "네."라고 말했고, 어머니는 옆에 앉아 딸의 머리를 부드럽게 쓰다듬어 주었다. 그리고 말을 이어갔다.

"때때로 매우 힘든 순간이 있지. 특히 누군가 이해해주길 바랐는데 그러지 못했을 때가 그런 순간일 거야." 엄마가 이 말을 하자 딸은 눈물을 흘리기 시작했다. 아델은 잠시 기다렸다가, "엄마가 너에게 물어보고 아기 돌보는 일을 부탁했어야 하는데 그러지 않아서 미안해."라고 사과를 했다.

그러자 딸은 "그것 때문이 아니에요."라고 대답했다.

"그럼 무엇 때문이었니?" 아델이 물었다.

"제가 용기를 내어 싫다는 표현을 하는 게 너무도 힘들다고 느꼈어요."

"그 밖에 또 뭐가 불편했니?"

"해야 할 학교 숙제가 많았는데 아기를 돌보고 나서 하기에는 시간이 부족할 것 같았어요."

"그리고 또 있었니?"

"사실 아기를 어떻게 봐야 할지 몰랐고 아기가 제 말을 듣지 않아서 돌보고 싶지 않았어요."

아델은 고개를 끄덕이며 딸의 이야기를 들었다.

"네 마음을 이야기해줘서 고맙다. 그리고 엄마가 그 부분에 대해 실수를 한 것 같아서 사과하고 싶어. 물론 너에게 시간이 필요하다면 다음에 더 이야기할 수도 있단다."

"괜찮아질 거예요. 아침에 이야기할게요. 사랑해요, 엄마."라고 딸이 말했다.

아델의 이야기에는 몇 가지 중요한 점이 있다. 첫째, 아델은 부루퉁한 딸에게 "너 도대체 뭐 때문에 그러는데?"라고 거칠게 묻지 않고, 진정이 될 때까지 좀 기다려주었다. 그리고 잊어버리지 않고 딸에게 다가가 부드럽게 이야기를 시작했다. 만약에 "딸, 이리 와서 앉아봐!"라고 거칠게 말을 했다면 아마 딸은 설교나 벌을 주려는 신호로 받아들였을 것이다. 아델은 자신의 신념을 말로 주장하기보다는 행동으로 보여주는 것이 훨씬 효과적이라는 것을 알았다. 아델은 딸과 잘 지내고 싶었고, 좀 더 대화를 잘 할 수 있도록 노력을 했고, 또 실천을 했다. 부모가 가진 가치에 대해 말로 하는 설명보다 부모가 살아가는 모습을 보면서 자녀는 배우게 된다. 이것이 진정한 의사소통일 것이다. 비록 가끔 자녀와 의견이 다를 수는 있지만 부모가 그 가치를 삶으로 보여 준다면, 아이가 성장했을 때 부모가 지향했던 가치들을 소중히 여기게 된다. 이것은 부모에게 엄청난 기쁨이다. 아델은 삶으로 다음과 같은 대화 기술을 보여주었다.

- 대화를 위해 기다리기
- 실수에 대해 사과하기
- 딸의 감정에 공감하기
- 딸이 이야기할 때 고쳐주려 하거나 평가하지 않고 듣기

감정 단어 익히기

마음으로 소통하기 위해서는 감정 단어를 익히고 사용할 수 있어야 한다. 자녀가 감정을 누르거나 숨기는 게 아니라 스스로의 감정을 찾고 그것을 나눌 수 있도록 도와야 한다. 하지만 성인들도 감정을 표현하는 게 서툴고 또 감정을 감정 단어로 정확히 표현하는 데에 어려움을 겪는다. 감정을 표현하는 수많은 단어들이 있는데도 말이다. 따라서 어떤 감정인지 확인하고 그 감정을 표현하는 것을 자녀가 배운다면, 삶을 살아가는 데 최고의 선물이 될 수 있다.

슬픔, 외로움, 사랑, 공감, 연민, 이해 등의 감정은 마음heart에서 나

온다. 하지만 정직, 두려움, 분노, 용기라는 감정은 단전gut(애니어그램에서는 '장'이라고 표현함)에서 나온다. 우리가 대화를 나눌 때 이 중에서 오직 하나만 사용하는 것은 아니다. 머리는 생각을 하는 곳으로, 분석하고 판단하여 이성적인 대화로 해결책을 만든다. 또 어떤 때는 마음에서 나오는 사랑, 공감, 연민, 슬픔 등의 감정적 대화로 해결책을 찾을 수도 있다. 혹은 두려움, 분노, 용기와 같은 신념감정에 귀 기울여야 해결책을 찾게 될 수도 있다. 우리는 가끔은 생각의 대화를, 가끔은 마음이나 감정의 대화를 나눈다. 어쩌면 대화를 할 때 지금이 생각의 대화를 할 때인지, 마음이나 신념감정의 대화를 해야 하는지를 찾는 것이 해결책을 찾는 첫걸음일 수 있다.

신념감정Gut feeling에 관한 대화

우리 사회는 감정을 무시하거나 중요하게 여기지 않거나 심하게는 약물을 이용해서 감정을 없애려 할 때도 있는데, 신념감정에 대해서 더욱 그렇다. 감정을 타인에게 말할 때 타인에게 상처를 준다면 자신의 감정에 솔직하지 않도록, 즉 감정을 표현하지 않도록 배웠다. (역설적이게도 타인에게 상처를 줄까 봐 감정을 표현하지 못한다면 감정이라는 게 타인을 위한 것이라는 이야기인데, 왜 내 감정을 표현하지 못하고 내가 삼켜야 하는 것인가?) 우리는 그저 타인을 위해 입에 발린 말을 하며 표준적인 삶을 살도록 강요받는다. 누군가에게 당신의 감정을 솔직하게 이야기를 해본 적이 얼마나 자주 있었나? 또는 감정을 이야기했을 때, 당신에게 충고를 하거나, 중요하지 않은 것이라 여기거나, 아니면 그 문제에 대한 처방을 해줄 수 있는 병원을 찾아가라고 말하는 사람들을 만난 적이 있지 않은가?

감정에 대해 서로 이야기를 나누지 않고 단순히 충고를 하거나 입에 발린 말 수준의 대화 정도만 나눈다면 이는 깊은 관계라고 할 수 없다. 만약 이 책을 읽고 당신 스스로 감정의 대화를 할 수 있게 된다면 자녀들에게도 이 방법을 알려줄 수 있다.

친절하며 단호한 부모의 역할 중에서도 자녀가 자신의 감정을 알아차리고 그것을 이해할 수 있도록 돕는 일은 매우 중요하다. 감정을 표현하는 것을 편안하게 느끼고, 감정이 절대적인 것이 아니라 자신의 한 면을 드러내는 방식이므로 서로 존중하는 방식으로 자기 감정을 표현할 수 있도록 해주어야 한다.

청소년들에게는 특히 어떤 감정이든 감정을 느끼는 게 나쁜 일이 아니라는 것을 이야기해준다. 감정이 생겼다고 모두 그대로 행동을 하는 것은 아니기 때문이다. 가끔 질투, 분노, 무기력 등의 감정은 나쁜 감정이므로 그런 감정을 가지고 있으면 그 사람 역시 나쁜 사람이라고 생각하는 경우가 있는데, 사실 사람은 누구나 이런 감정들을 가진다. 분노하는 감정이 생겼다고 해서 누구나 사람을 죽이지는 않는다. 서로 존중하는 방식으로 그런 감정을 표현할 수도 있는 것이다. 감정을 알아차리고, 그런 감정을 그대로 받아들이고, 또 지나가게 하는 과정을 반복할수록 감정을 속에 담아두지 않게 된다.

자녀가 자신이 느끼는 감정을 이야기할 때, 자녀의 감정에 공감해주고 그 이야기를 들으면서 당신은 어떤 느낌이 들었는가 하는 것도 자

녀와 공유한다. 만약 아이들이 자신이 느끼는 감정을 잘 표현하지 못
하면 때로 '우울증'이라는 진단을 받게 될 수도 있다.

우울이라는 감정 실타래

현대인의 삶에서 우울증은 쉽게 접하는 단어이다. 하지만 이는 우울
하거나 걱정이 가득할 때 의사들이 내린 진단일 뿐이다. 우리는 이 책
에서 '우울증'이라는 단어를 사용하는 대신 '감정 실타래'라는 단어를
쓴다. 감정 실타래는 약물을 이용하지 않고서도 엉킨 것들을 조금씩
풀어내며 의욕을 고취시킬 수 있기 때문이다. 누군가 매우 우울하다고
하면 우리는 으레 그 사람이 슬프거나 좌절했거나 위험한 상항이며 약
물치료를 받아야 한다고 생각한다. 하지만 감정의 실타래를 풀어가면
서 해결을 위한 정보를 찾을 수도 있고, 어떤 점에서 낙담하게 되었는
지를 알면 상황을 개선할 수 있도록 힘을 북돋워 줄 수도 있다.

고등학교 2학년 남학생인 줄스는 가족과 친구들에게 '우울해 보인다'
는 이야기를 많이 들었고 최근에는 스스로도 우울하다고 느끼고 있다.
줄스의 아버지는 최근 긍정훈육 워크숍을 참가해 감정에 대해 배웠고,
감정 차트를 집에 가지고 왔다. 아버지는 줄스의 감정 실타래를 풀 수
있을지 궁금했다. 아버지는 줄스에게 감정 차트를 보여주었다.

"줄스, 아빠가 워크숍에서 받은 건데, 아빠는 배고픈, 화난, 지친 정
도로만 감정 단어를 알고 있었는데 이 차트를 보고 많은 단어를 알게 되
었단다. 혹시 이 차트에 네가 느끼는 단어도 많은지 궁금하구나."

아버지는 자신이 그랬던 것처럼 아들 역시 다양한 감정 단어가 있다는 사실을 알고 자기 감정을 다양한 단어를 사용해 표현할 수 있기를 바랐다. 줄스는 감정 차트(133쪽 그림 참조)를 보더니 몇 개를 골랐다. 줄스는 '외로운' 감정을 짚으며 학교에서 친구가 없다는 이야기를 들려주었다. '절망한'이라는 감정을 가리키면서는 점수가 좋지 않아 원하는 대학에 못 갈 것 같다는 생각이 든다는 이야기를 했다. 또한 시험 점수가 좋지 않다고 부모님이 스마트폰을 금지해서 '화가 난다'는 이야기도 했다.

아버지는 아들의 이야기를 듣고 당황스러웠지만, 진정하고 문제를 하나씩 다루어 나가기로 마음먹었다. 아버지는 사실 줄스가 자기 감정을 어찌지 못해 혹시 담배를 피우거나 주말마다 파티에 가는 건 아닌지 걱정하고 있던 터였다. 아버지는 아들과 대화를 통해 방법을 찾아보고 싶었다. 그래서 아들에게 "가끔 아빠랑 기분에 관해 오늘처럼 이야기를 나눌까? 아빠는 오늘 참 좋았어."라고 제안을 했다.

"그럼 제 스마트폰을 돌려주시는 건가요?"라고 환한 미소를 지으며 줄스가 물었다.

"그럴지도 모르지. 아빠는 오늘 널 좀 더 이해하게 되었는데, 더 열린 마음으로 네 이야기를 듣고 싶어졌단다. 우리가 이 감정이란 것에 좀 더 시간을 들이다 보면 나중에는 공부에 대한 이야기도 좀 더 잘 할 수 있을 것 같구나."

만약 당신의 자녀가 우울해한다면, 첫 번째로 해야 할 일은 자녀의 감정 실타래를 푸는 것이다. 즉 어떤 기분인지를 정확히 찾아야 한다. 이때 평가하거나 아이를 규정하지 않고 이야기를 듣는 것이 매우 중요하다. 당신이 다루기 힘든 문제라면 전문가를 찾는 것도 방법이지만,

쉽게 진단하고 약부터 처방하는 병원은 권하고 싶지 않다.

감정 단어를 익히기 위한 기술 - 솔직함

부모가 느끼는 감정을 솔직하게 표현하자. 또 부모가 청소년 시절에
어떤 감정들을 느꼈는지 이야기를 나누자. 이와 같이 부모의 지금 감
정과 청소년 시절의 감정을 아이와 공유하는 것은 매우 가치 있는 일
이다. 가끔 부모들은 자신의 과거를 이야기하는 것을 두려워한다. 자
녀들이 따라 하지 않을까 하는 걱정도 있다. 하지만 우리가 보아온 바
에 따르면 청소년들의 반응은 그와 반대인 경우가 대부분이다. 오히려
자녀에게는 부모의 이야기가 큰 격려가 될 때가 많다.

14살 난 딸 에린에게 남자친구가 생기자, 린다는 딸에게 "엄마의 어
린 시절 이야기를 들려줄까?"라며 이야기를 시작했다.

"좋지 않은 기억이라 너에게 말하는 것이 좀 힘들긴 하구나. 엄마가
네 나이였을 때였는데, 나 자신에게도 물론 좋지 않은 일이고 할머니,
할아버지도 결코 좋아할 리가 없는 일을 한 적이 있어. 내가 이런 일을
했다는 걸 네가 알게 되는 게 두려워. 두렵지만 너한테 이야기를 할게.
내 이야기가 어쨌든 너한테 도움이 될 거라고 생각하기 때문이야."

린다는 심호흡을 한 다음 이야기를 시작했다.

엄마는 고등학교 다닐 때 성관계를 했단다. 다행히 임신은 하지 않았지. 난 사랑
하는 사람을 만나고 싶었는데 남자친구는 성관계를 원했어. 그때는 거절하지 않

는 게 사랑이라고 생각했어. 거절한다면 남자친구가 싫어할 거라는 생각도 들었고. 난 거절할 용기도 없었고 자신감도 없었던 거지. 사실 나 자신을 사랑하지 않았나 봐.

나는 도덕적으로 심각한 고민에 빠졌어. 결혼 전 성관계는 죄를 짓는 거라고 배웠으니까. 죄인이 된 기분이었고 죄책감을 느꼈어. 아무에게도 이 사실을 말하거나 피임에 관한 조언을 구할 수도 없었어. 다시는 성관계를 하지 않을 거라 다짐했지. 그러나 잘못을 반복했고 나는 더 깊은 죄책감을 느껴야 했어.

그때 내가 어떻게 하는 게 좋았을까. 내가 사랑에 빠졌는데, 피임을 어떻게 하는지 알았고, 내가 어떤 선택을 하든 부모님이 믿어준다는 것을 알았더라면…. 아마도 나는 좀 더 현명한 결정을 내렸을 것 같아. 적어도 거절당할까 봐 전전긍긍하기보다는 어떤 선택이 나 자신을 위하는 것일지를 더 생각했을 것 같아. 이제 엄마가 되어, 그때 내가 부모님에게서 들었더라면 싶은 이야기를 너한테 하는 거란다.

엄마는 네가 엄마와 같은 경험을 하지 않길 바라. 임신이나 질병, 사람들의 평판처럼 오랫동안 네 삶에 영향을 미칠 일들에 대해 네가 미처 판단하지도 못하는데 불쑥 행동으로 옮기게 될까 봐 겁이 나. 네가 다른 사람의 요구를 무조건 받아들이기보다는 스스로 아니라는 생각이 들면 단호하게 거절할 수 있을 정도로 네 자신을 아끼고 존중했으면 해. 실수 같은 건 하지 않도록 내가 지켜줄 수 있으면 얼마나 좋을까. 하지만 너는 네가 선택한 삶의 길을 가면서 실수를 하게 될 테고 그 실수에서 또 뭔가를 배우게 될 거야. 다만 엄마는 언제나 있는 그대로의 널 사랑하고 네가 손 내밀면 기쁜 마음으로 너를 도와줄 거라는 점만은 알아주렴.

린다는 이 이야기를 하면서 다양한 감정 단어를 사용했다. 린다는 딸과 마음이 통했다는 느낌을 받았다.

어머니의 이야기를 듣고 에린은 "엄마, 전 싫은 건 싫다고 이야기를 해요."라고 대답했다. 학교에서는 누가 무슨 일을 했는지 금방 다 알게 된다면서, 자신은 그런 식으로 남의 입에 오르내리고 싶지 않다고 말했다.

에린이 어머니에게 솔직하게 이야기를 해주지 않는다면 린다는 딸의 생활을 완벽하게 알 수 없을 것이다. 에린은 성장함에 따라 성에 관한 생각을 바꿀 수도 있지만, 린다는 언제든 딸의 의논 상대가 될 수 있게 항상 열려 있기로 마음먹었다.

자녀와의 대화를 위해서는 부모가 자신의 감정과 그 감정의 이유, 그리고 어떻게 하고 싶은지를 솔직히 말하는 것이 매우 중요하다. 감정에 대해 솔직하게 이야기를 하다 보면, 자신을 방어하거나 설명하게 되고 공격적이 되거나 자신의 정당성을 입증하는 쪽으로 흘러가기 쉽다. 이때 다음과 같은 말하기 패턴을 활용해본다.

내 마음은 _____ (하다고) 느껴. 왜냐하면 _____ 때문이야.
내가 바라는 것은 _____ 이야.

이와 같은 패턴은 감정에 집중해서 말하고 불필요한 말은 하지 않도록 하는 데 매우 도움이 된다.

이렇게 말할 때에는 당신의 감정, 상황, 가능한 해결책에 집중하는데, 가능한 해결책이라고 해서 꼭 상대에게 그렇게 행동해야 할 책임이 있다는 뜻은 아니다. 또는 상대가 당신이 느끼는 것처럼 느껴야 한다는 것도 아니다. 다만 '내 마음은 ~ 느껴'라는 표현은 자신과 상대방을 존중하는 말하기 방식이다.

【감정 차트 Feeling Face】

| 차분한 | 신난 | 슬픈 | 놀란 | 자랑스러운 | 의심 많은 | 속상한 |

| 무력한 | 피곤한 | 편안한 | 거절된 | 겁내는 | 단호한 | 지루해하는 |

| 억울한 | 화난 | 상처받은 | 장난기 많은 | 질투하는 | 부끄러운 | 긴장한 |

| 짜증 난 | 절망한 | 다정한 | 압도된 | 잘 모르는 | 격분한 | 안도하는 |

| 외로운 | 평화로운 | 우울한 | 희망에 찬 | 심술궂은 | 죄책감이 드는 | 걱정하는 |

'내 마음은' 대화법

아래의 글에서 '내 마음은' 대화법의 중요 내용은 굵은 글씨로 나타냈다.

"집에 왔는데 설거지가 되어 있지 않아서 나는 **화나는 마음**이 들었어. **왜냐하면** 나는 깨끗한 주방에서 요리하는 것을 좋아하거든. **내가 바라는 것**은 요리를 시작하기 전에 설거지를 하는 거야."

'내 마음은' 대화법에 정해진 형식이 있는 것은 아니다. 다만 감정, 이유, 바람에 초점을 맞추는 것이다. 감정에 대해 이야기를 하는 것은 그것이 판단이나 생각의 문제가 아니라 감정의 문제라는 것이고, 이유를 이야기하는 것은 그 감정이 들게 된 상황에 대해 정보를 주는 것이다. 그리고 바람은 내가 생각하는 해결책을 말한다. 요컨대, 타인을 비난하는 것이 아니라 타인에게 나의 감정, 상황, 해결책에 대한 정보를 주는 것이다.

"열심히 노력해서 100점을 받았구나."라고 말하는 것은 아이의 노력을 강조하는 대화법이다. 반면에 "100점 받았네, 역시 내 아들."이라고 말하는 것은 존재에 대한 칭찬이다. 이 말은 아이가 100점을 받지 못하면 사랑받지 못할 거라는 감정 메시지를 남기게 된다. 어떤 행위의 결과에 상관없이 부모가 자신을 사랑한다고 느끼는 것은 자녀에게 매우 중요하다.

또한 성적이 나쁠 때, "네가 30점을 받았더구나. 네가 혹시 중요한 것을 놓치게 될까 봐 걱정이 돼. 네가 좋은 방법을 찾을 수 있으면 좋겠다."라고 말하는 것은 아이를 비난하거나 공격하는 것보다 효과적인 말하기이다.

"네가 동생을 때려서 화가 나, 아버지는 폭력을 정말 싫어하거든. 네가 원하는 것이 있을 때, 또 마음이 언짢을 때 해결할 수 있는 다른 방법을 찾으면 좋겠어." 이렇게 말하는 것은 화가 나는 감정은 괜찮지만 그렇다고 폭력이 정당화될 수는 없다는 것을 가르친다. 기분이 풀린 후 가족회의에서 폭력을 사용하지 않고 해결할 수 있는 다른 방법을 찾아보는 것도 좋은 방법이다.

'너의 마음이' 대화법

자녀가 마음을 열고 자신의 감정을 표현할 때(때로는 거친 방식으로) 부모가 부정적으로 반응할 때가 있다. 부모가 부정적으로(거친 방식으로) 자녀에게 "그런 식으로 표현하지 좀 마."라고 비난하거나 좀 더 공손하게 말하라고 한다면, 그 아이가 커서 감정을 표현하는 걸 부정적으로 여기고 감정을 억누르게 되는 것도 놀랄 일이 아니다.

부모가 먼저 '내 마음은' 대화법을 시도한다면 자녀도 존중하는 방식으로 감정을 표현하는 것을 배우게 된다. 때로는 아이들이 했던 말을 따라 하는 게 좋은 방법이기는 하지만 앵무새처럼 따라 하는 것을 의미하는 것은 아니다. 말을 따라 하는 방법이 중요한 것이 아니라 자녀의 마음을 이해하려는 태도와 마음가짐이 중요하다. 어느 부자의 예를 들어보자.

톰은 집에서 TV를 보고 있었다. 아버지가 퇴근하고 오면서, "톰, 네 방 좀 정리할래?"라고 말했다. 톰은 그 말을 듣고도 TV만 보고 있었다. 5분 뒤 아버지가 다시 톰에게 "방 치우라고 했어, 안 했어? 당장 TV 끄고 가서 네 방 치워."라고 말했다.

톰은 "왜 아빠가 말하는 것을 당장 해야 하죠? 제가 아빠에게 '당장 TV 끄고 뭔가를 해'라고 하면 아빠도 기분이 안 좋을 거잖아요." 하고 대답했다.

아버지는 톰이 방어적이고 저항하고 있다는 것을 본능적으로 느꼈다. 그때 긍정의 훈육에서 배운 '너의 마음이' 대화법이 생각났다.

> 아버지: 아빠가 당장 하라고 해서 화가 났구나. 네 상황을 고려하지 않아서 더욱 그랬을 테고. 네 상황을 조금 더 배려했으면 하는 마음인 거니?
>
> 톰: 네.
>
> 아버지: 네 말이 맞다. 아빠가 말하는 게 거칠었지? 그럼, 언제 네 방을 치울 거니?
>
> 톰: 광고할 때 바로 가서 정리할게요.
>
> 아버지: 그래, 그렇게 하렴.

톰의 아버지는 이 이야기를 워크숍에서 다른 부모들에게 들려주면서 다음의 이야기를 덧붙였다.

"예전 같았으면 '어디서 아빠에게 그런 말버릇이야?'라고 했을 텐데 지금은 제가 아이에게 너무 거칠게 말했다는 것을 알아차리게 되었어요."

이 이야기를 듣고, 다른 어머니가 이야기를 이어갔다.

> 딸이 친구들과 다툰 날이면 전 이렇게 이야기하곤 했어요.

"딸, 내일이면 좋아질 거야. 별일 아니야. 살다 보면 다툼이 있고 그 다툼은 어차피 오래 가지 않아."

그러면 딸은 자기 방으로 가서 문을 꽝 닫아버리곤 했습니다. 하지만 지금은 이렇게 이야기를 합니다.

"친구랑 다투어서 기분이 많이 안 좋구나. 또 어떻게 해결해야 할지도 잘 모르고."

그러면 딸은 표정이 금세 편안해집니다. "엄마, 내일 서로 사과할 거예요."

딸에게 문제를 빨리 해결하도록 조언하거나 그 문제가 별거 아니라고 이야기하는 것보다 그냥 감정을 들어주고 아이의 마음을 이해하는 것이 오히려 더 쉬웠어요.

감정을 알아차리는 게 쉽지만은 않은 일이다

때론 자녀가 어떤 감정인지 분명하지 않을 때가 있다. 이때는 '제3의 귀'로 들어야 한다. 아이가 말하는 것보다는 잠재되어 있는 감정을 살펴보는 것이다. 당신의 반응이 올바르지 않을 수는 있지만, 편안하게 친구처럼 들어주고 충고하려고 들지 않고 이해하려 한다면 자녀는 우호적으로 이야기를 이어갈 것이다. 혹시 당신이 자녀의 감정을 잘못 알아차려도 "내 감정은 이런 것 같아요."라고 자녀가 당신에게 이야기해줄 수 있을 것이다.

니나는 15살 아들 제이든과 피아노 레슨에 대해 이야기를 나누었다. 그런데 나중에 돌이켜보고, 니나는 그 대화가 잘 되지 않았다는 것을 깨달았다. 제이든은 더 이상 피아노를 배우고 싶지 않다고 말했지만, 자신은 그런 제이든의 결정이 마음에 들지 않았다. 그래서 좀 더 연습하라고 했고 제이든은 어머니의 말을 거부했다. 지금까지 9년을 배웠는데, 처음 1년만 재밌었을 뿐 그 뒤로는 어머니가 치라고 해서 쳤다는 것이다.

평소라면 니나도 잔소리를 했을 터였다. 하지만 '제3의 귀'로 듣기로 했다. '너의 마음이' 방식으로 말이다. "한 번 다시 생각해보지 않을래?"라고 니나가 말했고, "전 제 생각을 바꿀 마음이 없어요."라고 제이든이 답했다.

"네 이야기와 네 생각을 엄마가 존중해주지 않아 기분이 상했니? 일방적이라고 느꼈겠구나. 엄마가 네 생각을 이해하도록 노력해볼게. 8년 동안 엄마를 위해 피아노를 쳤다고 했는데, 그렇다면 화가 날 수도 있겠네."

"화가 난 건 아니에요. 다만 다른 악기로 바꾸고 싶을 뿐이에요. 지금은 기타에 집중하고 싶고 기타가 저에게 더 맞는 것 같아요. 그리고 함께 연주할 밴드도 알아봤다고요."

어머니는 제이든을 설득하고 싶은 마음을 겨우 내려놓고 "새로운 악기를 배우고 싶은 마음이 가득하구나. 밴드를 알아볼 정도라니 말이야. 이해가 돼. 이미 피아노를 배웠으니까 기타를 배운다면 더 쉽게 배울 수 있을 거야."

제이든은 어머니의 의외의 반응에 놀랐다. 평소라면 제이든의 이야기에 긍정적으로 반응하지 않았을 것이기 때문이었다. 제이든은 이번에도 어머니에게 한 소리를 들을 거라고 준비를 하고 있었다. 하지만 제이든의 예상은 완전히 빗나갔다.

"엄마, 저도 생각을 많이 하고 내린 결정이에요. 이제 어린아이가 아니거든요. 제가 좋아하는 것이 무엇인지 이젠 저 스스로 찾을 수 있어요."

"그래, 네가 사려 깊고 함부로 결정하지 않는다는 건 알지. 도움이 필요하다면 학원이나 선생님을 알아봐 줄 수 있단다."

"괜찮아요, 엄마. 혼자서 연습할 수 있어요. 만약 어려움에 부딪히면 그때 도와달라고 할게요. 요즘은 유튜브를 보고 혼자 연습할 수 있거든요. 돈도 절약할 수 있고요. 엄마는 기타만 사주시면 돼요."

"그럼, 우선은 렌트해서 쓰고 정말로 열심히 할 마음이 들면 그때 기타를 사는 건 어떨까?"

니나는 말을 아끼고 '제3의 귀'로 이야기를 듣는 것은 연습이 필요하지만, 이러한 대화가 아들하고의 관계를 좋게 만들고 아들은 물론 자신에게도 도움이 되는 대화 방법이라는 것을 알게 되었다. 이 같은 대화는 부모의 품에서 이제 독립을 준비하려는 청소년들에게 매우 중요하다. 쉬운 일도 아니고 또 항상 부모가 원하는 대로 되지는 않겠지만, 자녀가 건강하게 독립을 준비할 수 있도록 돕는 방법임에는 틀림없다.

청소년들과 소통하는 강력한 대화법

청소년 시기의 아이들은 힘을 갖길 원한다는 점을 기억해야 한다. 중요한 것은 힘을 가지되 책임과 존중이 동반되어야 가치를 발휘할 수 있다는 점이다. 다음의 대화법은 청소년 자녀와 힘겨루기를 피하고 자녀들이 스스로 능력이 있다고 느끼도록 돕는 방법이다. 우리를 찾아온 부모들은 도대체 어떻게 대화를 해야 하는지 구체적으로 알려달라고 하는데, 아래의 대화가 그 예시가 될 수 있을 것이다. 이 대화들은 자녀를 부모보다 우위에 세우려는 것이 아니라, 아이들이 스스로 힘을 가지고 세상에 영향력을 미칠 수 있게 하려는 것이다.

청소년들에게 힘을 불어넣는 대화법

- 이러면 어떨까? 형이 베란다 정리하는 것을 네가 먼저 도와주는 거야. 그러면 엄마가 너를 영화관까지 차로 데려다줄게.

- 좋아, 그러면 금요일에 넌 뭐하고 싶은지 네가 먼저 말해. 그 다음 엄마 생각을 이야기할게. 그리고 서로 합의할 수 있는 방법을 찾아보자.

- 우선 옷장의 네 옷들을 먼저 살펴보자. 그런 다음 예산을 세우고 쇼핑을 가는 거지.

- 수학 점수를 올리고 싶은 건지 먼저 생각해보고, 그렇다면 어떻게 공부를 할지 엄마랑 이야기해볼까?

- 일단 우리 둘 다 좀 진정하고, 화가 가라앉으면 그때 다시 이야기하자.

- 우리 집의 약속은 서로 이야기를 해서 문제를 해결하는 거야. 화내지 말고 가족회의 안건지에다 적어두렴.

- 화요일은 형이 빨래를 돌리는 날이고, 넌 언제지?

- 지금은 TV를 꺼야 할 시간이야.

- 우선 개똥을 치우고 나서 너 하고 싶은 것을 하렴.

- 다른 관점이 있을 수도 있단다. 그러니 엄마의 생각을 들어보렴.

- 서로 의견이 달라도 대화를 나눌 수 있단다.

- 우리가 서로 동의할 수 있는 해결책을 찾을 때까지는 지금처럼 하자.

- 귀가 시간을 일단 정하는 거야. 그런 다음에 필요한 일이 생기면 그때 바꾸는 거야. 가족 안건으로 올리자.

- 하루 동안 또는 일주일 동안 우선 해보고 나서 평가하자.

- 엄마, 아빠 물건이나 차를 빌려줄 수 있지. 하지만 깨끗하게 정리해서 돌려줘야 한단다. 그러지 않으면 다음에 빌려줄 수가 없어.

위의 대화들을 "내가 안 된다고 했어, 안 했어?" "네가 이거 다 할 때까지는 절대 안 돼!" "이거 해, 저거 해." 등과 같은 우리의 일상 대화와 비교해보자. 어떤 대화가 아이들에게 힘을 불어넣어 주겠는가?

청소년과의 대화를 위한 조언

청소년들과 의사소통을 효과적으로 할 수 있는 방법은 다양하게 존재한다. 다음의 8가지 방법은 자녀와 상호 존중하는 관계를 만드는 데 도움을 준다. 이 8가지 요령은 너무도 중요해서, 각각의 요령에 대해 예시 문장을 제시했다.

1. 비난하지 않기: 이걸 누가 시작했는지는 관심 없단다. 내가 알고 싶은 건 폭력을 사용하지 않고 해결하는 방법이야.
2. 간단하게 말하기: 용돈에 관한 우리의 약속이 뭐였지?
3. 한 단어로 말하기: 설거지!
4. 10단어 이하로 말하기: 네 방으로 가져간 그릇 좀 부탁해.
5. 말 없이 행동하기: 방에 떨어진 물건을 가리키며 부드러운 표정으로 기다리기
6. 충고를 하기 전에 동의 구하기: 너랑 ~에 관해 이야기하고 싶은데 괜찮니?
7. 마지막 단어를 자녀가 말하게 하기: 밥 먹고 그릇은… (싱크대에!)
8. 말 없이 같은 공간에 있기: 아이가 잡지를 뒤적이거나 하는 동안

같은 공간에 머문다. 뜻밖에도 자녀와 쉽게 이야기를 시작하게 될 수도 있다.

반응하는 대신 이끌어주는 대화법으로

긍정의 훈육은 반응하지 말고 이끌어주라고 강조한다. 하지만 아이의 무례한 말대답은 특히 반응하는 대화를 하게 만든다. 대화에서 중요한 것은 무슨 말을 하는지가 아니라 상대방이 어떻게 받아들이는가 하는 것이다. 반응하는 대화법과 이끌어주는 대화법을 보면서 그 말을 들었을 때, 자녀가 어떤 생각을 하고 어떤 감정을 느끼며 어떤 결심을 하게 될지 생각해보자.

반응하는 대화법

1. 그렇게 말하지 말라고 몇 번이나 이야기했니?
2. 네 방에 가서 정신 차릴 때까지 나오지 마.
3. 일주일 동안 놀러 나가는 거 금지야.
4. 지금까지 너한테 엄마가 어떻게 했는데, 이럴 수가 있니?
5. 지금까지 네가 누리던 걸 다 금지시킬 거야.
6. 군대에 가봐야 정신을 차릴 텐데.
7. 옆집 아이들 좀 봐!
8. 때려야 말을 듣겠니?

이끌어주는 대화법

1. 뭐 때문에 그렇게 속상해하니?

2. 화난 것 같은데….

3. 우리 둘 다 화가 좀 가라앉으면 그때 이야기하자.

4. 엄마도 위로가 필요해, 한 번 안아줄래? 네가 준비가 되면 그때 해줘.

5. 지금 이야기를 해도 좋고 나중에 해도 괜찮아. 아니면 가족회의에서 하거나.

6. (아무 말도 하지 않고 비언어적인 표현으로 사랑을 표현하기)

7. (말을 아끼며 "음, 으흠." 같은 추임새만 넣으며 듣기)

8. 엄마(아빠)가 사랑하는 거 알지?

6장에서는 의사소통을 하는 다양한 방법에 대해 알아보았다. 비난이나 비교, 단정, 기대, 어른의 관점으로 보기 등은 자녀와의 의사소통을 막는 걸림돌이다. 이 중에서 당신이 가장 많이 하는 것은 무엇인가? 가장 많이 하는 걸림돌 하나만이라도 하지 않기 위해 노력한다면 자녀와의 관계는 훨씬 좋아질 것이다.

이 장에서 배운 친절하며 단호한 훈육법

1. 자녀와의 의사소통을 개선하기 위해서는 자녀가 부모와 어떤 대화를 하고 싶어 했는지를 되돌아본다.

2. 자녀가 이야기를 할 때에는 자녀의 관점에서 들으면서 '그 밖에 또'라는 추임새를 활용해본다.

3. 감정은 옳고 그름의 대상이 아니다. 그리고 감정 때문에 죽지도 않을 것이다. 그러니 감정 단어를 익히고 감정을 서로 존중하는 방식으로 표현할 수 있도록 연습한다.

4. 다른 사람의 감정을 상하게 할까 봐 감정을 표현하지 않도록 교육을 받았겠지만, 사실 감정을 표현하면 더 친밀해질 수 있다. 공격적으로 표현하지만 않는다면 말이다.

5. '내 마음은', '너의 마음이' 대화법은 실제 감정 단어를 사용했을 때 효과적이다.

6. 청소년 자녀와의 대화는 그들에게 중요한 문제를 함께 상의할 때, 그리고 그들의 의견을 존중할 때 효과적이다.

7. 힘을 불어넣는 대화법은 자녀와의 힘겨루기를 피할 수 있게 해주므로 쉽게 보이는 곳에 그 대화법을 붙여놓는다.

8. 하고 싶은 말은 줄이고 함께 있는 시간을 늘려라.

○ 실전 연습

1. '내 마음은' 대화법 부분을 다시 읽어본다.

2. 133쪽의 감정 차트를 본다.

3. 자녀와 대화를 하며 잘 풀리지 않았던 상황을 떠올려본다. 그때 어떤
감정을 느꼈는지 감정 차트에서 찾는다.

4. 찾은 감정 단어를 넣어 다음의 문장을 완성한다.

"내 마음은 _____ 느낀다. 왜냐하면 _____ 때문이다.
그리고 나는 _____ 을 바란다."

(첫 번째 빈칸에는 감정 차트에서 찾은 감정 단어를 넣고, 두 번째 빈칸
에는 상황을 표현하고, 마지막 빈칸에는 원하는 것이나 바람을 넣는다.
적은 문장을 자녀에게 말해준다.)

7장

십대 자녀들과의 가족회의

자녀에게 삶의 지혜와 살아가는 힘을 알려주고 싶다면

가족회의는 긍정훈육의 다양한 기술 중에서도 가장 중요한 것에 속한다. 또한 청소년 자녀와의 힘겨루기 상황을 해결하는 데도 매우 효과적이다.

메리와 마크는 그들이 4살, 7살일 때 부모와 함께 가족회의를 시작했고 청소년이 된 지금도 진행하고 있다. 두 아이는 사실 가족회의라는 게 얼마나 멍청한 일인지에 대한 불평으로 이야기를 시작했다. 그들 부모는 처음에 몇 가지 규칙을 내놓았는데, 부모 자녀 간 협상을 통해 주례 가족회의를 하되 시간은 15분 이내로 하기로 했다고 한다. 그런데 그들 이야기에서 재미있는 부분은 특히 불만이 가장 많았던 메리의 이야기였다. 어느 날 친구네 집에서 자고 온 후 메리가 이렇게 말했다.

147

"걔네 집은 정말 문제야. 가족회의가 꼭 필요한 집이라니까."

십대 자녀에게 인격적인 비난이나 비판을 해서는 안 된다. 비록 아이들이 불평을 늘어놓는 순간이라도 자녀에게 도움이 되는 양육 기술을 써야 한다.

가족회의는 고급 양육 기술이다. 가족회의를 통해 십대 자녀에게 가치 있는 사회적 기술과 인생 기술을 가르칠 수 있고, 동시에 아이들에게 존엄과 존중을 배울 수 있는 공간이 되어주기 때문이다.

가족회의를 할 시간이 없다면, 저녁은 무엇을 먹을지, 여행을 어디로 갈지 등에 대해 짧게라도 의논하는 것을 추천한다. 또한 밥을 먹기 전에 서로에게 고마운 마음을 나누는 정도만으로도 가족회의의 효과를 볼 수 있다.(옮긴이)

가족회의를 하는 동안 부모와 자녀는 다음과 같은 기술을 익히게 된다.

- 잘 듣기
- 의견을 제시하는 능력
- 문제를 해결하는 능력
- 서로 존중하기
- 문제를 해결하기에 앞서 마음을 가라앉히는 것(가족회의를 하기 전에 안건 목록을 먼저 적어두고 식히는 시간을 가질 수 있다.)
- 다른 사람에 대한 관심
- 협력
- 책임 있는 행동(실수를 했을 때 비난이나 수치심을 주기보다 해결책에 집중

할 거라는 점을 알면 사람들은 실수를 인정하는 것을 두려워하지 않게 된다.)

- 해결책을 민주적으로 결정하는 방식
- 사회적 관심(다른 사람을 돕는 일)
- 힘겨루기를 피하는 방법
- 실수는 배움을 위한 멋진 기회라는 사실
- 가족 구성원 모두 소속감과 자존감을 높이게 되는 것
- 가족 구성원이 함께 즐겁게 지내는 것

가족회의는 부모들에게 다음과 같은 도움을 준다.

- 자녀에게 일일이 잔소리하는 것을 멈추고, 자녀가 스스로 원칙을 세우고 행동할 수 있도록 한다.
- 아이들이 부모의 이야기를 경청하도록 한다.
- 가족에 대해 좋은 기억을 갖게 한다.
- 자녀들에게 알려주고 싶은 다양한 삶의 기술에 대해 부모가 본보기가 된다.

회사에서 민주적인 회의가 중요한 것처럼 가정에서는 가족회의 같은 의사 결정 방식이 매우 중요하다. 가족회의를 통해 자녀의 장점도 발견할 수 있고 서로 감정을 나누며 해결책을 함께 찾을 수도 있다. 가족회의를 하면서 가족 구성원 간에 감사와 응원을 나누게 되는데, 이는 자녀가 새로운 사람들을 만날 때 그 사람의 장점을 발견하는 눈을 가질 수 있도록 돕니다.

아름다운 눈을 갖기 위해서는

다른 사람의 좋은 점을 봐야 하며,

아름다운 입술을 갖기 위해서는

다른 사람들에게 선한 말을 해야 한다.

－ 영화배우이자 인도주의자, 오드리 헵번(옮긴이 인용)

가족회의는 서로 대화를 나누기에 매우 좋은 방법이다. 왜냐하면 어떤 민감한 문제라도 정해진 시간에 다루어야 하므로 마음을 가라앉히고 생각하는 시간을 가질 수 있기 때문이다. 어떤 부모들은 자녀가 가족회의를 싫어한다고 불평을 하는데, 실제로 아이들이 싫어하는 것은 가족회의가 아니라 부모가 자기주장만 늘어놓거나 비판하고 권위적으로 행동하는 것이다. 이런 식으로 가족회의가 진행된다면 자녀는 당연히 가족회의를 피하게 된다. 한 가지 짚어두고 싶은 사실은, 자녀가 때때로 가족회의에 대해 열의가 없는 모습을 보이더라도 부모는 겉모습만 보고 판단해서는 안 된다는 점이다.

가족회의에 하나의 정해진 방식은 없다. 어떤 가족은 매우 정형화된 방식을 좋아하겠지만 또 다른 가족은 좀 더 자유로운 방식을 선호한다. 중요한 것은 일주일에 한 번 정도 정기적으로 진행하는 것이다.

가족회의를 진행할 때에는 가족 구성원들이 진행자나 기록자를 돌아가면서 맡을 수도 있다. 또 메모판을 거실이나 냉장고에 붙여두고 그곳에 가족회의 안건으로 삼고 싶은 문제들을 적을 수도 있다. 가족회의에서 해결책을 찾을 수도 있지만, 일시적으로 적용해볼 만한 방법을 찾는 데 그쳐도 괜찮다.

또한 가족회의를 할 때 가장 먼저 감사와 응원을 나누는 일이 중요하다. 이는 가족회의가 문제를 해결하기 위한 목적도 있지만, 그보다 서로 긍정의 마음을 나누고 가족 구성원으로서 함께 살아가는 의미를 느낄 수 있기에 더욱 중요하다. 달리 말해, 문제 해결보다 사람이 더 중요한 것이다.

가족회의를 할 때에는 안건 목록 중 이미 해결되었거나 의논하지 않아도 되는 것이 있는지 확인한다. 또한 예쁜 인형을 돌리며 인형을 받은 사람이 이야기를 하도록 하는 것도 좋은 방법이다.

서로를 이해하고 연결하는 가족회의

가족회의에서 모든 안건을 다 해결해야 하는 것은 아니다. 그냥 단순히 이야기만 나눌 수도 있다. 그래도 괜찮다. 자녀와 배우자가 나와는 다른 특징들을 가지고 있음을 발견하고, 가족회의를 통해 서로 존중하는 방식으로 말하고 듣는 것만으로도 매우 가치 있는 시간이 될 것이다. 기억할 것은, 잘 듣는다고 해서 결정에 동의하는 것은 아니라는 사실이다. 그보다는 다른 가족 구성원의 생각을 이해할 수 있는 시간이어야 한다.

오브라이언 가족의 이야기를 예로 들어보자. 아버지는 가족이 모두 함께 식사를 해야 된다고 생각한다. 자신이 어린 시절 그런 환경에서 자랐던 것이다. 아버지는 사람들이 함께 모여 식사를 하는 것이 서로 사랑을 주고받는 방식이라고 생각했다.

반면 어머니는 다른 환경에서 자랐다. 어머니가 어렸을 때 그녀의 아버지는 다른 도시에서 일을 할 때가 많았다. 어머니도 바빠서 자녀들은 주로 인스턴트 음식으로 끼니를 해결했다. 오로지 일요일 저녁에만 제대로 된 식사를 할 수 있었다. 그러니 이런 환경에서 자란 어머니로서는 특별한 날을 제외하고는 일상적인 식사가 그리 중요하지는 않았다.

오브라이언 부부에게는 데이비드와 신디 남매가 있다. 아이들은 가족이 함께 모여 저녁을 먹는 것보다는 혼자서 뭔가에 몰두하는 일에 더 관심이 있다. 아버지는 이런 상황이 못마땅했고 가족 식사시간에 대해 이야기를 나누기로 했다.

> 아버지: 아빠는 식사시간이 되면 모두 함께 모여 밥을 먹어야 된다고 생각해. 그런데 너희들이 저녁 식사시간에 협조적이지 않아서 불만이야. 적어도 일주일에 두 번 정도는 얼굴을 마주하고 먹어야 되는 거 아니니?"(아버지의 목소리에는 감정보다 비난이 담겨 있었다.)
>
> 데이비드: (방어적인 목소리로) 이번 주에 두 번 이상 먹었잖아요.
>
> 신디: 맞아요, 아빠.
>
> 어머니: 아빠에게는 식사를 함께 하는 것이 왜 그렇게 중요한지 궁금해.
>
> 데이비드: 저는 그 이유를 알 것 같아요.
>
> 어머니: 3가지만 얘기해볼래?
>
> 데이비드: 가족과 더 많은 시간을 보내고 싶은 거죠.
>
> 아버지: 그래, 맞아.
>
> 데이비드: 그리고 아빠는 우리를 사랑하니까요.
>
> 아버지: 그래, 그것도 맞아.

신디: 아빠는 우리가 식사 예절을 익히길 원하니까요.

아버지: 그건 아니란다. 함께 밥을 먹는다는 건 아빠에게는 사랑을 확인하는 시간 이란다.

신디: 우리가 아빠를 사랑하는 걸 모른다 말이에요?

아버지: 어떻게 알 수 있겠니?

오브라이언 가족은 서로 이야기를 나누며, 문제를 해결하지는 못했지만 서로를 이해하는 시간을 가졌다.

어머니: 당신은 함께 음식을 먹는 게 가족 사이에서 중요하다고 여기는군요. 사랑을 확인하는 시간이기도 하고요.

아버지: 어린 시절에는 하루 세 끼를 가족이 함께 먹었어요. 그래서 식사시간은 나한테는 서로의 사랑을 확인하는 시간이기도 했어요. 그리고 어른이 된 지금은 우리 가족도 그럴 거라 생각했어요.

어머니: 데이비드, 저녁 식사는 너에게 어떤 의미니?

데이비드: 그냥 음식을 먹는 시간이죠.

신디: 다른 사람이 밥을 다 먹을 때까지 앉아 있어야 해서 전 별로예요.

어머니: 나도 마찬가지예요. 어릴 때 우리 어머니는 바빠서 제 때에 밥을 차려주지 않았어요. 우리가 알아서 먹었죠. 일요일만 빼고 말이죠.

아버지: 그럼, 우리가 모두 만족할 만한 해결책이 있는 사람?

데이비드: 지금보다는 좀 더 자주 저녁을 함께 먹어야 할 것 같아요.

신디: 학교에서 돌아오면 엄청 배가 고파요. 그래서 뭔가를 먹으면 아빠는 군것질을 하지 말라며 화를 내요.

어머니: 당신이 아이들과 저녁을 즐겁게 먹기 위해서는 아이들에게 잔소리를 하지 말아야 할 것 같네요. 음식을 먹을 때 이렇게 저렇게 해야 한다든가, 어떤 걸 먹어야 하는지, 또 다 먹어도 자리를 지켜야 한다든가 하는 것처럼 식사시간에 지켜야 할 규칙이 너무 많아요.

아버지: 대화를 하면서 식사시간에 대해 당신이나 아이들이 나와는 다른 의미를 갖고 있다는 걸 알게 되었어요. 음식이나 식사 예절 등 식사 자리에서의 잔소리를 줄이도록 할게요. 그럼, 일주일에 몇 번 정도 함께 저녁을 먹을까?

데이비드: 함께 저녁을 먹는 것이 싫지는 않아요. 일주일에 4번 어때요?

신디: 저는 좋아요.

어머니: 식사시간이 당신에게 그렇게 중요한지 몰랐어요.

아버지: 일주일에 4번이면 나도 좋아. 그럼, 다음 함께 먹을 저녁은 언제로 할까?

어머니: 내일 저녁 어때?

데이비드, 신디: 좋아요.

이 가족이 서로 마음을 나누고 서로의 이야기를 듣지 않았다면, 어쩌면 그 후로도 몇 년이나 더 각자 불편해하면서도 문제를 해결하지 못했을 것이다. 오브라이언 가족은 이후에도 서로의 생각과 감정을 나누고 모두가 존중받을 수 있는 해결책을 찾는 가족회의를 이어갔다. 청소년을 둔 가정이라면, 호기심을 가지고 서로의 이야기에 집중하면서 서로에 대해 열린 마음으로 존중하게 해주는 가족회의를 진행하길 바란다. 짧은 시간일지라도 정기적으로 이야기를 나누는 습관은 매우 중요하다.

정기적으로 가족회의를 하는 가정은 가족 간의 분위기가 부드럽다.

서로 고마움을 나누고, 무엇이든 해결하고 싶은 문제가 있으면 안건 목록에 적어두고, 정해진 시간에 만나서 서로 비난하지 않고 해결책을 찾는 데에 집중할 수 있다. 가족회의 시간에는 또한 장보기 목록이나 가족 활동의 일정표를 짜고 외식 장소를 정하는 것 등도 의논할 수 있다. TV 시청이나 스마트폰 사용, 컴퓨터 사용 등 미디어 사용에 대한 약속을 정할 수도 있다. 가족회의 시간에 용돈을 주는 것도 좋은 방법인데, 정기적인 가족회의가 잘 진행되었다면 축하의 의미로 보너스를 줄 수도 있을 것이다.

효과적인 가족회의를 위한 가이드라인

1. 십대들은 끝날 때를 알면 활동에 더욱 몰입한다. 따라서 가족회의를 몇 분 동안 할지 미리 정하는 것이 좋고, 가족 특성에 따라 10분에서 15분 정도로 짧게 할 수도 있다.

2. 안건에 대해 이야기를 하기 전에 반드시 응원과 고마움을 나누는 시간을 먼저 갖는다.

3. 안건 중에 이미 해결된 것이 있는지 확인한다. 또 안건이 여럿이면 우선적으로 다루어야 하는 것이 있는지를 의논한다.

4. 안건을 다룰 때는 돌아가면서 다 같이 이야기를 하고, 이때 다른 사람이 말하는 것에 대해서는 평가나 비난하는 말은 하지 않는다. 많은 가족이 가족회의를 직접 실천하면서 얻은 한 가지 지혜는, 비난이나 평가를 내리지 않고 두 번씩 돌아가면서 말하는 방식이 매우 효과적이라고 한다.

5. 한두 번의 논의로 해결책을 찾지 못하면 브레인스토밍이 도움이 된다.

6. 모두가 합의하고 실천할 수 있는 해결책을 정해서 일주일 동안 실천해본다.

7. 의논이 길어질 경우, 다음번 가족회의로 안건을 넘길 수도 있다.

가족회의는 절차와 약속을 잘 지킬수록 더 효과적인 시간이 될 수 있다. 효과적이라고 해서 모든 가족회의가 성공적이 될 거라는 의미는 아니다. 하지만 시간이 갈수록 가족이 서로 협력하고 존중하는 문화를 만들어가게 될 것이다. 가족회의를 진행하다가 어려움을 겪게 되면, 가족회의를 효과적이고 자연스럽게 진행하게 되기까지는 시간과 노력, 연습이 필요하다는 점을 기억한다. 인내심을 가지고 꾸준히 노력하길 바란다. 그리고 보다 나은 가족회의를 위한 다음 11가지 힌트를 참고한다.

가족회의를 잘하기 위한 11가지 힌트

1. 가족회의는 문제가 일어났을 때가 아니라 정기적으로 정해진 시간에 진행한다.

2. 십대 자녀를 둔 가정에서 가족회의는 매우 의미 있고 보람 있는 일이지만, 바쁜 스케줄 때문에 정기적으로 진행하는 게 쉽지는 않다. 어떤 가족은 이 문제를 해결하기 위해 가족회의 끝에 다음 가족회의 일정을 정하는 시간을 갖기도 한다. 신기하게 매번 같은 시간을 고르게 되더라도, 아이들은 이런 선택 자체를 좋아한다.

3. 가족회의를 진행하면서 염두에 두어야 할 것은 '완벽하지 않아도 괜찮아. 시도하는 것 자체가 중요한 거야.'라는 마음가짐이다. 가족회의에는 가족 모두가 참여해야 한다. 어떤 때에는 가족회의에 오기 싫어하는 가족이 있을 수도 있고 어린아이들이라면 중간에 지루해할 수도 있다.

4. 자녀를 인격적으로 대하고 가족 구성원으로서 가족에 기여할 기회를 준다.

5. 다른 사람이 이야기를 할 때는 비난하거나 틀린 것을 바로잡으려고 하지 말고 경청하기로 약속한다.

6. 가족회의의 진행과 기록하는 역할은 돌아가면서 맡는다.

7. 안건에 대해 해결책을 찾을 때는 여러 의견을 조율해가며 해결책을 정하는 것이 중요하다. 이때 끝까지 반대하는 사람이 있다면 그 반대자가 의견을 제시해야 한다.

8. 한 가지 해결책을 정하지 않아도 되는 주제를 다루는 것도 좋다. 의견이 첨예하게 대립하는 주제는 한 번의 회의로 결론을 내지 못할 수도 있다.

9. 결론에 도달하지 못해도 괜찮다. 결론에 도달하지 못한 채 생활할 수도 있다. 그럴 때는 원래 지냈던 방식을 유지하면 된다. 나중에 다시 논의를 할 때 이야기를 할 수 있다.

10. 가족회의의 분위기를 망치는 잔소리와 설교를 삼간다.

11. 가족 활동 계획하기, 식사 메뉴 정하기, 용돈 정하기 등 처음에는 비교적 논쟁이 심하지 않은 주제로 가족회의를 시작한다. 그러면 자녀는 가족회의에 참여하는 자신의 역할에 의미를 부여할 수 있을 것이다.

가족회의를 통해 많은 문제를 해결할 수 있다. 그럼에도 가족이 함께 보낼 수 있는 시간이 적고 또 번거롭다는 이유로 가족회의를 하지 않는 가족이 많다. 그러다 보니 함께 결정하기보다 부모가 자녀에게 해야 할 일들을 지시한다. 그러나 청소년기의 아이들은 이러한 방식에 저항하게 되고, 부모에게 도움을 요청하지 않게 된다. 도움 대신 요구를 하게 되는 것이다. 그게 아니면 가족들이 일을 나누어 하기보다 서로 비난하고 잔소리하고 또 그 때문에 후회를 하느라 더 많은 에너지를 낭비하기도 한다.

단기적으로 보면 부모가 자녀와 상의하지 않고 빨리 알려주고 지시하는 방식이 효과적일지 모르지만, 장기적으로 자녀에게 살아가는 힘과 능력을 길러주기에는 효과적이지 않다. 다음에 이어질 브라이스와 바버라 가족의 이야기는 가족회의의 좋은 예이다.

실제로 가족회의 진행하기(브라이스와 바버라 가족 이야기)

브라이스와 바버라는 재혼한 지 5년째 된 부부다. 많은 가정이 그렇듯이, 브라이스와 바버라 가족도 둘의 직장 생활 등으로 엄청나게 바쁜 나날을 보내고 있었다. 브라이스의 전처와 살고 있는 딸 앤은 주말, 공휴일, 여름 휴가기간을 이 집에서 함께 지낸다. 앤이 오면 가족의 일정이 바뀌게 된다. 브라이스는 이런 혼란을 줄이기 위해 가족회의를 열기로 했다. 바버라가 첫 번째 결혼에서 낳은 17살 토드와 14살 로리, 그리고 브라이스의 딸인 14살 앤이 다 같이 모였다. 그리고 해결되지 않을 것 같던 문제들에 대해 이야기를 나누었다.

> 브라이스: 먼저 서로 칭찬하거나 고마워할 일에 대해 이야기를 나눌 거야. 토드가 어제 창고 정리를 해주어서 엄마가 참 고맙다고 하는구나. 앤, 남자친구가 아니라 우리와 여름을 지내겠다고 해주어서 고맙다.
>
> 앤: 토드 오빠, 옷 사러 갈 때 태워줘서 고마워. 바버라 아줌마는 나랑 미니골프를 해주셔서 고마워요.

토드: 아침에 늦게까지 푹 잘 수 있도록 배려해주셔서 고마워요, 엄마.

바버라: 어제 저녁을 준비해주신 아빠, 고마워요.

로리: 난 오늘은 패스.

(잠시 눈을 감고, 가족끼리 서로 고마움을 표현한 것이 언제인지 떠올려본다. 어떤 가족은 서로 고마운 것, 칭찬할 것 등 좋은 얘기는 거의 하지 않는 경우도 있다. 서로의 긍정적인 부분을 강조하며 가족회의를 즐기기를 바란다.)

토드: 로리가 적은 것부터 시작했으면 해요. 그게 중요해 보이거든요.

로리: 우리 집에서는 나만 딸이고 그래서 앤이 우리 집에 오는 날이면 나랑 방을 함께 사용해야 해요. 그런데 그건 좀 불공평한 것 같아요. 앤이 싫어서가 아니에요. 저에게 그렇게 해도 괜찮겠는지 물어본 사람은 아무도 없었단 말이죠. 앤은 항상 저보다 먼저 일찍 일어나고 일어나면 음악부터 틀죠. 근데 음악 소리에 잠을 제대로 잘 수가 없어요. 앤의 음악 소리가 불편해요.

바버라: 미안하구나, 로리. 네가 그렇게 느꼈을 거라는 생각을 미처 하지 못했어. 네 말이 맞아, 당연히 네가 앤이랑 지내야 한다고 생각했단다. 너에게는 한 번도 물어보지도 않고.

브라이스: 로리, 만약 일어나는 시간에 대해 이야기를 나누고 음악 문제가 해결되면 앤이랑 같은 방을 사용할 수 있겠니?

앤: 이제 음악을 들을 때 이어폰을 사용할게요. 아침에 로리의 잠을 방해하지 않도록 노력할 거예요. 머리를 말리거나 외출 준비는 욕실에서 해도 돼요.

로리: 제가 배려심 없는 사람인 것같이 느껴져요. (그러면서 눈물을 흘리기 시작했다.)

바버라: 로리, 서로의 감정을 나눌 수 있어서 좋았어. 네가 무엇 때문에 화가 났는지 용기 내어 이야기를 해주어 고맙단다. 우리가 널 배려하지 않았고 오늘 그걸 알게 되었어. 이제 알았으니 이 문제를 해결할 수 있을 것 같아.

브라이스: 사실은 이사를 할까 생각 중이었어. 그럼 방이 더 생길 테니 이 문제도 해결될 수 있어.

로리: 전 앤이랑 같이 지내고 싶어요. 그냥 제 마음을 전하고 싶었어요. 그리고 앤, 방에서 준비해도 괜찮아. 그렇게 시끄럽지는 않아. 하지만 음악을 듣는 것은 이어폰을 사용해줬으면 해.

앤: 고마워 로리. 나도 혼자 지내는 것보다는 너와 함께 방을 사용하는 게 더 좋아.

그런 다음 이들 가족은 다음 회의를 언제 할 건지에 대해 약속을 정하고 회의를 마쳤다. 바쁜 가족들에게는 일정을 잡는 게 매우 중요한 일이기 때문이다.

청소년 자녀와 협력하는 관계 만들기(집안일 나누기)

십대 자녀는 의논에 함께 참여할 경우 집안일에 더욱 협조적일 때가 많다. 물론 집안일은 일차적으로 부모의 책임이라고 말할 수 있다. 부모가 할 일은 자녀에게 집안일을 시키는 것이 아니라, 가능한 한 자녀의 협력을 얻는 것이 중요하다. 집안일 나누기를 할 때 가장 먼저 해야 할 일은 집안일 목록을 적어보는 것이다. 그리고 그 일을 얼마나 자주 할지, 언제까지 마쳐야 할지를 정하고, 그 내용을 다음과 같은 표로 작성한다. 이렇게 적은 다음 각자 일주일 동안 할 일을 선택한다. 화장실 청소처럼 모두가 하기 싫어하는 일은 제비뽑기로 정할 수도 있다. 또 각자가 맡은 일을 잘했는지 확인하는 역할을 정할 수도 있다. 그 사람은 어떤 일이 제대로 되지 않았을 때 그 일을 하도록 알려주는 역할까지 한다. 가능한 한 부모는 확인하는 역할을 하지 않는 것이 좋은데, 마치 잔소리를 하는 것처럼 될 수 있기 때문이다. 주로 막내가 이 일을 가장 잘하고, 또 좋아한다.

집안일	얼마나 자주	언제까지 할지	누가 할지
환기시키기	매일	아침에 일어나서	아빠

아침에 일어나서, 학교에 갔다 오거나 아니면 직장에 다녀와서, 저녁 식사 전, 잠자리에 들기 전처럼 해야 할 집안일을 시간대별로 정리하는 것도 좋은 방법이다. 이렇게 함께 정한 일과는 다 함께 지키도록 노력해야(5장에서 말한 '관철하기'를 함으로써) 책임감을 높일 수 있다.

어떤 가정에서는 집안일을 같은 시간에 같이 한다. 아마도 부모가 일을 할 때 자녀가 누워서 스마트폰을 하며 빈둥대는 것보다는 아예 시간을 정해서 다 같이 하는 게 나을 수도 있다.

어떤 가족은 집안일 때문에 심한 갈등을 겪기도 한다. 그런 일이 생기면, 일단 다음 가족회의 때까지 각자 하고 싶은 일을 정해서 하기로 한다. 그리고 일주일 동안 지낸 것을 다음 가족회의에서 서로 이야기하고 평가한다. 이 과정이 쉽지는 않지만 이러한 노력들이 쌓여 가족이 서로 협력하는 문화를 만들어가게 되는 것이다.

청소년들을 위한 긍정훈육 프로그램에서 케시는 가족회의에 대해 다음과 같은 이야기를 들려주었다.

어제 처음으로 가족회의를 가졌어요. 생각보다 진행이 잘 되어서 놀랐죠. 15살 딸과 11살 아들은 처음에는 가족회의를 왜 하냐며 자리에 앉기 싫어했어요. 아마 안건 다음엔 잔소리가 이어질 거라는 생각 때문이었겠죠? 아이들의 생각과 다르게 전 칭찬으로 이야기를 시작했어요. 그리고 아침 일과에 대한 이야기로 넘어갔죠. 안건에 있던 내용이었어요. 아침 일과에 대한 약속을 한 후, 다음 회의 때 오늘 결정한 대로 우리가 노력했는지에 대한 이야기를 나눌 거라고 했어요. 그러고 나서 다음 주 연휴 계획을 함께 세웠어요. 아이들이 먹고 싶은 것을 이야기했고 저는 음식을 준비하기로 했죠. 아이들이 주제와 어긋난 잡담을 나누었지만, 화를 내거나 비난하지는 않았어요. 그때 시간이 다 되었다는 알람이 울렸어요. 가족회의의 첫 걸음을 떼었답니다. 완벽하지는 않지만 말이죠.

우리는 매우 바쁜 시대에 살고 있다. 그렇기에 정작 중요한 것을 놓치고 살아갈 수도 있다. 가족회의를 정기적으로 한다는 것은 서로 마음을 나누고 협력하며 가족이 함께 행복한 시간을 보내는 데 큰 도움이 된다.

완벽하지 않아도 괜찮아!

가족회의에 관한 마지막 조언은 '완벽하지 않아도 괜찮아.'라는 마음가짐을 가지는 것이다. 문제를 해결하는 것도 중요하지만 가족회의란 서로의 생각을 나누고 믿음을 가지는 시간임을 기억해야 한다. 가족회의가 원만하게 이루어지는 데에는 시간과 연습이 필요하다는 것도 잊지 말아야 한다. 그 과정에서 서로 협력하고 존중하며, 서로의 입장이 되어보고 생각을 나누는 것 자체가 중요한 것이다. 가족회의에서 결정한 것들을 나중에 돌아보면 잊지 못할 추억이 될 것이다. 가족회의 때마다 사진을 찍어 앨범으로 만들어보는 것은 어떨까? 서로에 대한 칭찬과 의논했던 문제, 그리고 해결책들이 추억이 된다.

이 장에서 배운 친절하며 단호한 훈육법

1. 화가 난 상태에서 문제를 해결하는 것보다 화가 가라앉은 다음 이야기를 나누는 것이 더 효과적이다. 해결해야 할 문제를 안건 종이에 적어두고 가족회의 시간에 다룬다.

2. 가족회의에 참여하면서 청소년 자녀는 소속감과 자존감을 느낄 수 있다. 정기적으로 진행하는 것이 쉽지는 않겠지만 들인 노력보다 더 큰 보람을 느끼게 될 것이다.

3. 모든 문제를 다 해결해야 한다는 부담감만 버린다면, 가족회의는 대화를 나눌 수 있는 좋은 시간이 된다.

4. 부모의 기분에 따라 감정적으로 가족회의를 진행하는 게 아니라, 시간을 정해서 약속된 시간에 진행할 때 효과적이다.

5. 반드시 해결책을 정해야 하는 것은 아니지만, 모두가 합의하지 못하는 문제가 있다면 그 문제를 그냥 넘기지 않도록 한다. 그 경우에는 다음 회의 때까지 어떻게 할지를 먼저 합의하고, 다음번 회의에서 다시 다룬다.

6. 사소한 일상의 문제든, 특별한 문제든, 가족회의에서는 모든 문제를 다 다룰 수 있다.

실전 연습

가족끼리 응원과 감사를 나누는 것이 어색하거나 우스꽝스러울 수 있다. 처음에는 낯설고 어색하겠지만 믿음을 가지고 함께 노력한다면 조금씩 익숙해지고, 서로의 마음을 나누는 특별한 시간이 될 것이다. 아래와 같은 활동을 추천한다.

1. 누군가로부터 칭찬이나 격려를 받았던 기억을 떠올리게 한다. 그리고 그 기억을 서로 나눈다.

2. 지금 이 순간 받고 싶은 응원이나 격려를 떠올리도록 한다. 그러면 스스로도 자신에게 중요한 것이 무엇이었는지 알아차리는 데 도움이 된다.

3. 예를 들어 자녀가 "오늘 수업 시간에 최선을 다했어요."라고 이야기를 하면, 가족 중 누군가가 "수업 시간에 최선을 다한 ○○이를 응원해." 라고 칭찬을 해준다.

4. 응원을 받은 ○○이는 "고마워요."라고 말해 격려를 받았다는 표현을 한다.

5. 가족 구성원이 차례로 서로 해주고 싶은 응원이나 격려를 할 수도 있다.

8장

자녀와 특별한
시간을 보내는 방법

마법의 시간

청소년이 된 자녀는 부모와 함께 보내는 시간이 점점 줄어드는데, 오히려 이 시기에 자녀와 마음으로 연결되는 것이 더욱 중요하다. 우리는 마음으로 연결되는 것을 '특별한 시간'이라고 부른다. 특별한 시간은 중요한 회의처럼 미리 계획하는 것이다. 하지만 바쁜 일과에다 아이는 친구들과 지내는 걸 더 좋아하고, 시간이 나더라도 훈계나 꾸지람, 벌을 주는 데 쓰느라 자녀와 특별한 시간을 갖기 어렵다.

브라이언은 아들 테드와 특별한 시간을 보내기로 마음먹었다. 브라이언이 테드가 술을 마시는 것을 알고 못하게 하자 부자 관계가 악화되었다. 브라이언은 테드의 차를 빼앗았고 끊임없이 훈계를 했다.

"네가 어떻게 그럴 수가 있어. 인생 망치려고 그래? 도대체 뭐가 잘못된 거야?"

그러나 어떤 방법도 통하지 않았다. 테드는 더욱 공격적으로 반항했다. 아버지와 아들의 관계는 더욱 악화되었다.

브라이언은 매우 낙담했지만 모든 것을 포기하기 전, 십대 자녀를 위한 긍정훈육 연수에 참가하기로 마음먹었다. 브라이언은 연수 첫날, "가끔 행동이 아니라 관계에 집중함으로써 더 좋은 결과를 얻을 수 있다."는 강사의 말을 듣고 아들뿐 아니라 자신의 삶까지 바꾸게 되었다. 강사는 자녀의 행동을 고치려 하기 전에 먼저 연결되어야 한다는 것에 대해 이야기를 이어갔다. 청소년 자녀와 사랑의 메시지를 나누는 것이 매우 중요하며, 거리두기나 적대감보다는 친밀감과 신뢰를 형성하는 것이 더욱 중요하다는 이야기였다. 브라이언은 매우 간단한 해결책이라고 생각했고, 밑져야 본전이라는 마음으로 아들과의 관계를 개선하려는 노력을 하기로 마음먹었다.

다음 날, 브라이언은 테드의 학교로 찾아가서 선생님에게 얘기를 하고 아들과 점심을 함께 먹었다. 브라이언은 누가 뭐래도 테드와 그냥 점심을 즐기는 시간을 갖기로 결심했다.

테드는 아버지를 보고는, "여기 왜 왔어요?"라고 퉁명하게 물었다. 브라이언은 "그냥 너랑 점심 먹으려고."라고 답했다.

점심을 먹으며 브라이언은 테드를 찾아온 목적을 분명히 밝혔다. 비난 조의 질문도 하지 않았고 심지어는 오늘 학교에서 어떻게 지냈는지도 물어보지 않았다. 테드는 점심을 먹으며 아버지가 꾸지람을 하지 않을까, 잔소리를 하지 않을까 계속 의심을 했다. 점심시간 내내 두 사람 사이에서는 침묵만 흐를 뿐이었다. 점심을 먹은 후 브라이언은 테드를 학교로 데려다주었다.

"오늘 점심 같이 먹어줘서 고마워. 좋은 시간이었어, 테드."

학교로 돌아가는 테드의 얼굴도 밝아져 있었다.

브라이언은 그 후 매주 수요일에 테드와 함께 점심을 먹었다. 테드의 의심이 사라지는 데는 3주가 걸렸다. 3주가 지나고서야 테드는 학교에서 있었던 일들을 아버지에게 이야기하기 시작했다. 브라이언 역시 그제야 테드와 이런저런 이야기를 나누었다. 테드는 아버지에게 회사 일과 직장 동료들에 대한 질문을 하기 시작했고, 브라이언은 최대한 훈계가 되지 않도록 조심해서 대답해주었다.

또한 테드에게 허용되던 것들을 금지하거나 벌을 줌으로써 아들을 통제하려던 것을 멈추었다. 아버지는 테드의 반항에 대한 두려움이 있기는 했지만 테드의 장점에 초점을 맞추었다. 브라이언은 테드에게 "네가 나의 아들이어서 기뻐."라고 말하고 테드가 태어나던 날 얼마나 감동이었는지 이야기를 들려주었다. 브라이언은 또 테드가 어렸을 때 했던 귀여운 행동들에 대해서도 이야기했다. 테드는 이야기를 들으며 '내가 왜 그런 멍청한 짓을 했지?' 하는 듯한 표정을 지었고 귀담아듣지 않는 듯 보였다. 그러나 시간이 가면서 브라이언은 저녁 식사시간에 아들을 더 자주 볼 수 있었고 심지어 친구를 집에 데려오기도 한다는 것을 알았다.

테드와 점심을 함께 먹은 지 석 달이 지난 어느 날, 브라이언은 회의 때문에 점심 때 테드에게 가지 못했다.

그날 밤 테드가 "아빠, 오늘 무슨 일 있었어?"라고 물었다.

브라이언은 "미안, 아빠는 네가 기다릴 줄 몰랐어. 우리가 정기적으로 만나기로 약속을 한 것은 아니라서 말이지. 그럼 우리 정기적으로 만나기로 할까?"라고 물었고 테드는 전혀 망설이지 않고 "물론이죠." 라고 대답했다.

브라이언은 "아빠가 만약 회사에 일이 생기면 '오늘은 함께하지 못할 것 같아.'라는 메시지를 남길게." 하고 말해주었다.

브라이언은 아들과 특별한 시간을 보낸 결과에 대해 기쁘고 감사했다. 테드가 술과 나쁜 행동을 그만둘지는 알 수 없지만, 적어도 악화된 관계가 어느 정도 개선된 것은 사실이다. 브라이언은 무엇보다도 관계의 중요성을 깨닫게 된 것에 감사했다. 아들과 즐거운 시간을 보낸 것에 감사했고, 자신이 조건 없이 사랑한다는 것을 아들이 느낄 수 있게 된 것에 감사했다. 테드의 행동에도 상당한 변화가 생겼다. 무례한 행동이 멈췄고, 귀가 시간을 부모에게 알려주며 배려하는 모습을 보이기 시작했다. 브라이언은 설교나 꾸지람으로 아이의 행동을 바로잡으려고 시간을 소모하기보다는, 아들이 스스로 자기 행동이 자신의 삶에 어떻게 영향을 미치는지 생각해볼 수 있는 환경을 만들었다.

부모와 자녀 모두에게 효과가 있는 '특별한 시간'

부모와 자녀를 격려하는 긍정훈육 워크숍에 참가한 참가자들은 자녀에 대한 이해를 바탕으로 그들의 자녀와 특별한 시간을 어떻게 보낼 것인지에 대한 목록을 작성했다.

자녀와 '특별한 시간'을 보내는 방법

- 평가하지 않고 듣기
- 감정에 공감하기
- 잔소리하지 않기
- 장기간 여행
- 하루 여행
- 함께 걷기
- 함께 계획한 활동 하기
- 부모의 어린 시절 이야기하기
- 자녀가 좋아하는 TV 프로그램 함께 보기
- 자녀의 어릴 적 사진 보기
- 음악 함께 듣기
- 상호 존중하기
- 직장에 초대해서 부모의 삶 공유하기
- 자녀가 선택한 활동 함께 하기
- 자녀의 활동과 관심 지지하기
- 자녀가 관심을 보인다면 부모의 삶에 대해 이야기하기
- 자녀와 함께 의논하기
- 함께 해결책 찾기
- 정기적인 가족회의 계획하기
- 스키나 보드 타기
- 역할을 바꾸어 역할극하기
- 실수에 대해 스스로 생각할 기회 주기
- 자녀의 세계에 관심 가지기
- 함께 배낭 여행 가기
- 함께 시간 보내기
- 덜 공부하고 더 놀기(그럴 때 곁에 있기)
- 콘서트나 경기 관람 가기
- 벼룩시장 가기
- 미술이나 만들기 활동 함께 하기
- 자녀의 의견 물어보기
- 함께 요리하기
- 친구들이 놀러 오기 편안한 집 만들기
- 유머 감각 유지하기
- 다름을 인정하기
- 부모 자신의 문제 해결하기
- 서로 한 발 물러서기
- 함께 쇼핑하기
- 평소에 하지 못했던 활동 하기
- 휴가를 내어 자녀와 함께하기
- 외식하기
- 함께 게임하기
- 자녀에게 도움 요청하기
- 각 자녀와 따로 시간 보내기
- 가족 행사 계획하기
- 방학 계획하기("뭘 하고 싶니?")
- 신앙생활 하기
- 자녀를 신뢰하기
- 많이 웃기

앞에 나온 특별한 시간들을 자녀와 함께 가져보기를 권한다. 바쁜 일상을 살면서 잊어버렸거나 미처 생각해내지 못한 방법들도 있을 텐데, 자녀와 특별한 시간을 보내는 데 도움이 될 것이다. 가족회의의 마지막 활동으로 이 중의 한 가지 활동 또는 당신의 가족이 아이디어를 낸 활동 중 하나를 계획해보기 바란다.

하루, 한 주, 또는 한 달에 몇 분 정도밖에 안 되는 짧은 시간이 자녀와의 관계에 정말 도움이 될까? 짧은 시간일지라도 특별한 시간을 함께하는 것은, 자녀의 세계로 들어가 그들의 생각을 이해하고 부모로서의 역할을 즐겁게 수행하는 데에 도움을 줄 것이다.

자녀 문제에 대해 상담을 할 때 종종 부모들에게 그들의 자녀와 특별한 시간을 보내라고 권하는데, 때론 부모가 특별한 시간을 빼먹는 경우가 있다. 이럴 때 놀랍게도 아이들은 부모가 과제를 하지 않았다고 고자질을 한다. 십대 초반의 한 아이는 상담 도중에 "엄마가 드디어 '특별한 시간' 과제를 했어요. 그리고 엄청 재밌었어요."라고 말했다.

"뭘 했는데?"라고 상담사가 물었다. 그러면서 상담사는 아마도 그들이 어떤 영화를 보고 무엇을 먹을지 의논했고, 그 다음 주에 외식을 하고 영화도 봤다고 대답하지 않을까 추측했다.

그러나 아이는 "우린 수백 개의 초를 켜고 오디오를 크게 틀어놓고 거실에서 함께 춤을 췄어요. 다음에 또 할 거예요. 그렇죠, 엄마? 정말 최고였어요." 하고 말했다.

부모들로서는 자녀와의 특별한 시간이 이런 귀찮은 일로 채워지는 것은 원하지 않을 수도 있으리라!

그냥 함께 시간 보내기

아들과 매주 점심을 함께 한 브라이언을 기억할 것이다. 브라이언의 사례는 아버지로서 아들을 최우선에 놓고 기꺼이 점심시간을 함께한 헌신적인 노력을 보여준다.

자녀의 곁에서 시간을 함께 보내는 것만으로도 브라이언이 아들과 점심을 함께 먹은 것과 같은 효과를 낼 수 있다. 다만, 당신의 자녀가 그래서 좋았다는 이야기를 해주거나 당신에게 관심을 보이는 것을 기대하지 않는다면 말이다. 자녀가 느끼지 못하는 것처럼 보이더라도 당신이 다른 생각에 빠진 채 그냥 같은 공간에 있는 것과 온전히 자녀에게 집중해 있는 것은 전혀 다른 느낌을 준다.

사춘기 자녀의 경우 당신이 자녀에게 뭔가를 기대하면 저항을 불러온다. 많은 부모가 우리에게 불만을 토로해왔다.

"내가 시간이 있어도 아이는 여전히 저와 이야기를 하고 싶어 하지 않아요."

자녀와 시간을 보낸다는 것은 자녀가 이야기를 하기 원할 때도, 원하지 않을 때도 함께하는 것이다. 함께한다는 것은 실제로 말을 하지 않더라도 자녀의 곁에서 귀를 기울이고 있는 것을 의미한다. 즉, 말보다는 아이들 존재에 대한 관심이다. 다음은 부모가 자녀와 특별한 시간을 보내는 데 도움이 될 수 있는 5가지 조언이다.

당신이 자녀와 보내는 5분, 또는 그보다 더 짧은 시간이 주는 강력한 효과를 상상해보라.

루이 할아버지에게는 리코라는 손자가 있었다. 리코는 할아버지 딸의 의붓아들이었다. 할아버지는 특별한 시간 덕분에 리코의 행동이 좋은 방향으로 변화되는 것을 보고 크게 감동받았다.

리코는 예전에는 늦게까지 밖에서 놀았고, 방 정리를 하지 않았으며, 의욕도 없고, 학업 성적도 좋지 않았을 뿐 아니라, 친구들과도 문제가 있었다. 하지만 할아버지는 리코를 볼 때마다 "리코, 잘하고 있어."라고 말했고 그때마다 리코는 어리둥절한 얼굴로 할아버지를 쳐다보았다.

할아버지는 리코에게 수백 번도 더 "너는 잘하고 있어."라고 말했다. 어느 날 리코는 할아버지를 만나자 "할아버지, 전 할아버지가 뭐라고 할지 알아요. 제가 잘하고 있다는 거죠, 그렇죠?"라고 말했다. 할아버지는 리코를 바라보며 그저 고개를 끄덕였다. 루이 할아버지의 '특별한 시간'은 정해진 시간에 한 것도 아니었고 단 몇 초밖에 안 걸렸다. 그러나 부정적인 말만 들어오던 리코에게 할아버지의 말은 엄청난 자신감을 주었고 변화의 불씨를 지폈다.

짧은 시간에 활용할 수 있는 '특별한 시간' 활동 중 포옹은 매우 효과적인 방법이다. 십대 자녀를 안아줄 때는 사람들 앞에서 안지 않도록 조심하는 것이 좋다. 또 안으려고 하면서 유머를 사용하는 것도 좋다.

"네 나이에 웬 포옹이냐며 싫어할지도 모르지만, 의사 선생님 말이 매일 포옹을 하지 않으면 고칠 수 없는 병이래. 엄마를 살리는 셈 치고 3초만 안아줄래?"

'특별한 시간'과 형제자매 간의 경쟁

아이들은 부모와 일대 일로 충분한 시간을 보냈을 때 특별하다고 느낀다. 가족회의 시간이나 자녀 한 명, 한 명과 지내는 시간이 중요하다는 것을 알아도 실제로 그렇게 하는 것은 쉽지 않다. 아이들은 부모가 다른 형제자매 중 한 명과 특별한 시간을 보낼 때 두려움을 느끼기도 한다. 이때 불안해진 아이는 부모가 자신에게 관심을 갖게 만들려고 노력할 것이다.

아넬과 잭 부부는 15살 켈시와 10살 캐시 자매의 부모이다. 켈시는 사춘기의 정점을 찍고 있었고 가족과 이야기를 하기보다 자신의 방에서 대부분의 시간을 보냈다. 동생 캐시는 많은 관심을 요구했는데, 때론 부정적인 방법, 즉 조르거나 떼를 써서라도 부모의 관심을 끄는 데 성공하곤 했다. 부모인 아넬과 잭이 켈시와 시간을 보내려 하면 동생

캐시는 화를 냈고, 그런 동생을 볼 때면 켈시는 문을 쾅 닫으며 자신의 방으로 들어가 버리곤 했다. 아넬과 잭은 부모로서 이 같은 상황이 불편했고 뭔가 다른 방법을 써야겠다는 생각이 들었다.

가족회의에서도 이 문제에 대해 이야기를 나누어 보았지만 그다지 효과적이지 않았다. 그런데 하루는 지역신문에서 포도 축제가 있다는 기사를 보았다. 아넬과 잭은 두 딸에게 축제에 참가하고 싶은지 물어보았다. 두 딸은 놀랍게도 진심으로 가고 싶다고 말했다.

네 사람은 가족 티셔츠를 입고 포도 축제에 참가했다. 아넬은 사진을 찍었고 잭은 두 딸과 번갈아 팀이 되어 게임에 나갔다. 포도 주스 만들기 순서가 되어, 켈시와 캐시는 포도가 가득 든 커다란 나무통 안에 들어가 포도를 힘껏 밟았다. 잭은 나무통 밖에서 아래 구멍에다 손을 넣고 포도 주스가 잘 흘러나오도록 했다. 잭과 두 딸의 옷에는 온통 포도즙이 튀었다. 아넬은 포도즙을 피해 좀 떨어진 곳에서 이 장면들을 사진에 담았다. 게임이 끝날 때쯤에는 모두 함께 웃고 장난도 치며 즐거운 시간을 보냈다. 가족이 충분히 먹을 만큼의 포도 주스는 즐거운 시간을 보내고 얻은 덤이었다.

행사가 끝나고 아넬은 가족이 함께했던 사진을 페이스북에 올렸다. 가족이 다 씻고 나왔을 때 아넬이 두 딸에게 말했다.

"너희들이 지금은 서로 질투하고, 같이 있고 싶어 하지 않는다는 걸 알아. 하지만 앞으로는 서로에게 질투가 날 때 포도 주스를 온통 뒤집어쓰고 있는 이 사진들을 보면 좋겠어. 온 가족이 특별한 시간을 함께 보내며 얼마나 재미있었는지 기억해주길 바라. 그런데 우리 모두가 함께할 수 있는 '특별한 시간'을 매주 가질 수도 있지 않을까? 그때마다 사진을 찍어서 누구나 다 볼 수 있게 SNS에 올리는 거지."

그 포도 축제는 그들 가족에게 큰 변화를 가져다주었다. 청소년을 둔 가정이라면 자녀들과 특별한 시간을 보내길 권한다. 그 특별한 시간은 가족 간의 관계를 돈독하게 할 뿐 아니라, 부모는 자녀를 어떻게 격려해야 하는지 이해하게 되고 자녀는 부모의 무조건적인 사랑을 느끼게 될 것이다.

● 이 장에서 배운 친절하며 단호한 훈육법
○

1. 당신이 자녀와 정말로 힘든 시기를 보내고 있다면, 그 어떤 잔소리도 하지 않고 아이와 귀중한 시간을 함께 보내는 것이 중요하다.

2. 만약 자녀와 좋은 관계가 아니라면 자녀가 당신에게 마음의 문을 열 것이라고 기대하지 마라. 좋은 관계란 당신의 희망 사항을 자녀에게 말한다고 해서 형성되는 게 아니라, 당신이 시간을 들여 자녀가 어떤 사람인지 알아가는 과정을 통해 만들어진다.

3. 특별한 일 없이 그냥 함께 시간을 보낸다. 당신이 자녀와 의미 있는 시간을 시작할 때 이것이 최고의 방법이다.

4. '자녀와 특별한 시간을 보내는 방법'을 참고하여 일상적으로 특별한 시간을 보낼 방법을 자녀와 함께 찾아본다.

○
●

실전 연습

만약 당신이 일상생활 속에서 자녀와 함께 하는 즐거운 활동을 시작한다면, 자녀와의 관계가 놀랄 만큼 금세 좋아지는 것을 느낄 수 있을 것이다. 또 당신 역시 자신의 삶을 더욱 즐길 수 있게 될 것이다. 물론 해결해야 할 일도 많고 바쁜 일상에 사로잡힐 수도 있다. 그러나 자녀와의 활동을 고수한다면, 즐거운 시간을 갖는 것이 얼마나 중요한지 되새길 수 있다. 그 과정에서 활동을 계속해야 할 동기와 영감을 얻게 될 것이다.

'자녀와 특별한 시간을 보내는 방법'을 보고 당신이 하고 싶은 활동을 체크한다. 그리고 자녀에게도 보여주고 다른 색깔로 하고 싶은 활동에 표시하게 한다. 다른 가족도 각기 다른 색깔로 표시하게 한다.

한 사람 이상이 표시한 활동들을 뽑아 '우리 가족이 함께 할 즐거운 활동'이라고 쓴다. 여기에 가족이 하고 싶은 다른 활동이 있는지 브레인스토밍을 해서 추가한다.

가족 구성원은 각각 자신이 하고 싶은 활동에 대해 발표를 하고, 나머지 구성원들이 모두 동의하면 일정을 잡아 달력에 표시한다. 가족 모두가 좋아하는 활동이 일정으로 정리될 것이다. 그 다음은, 함께 즐긴다.

9장

무능력하게 만드는 훈육,
힘을 길러주는 훈육

자립을 위한 준비

인정하기 싫지만, 내가 스스로 할 수 있는 일을 다른 사람이 대신 해주고 돌봐주고 특별하게 대해주는 것은 기분 좋은 일이다. 그러나 부모가 자녀를 이와 같은 방식으로 대하면 우리는 그것을 '무능력하게 만드는 훈육'이라고 부른다. 부모가 너무 심하게 통제한다고 불평하는 만큼, 아이들은 부모의 훈육 방법이 '무능력하게 만드는 훈육'에서 갑자기 '힘을 길러주는 훈육'으로 바뀐다 하더라도 열광하지 않을 수도 있다.

두 방법의 차이점은 무엇일까? '무능력하게 만드는 훈육'이란 자녀가 스스로 할 수 있는 일을 자녀를 위해 대신 해주는 것이다. 이것은 자녀가 삶의 경험을 직접 하는 것을 방해한다. 부모가 이런 훈육 방식을 택하게 되는 것은 흔히 두려움, 걱정, 죄책감, 수치심의 영향이다. 이 유형의 부모는 자녀가 스스로 삶의 경험들을 다룰 수 있을 거라는 믿음이 다소 부족하다.

반면 '힘을 길러주는 훈육'은 자녀가 경험을 할 수 있도록 자녀와 세상 사이에 끼어들지 않고 옆으로 물러나, 그러나 자녀가 닿을 수 있는 거리에서, 그 과정을 지지하고 격려하는 방식이다.

이 유형은 자녀가 실수를 하거나, 스스로 최선을 다하기 위해 격려가 필요할 때 도움을 주는 것이다. '자녀를 위해서'가 아니라 '자녀와 함께 하는' 것을 의미한다. 부모가 해야 하는 것은 부조종사 역할이다. 자녀가 할 수 있을 거라는 믿음을 가지고 도움을 요청할 때를 기다리며 곁에 있어주는 것이다. '힘을 길러주는 훈육'을 통해 아이들은 실수로부터 배우는 과정을 연습하고 능력이라는 근육을 키울 수 있다.

만약 부모가 항상 자녀를 통제하거나 대신 해주다가 어느 날 갑자기 사라지게 되면 어떤 일이 벌어질까? 당신은 자녀가 자립적인 삶을 살아가도록 어떤 준비를 시켜주고 있는가? 만약 자녀가 실패하는 것을 허용하지 않는다면, 자녀는 실패로부터 배울 기회를 가질 수 없을 것이다. 자신을 지지해주는 분위기(공감, 호기심 질문을 통해) 속에서 자녀가 스스로 선택하고 그 결과를 경험하는 기회를 갖지 못한다면, 부모가 곁에 없을 때 자기 선택에 대한 결과를 어떻게 감당할 수 있겠는가?

이번 장에서는 힘을 길러주는 훈육의 방법들을 다룬다. 이러한 방법들을 통해 자녀들은 내적 동기를 기를 수 있다. (상과 벌은 외적 동기에 의존하도록 만든다.) 부모가 해야 하는 최고의 역할은 아이가 할 역할을 대신 해주는 것이 아니라, 자녀가 스스로 자아를 형성하고 장기적으로 자립적인 삶을 살 수 있는 삶의 기술을 배워 나가도록 훈육하는 것이다.

십대 자녀를 무능력하게 만드는 훈육 방식

• 아이를 따라다니며 옷을 준비해주거나 책가방을 챙겨주거나 학교 갈 준비를 대신 해준다.

• 아이가 용돈을 다 썼을 때 용돈을 더 주거나 돈을 빌려준다. 또는 집안일을 해주면 용돈을 준다.

• 아이의 숙제를 대신 해주거나 깜빡한 준비물을 학교에 대신 가져다 준다.

• 자녀가 학교에 결석하거나 과제를 못 했을 때 교사에게 대신 거짓으로 변명해준다.

• 아이가 과제가 많다고 하면 안쓰러워하며 아이 몫의 집안일이나 책임을 면제해준다.

• 자녀와의 갈등을 피하기 위해 명백히 문제가 있는데도 괜찮은 척한다.

• 자녀가 원하는 것을 모두 사준다. 왜냐하면 다른 모든 아이들이 가졌으니까.

십대 자녀의 힘을 길러주는 훈육 방식

- 훈계하거나 잘못을 지적하지 않고 지지하고 공감하며 듣는다.
- 삶의 기술들을 가르쳐준다.
- 가족회의를 통해, 동의하기나 함께 문제를 해결하는 과정을 경험하게 한다.
- 자녀가 경험하게 해준다(방종과 다름).
- 부모가 결정을 내릴 때에도 자녀를 존중하는 태도로 대한다.
- 설교나 훈계, 잔소리를 하지 않고 부모의 생각이나 바라는 것, 감정을 자녀와 나눈다.

때로는 힘을 길러주는 훈육 방식이 부모가 아무것도 하지 않는 것처럼 느껴지기도 한다. 왜냐하면 벌이나 통제의 방식을 사용하지 않기 때문이다. 그러나 힘을 길러주는 훈육 방식은 장기적으로 매우 효과적이다. 다음의 두 가지 표현 목록을 보면, 우리가 무능력하게 하는 훈육에는 익숙한 반면 힘을 길러주는 훈육에는 얼마나 미숙한지 확실히 알 수 있다. 자녀를 무능력하게 만드는 훈육 방식은 마치 제2의 천성인 것처럼 대부분의 부모에게 익숙한 방식이다.

우리는 종종 긍정훈육 워크숍과 강의에서 역할극을 진행하곤 한다. 참가자 중 19명의 지원을 받아 9명의 부모에게는 '무능력하게 만드는 훈육 방식'의 부모 역할을, 또 다른 9명에게는 '힘을 길러주는 훈육 방식'의 부모 역할을 맡기고, 나머지 한 명은 자녀 역할을 하게 한다.

자녀 역할자는 숙제와 관련해 '무능력하게 만드는 훈육 방식'의 부모 역할자 9명의 이야기를 차례로 들으며, 속으로 어떤 생각과 감정이 들고 어떤 마음을 먹게 되는지 스스로 살펴본다.

십대 자녀를 무능력하게 만드는 표현들

1. 또 미루다니 믿을 수가 없구나. 너 뭐가 되려고 이러니? 알았어, 이번은 내가 해주겠지만 다음에는 그 대가를 톡톡히 경험하게 할 거야.

2. 울 애기, 용돈 올려주고 스마트폰을 사주니까 숙제를 더 잘하는구나.

3. 숙제를 잘하면 용돈도 올려주고 스마트폰도 최신형으로 바꿔줄게.

4. 엄마가 너 대신 네 외투 챙기고 춥지 않게 차 데우고 있을 테니까, 너도 서둘러.

5. 너를 이해할 수가 없구나. 네가 맡은 집안일도 내가 대신 했고 아침에도 일찍 깨워줬잖아. 시간 아끼라고 어디든 차로 데려다주었고 도시락도 싸주었는데… 어떻게 이럴 수가 있니?

6. 알았어, 네가 오늘 아프다고 선생님께 대신 이야기해줄게. 하지만 다음번엔 이러지 않겠다고 약속해야 해.

7. 이걸 마치기 전까지는 외출도 TV도 친구도 모두 금지야.

8. 좋아, 뭐 놀랍지도 않아. 네가 TV 보느라 늦게 자고, 친구랑 노닥거리느라 네 인생을 허비하는 것을 지금까지 봐왔으니까.

9. 숙제 먼저 하라고 몇 번이나 말했니? 네 형처럼 좀 해봐. 커서 뭐가 되려고.

당신이 이런 말을 들은 청소년이라고 상상해보자. 어떤 생각, 감정이 드는가? 무언가를 시도하고 싶은 용기가 생기는가? 부모에게서 도움과 격려를 받고 있다는 생각이 드는가? 이런 말을 듣는다면, 좀 더 잘하기 위해 더 노력해야지, 하는 결심을 하게 될까? 자녀 역할자들에게 이런 말을 들은 후의 소감을 물어보면, 낙담하게 되고 하기 싫어지며 복수하고 싶고 화가 난다고 대답한다.

이번에는 힘을 길러주는 다음의 표현들을 들으며 어떤 생각, 감정, 마음이 드는지 살펴보자.

십대 자녀의 힘을 길러주는 표현들

1. 숙제에 대한 네 계획이 궁금해. 가능한 해결책을 함께 이야기해볼까?
2. 점수가 낮아서 네 기분이 나쁘구나. 하지만 이번 일을 통해 네가 뭔가를 배웠을 거라 생각해. 그리고 다음에는 네가 원하는 점수를 받을 수 있는 길을 찾아내리라 믿어.
3. 너를 구해줄 수는 없을 것 같아. 선생님 전화가 오면 네가 직접 그 문제에 대해 이야기해야 해(존중하는 태도와 목소리 톤이 중요하다).
4. 이것이 너에게 어떤 의미인지 궁금하구나.
5. 우리가 적당한 시간을 미리 정한다면 일주일에 두 번, 저녁에 한 시간씩 정도는 나도 시간을 낼 수 있어. 그러나 임박해서 시간을 내달라고 하면 곤란해.
6. 나는 네가 대학에 가길 바라지만 대학이 네게도 중요한지는 확신할 수 없구나. 대학 진학에 대한 너의 생각이나 계획에 대해 함께 이야기를 나누면 좋겠다.

7. 지금 그 이야기를 하기엔 내 기분이 너무 안 좋구나. 가족회의 안건으로 올려두고 내 감정이 좀 가라앉으면 그때 이야기를 나누자꾸나.
8. 우리 잠시 앉아서 서로 고생하지 않으려면 숙제를 어떻게 해야 할지 계획을 세워볼까?
9. 엄마는 지금 이대로의 너를 사랑해. 그리고 너의 선택을 존중해.

청소년 입장에서 이런 말을 듣는다면 분명 용기를 더 얻을 수 있을 테고, 부모님이 자신을 사랑하고 있으며 믿음을 갖고 있다는 것을 느끼게 될 것이다. 그리고 실수를 하더라도 거기에서 무언가를 배우는 삶의 자세를 깨우칠 수 있다. 또한 더 나은 자신의 삶을 위해, 하고 싶은 것과 해야 하는 것의 조화를 이루는 삶을 생각하게 된다. 역할 체험에 참여한 자녀 역할자들은, 이런 이야기를 들으면 부모의 말에 단순 반응하기보다는 책임 있게 행동하는 것에 대해 생각하게 된다고 말한다.

힘을 길러주는 훈육 – 장기적으로 효과 있는 훈육법의 기초

부모들에게 자녀가 가졌으면 하는 사회적 기술들에 대해 물어보면 책임감, 존중, 협력, 자신감, 자존감, 배려, 유머 감각, 행복, 정직, 호기심, 스스로 하기, 회복력, 할 수 있다는 믿음, 사랑, 공감 등을 이야기한다. 그런데 앞에서 본 무능력하게 만드는 표현들을 들려준 후, 이런 말을 듣고 자란 청소년들이 어떤 사회적 기술을 배울 수 있겠느냐고 물으면, 사회적 기술을 배우기는커녕 어떤 책임감도 느끼기 어려울 거라고 대답한다. 반면에 힘을 길러주는 표현들을 들려준 후에 똑같이 물어보면, 그런 말을 듣고 자란 아이들은 위에서 언급한 다양한 사회적 기술을 배울 수 있을 거라고 대답한다.

힘을 길러주는 훈육은 아이들에게 용기를 주며 이 용기는 어려움을 겪을 때 대처하는 능력, 즉 회복 탄력성을 갖게 한다. 청소년기에는 감정 기복이 크며, 부모보다는 친구가 더 중요해지고, 세상의 다양한 유혹을 경험하기도 한다. 소수의 청소년들은 어려움을 직면할 용기가 부족해 자살 충동을 겪기도 한다. 그들은 실수와 실패가 세상의 끝이 아닌 배움의 기회임을 배우지 못한 것이다.

청소년 자녀에게 용기를 주는 법

- 자녀와 당신 스스로를 신뢰한다.
- 실수는 배움의 기회임을 알려준다.
- 벌을 주거나 어려운 순간에 대신 해주기보다 다시 할 수 있는 기회를 준다.
- 문제를 해결하기 위해 동의 과정을 거치거나 함께 해결책을 찾아본다.
- 오늘은 오늘이다. 내일은 오늘 배운 것을 적용할 수 있는 또 다른 날이 열린다는 것을 알려준다.

대부분의 사람들은 책임감 있는 청소년은 실수를 하지 않을 거라고 생각한다. 그러나 이것은 잘못된 생각이다. 책임감이란 실수를 직면할 능력과 그것을 성장의 기회로 삼는 것을 의미한다. 즉 자신의 삶에 영향을 미치는 자신의 결정, 행동, 선택들에 대한 책임 있는 행동인 것이다.

청소년 자녀의 책임감을 길러주는 법

- 무책임하다는 것을 의식할 수 있게 돕는다(대신 해주거나 잔소리하지 않는다).
- 호기심을 가지고 질문하거나 부드러운 대화로써, 아이가 자신의 선택으로 어떤 결과가 생겼는지 탐구하도록 돕는다.
- 실수에 대한 벌을 주지 않는다.
- 실수를 해결할 수 있도록 해결 기술을 가르친다.
- 자녀가 안쓰럽다고 해서 고통의 순간에서 구출하지 않는다(어려운 순간을 이겨내면서 청소년들은 자신이 능력이 있다고 느끼며 용기를 얻게 된다).
- 친절하며 단호하게 책임감을 가르친다.
- 당신의 유머 감각으로 자녀가 지나치게 진지해지지 않도록 돕는다.

긍정훈육협회의 켈리 파이퍼는 청소년 자녀가 자신의 능력을 신뢰하고 또 실제로 그러한 능력을 갖출 수 있게 도와주는 20가지 방법을 제시하였다(www.thinkitthroughparenting.com). 그중 몇 가지만 여기에 소개한다.

1. 일주일에 한 번은 자녀가 저녁을 준비하도록 한다.
2. 자녀를 위해 세탁해주지 말고 스스로 하는 법을 가르친다.
3. 치과 치료 등 예약을 혼자서 하게 한다.
4. 자녀가 운전을 한다면 자동차에 주유를 하거나 엔진오일 등을 체크할 수 있게 한다.
5. 자녀가 약속한 것을 지키는 과정을 믿음을 가지고 곁에서 지켜본다.
6. "이것은 너의 과제야. 네가 할 수 있을 거라 믿어."라고 말하는 것을 주저하지 않는다.

다음에 이어질 주제별 이야기를 통해, 각각의 상황별로 자녀를 무능력하게 만드는 훈육법과 힘을 길러주는 훈육법의 차이를 잘 이해할 수 있을 것이다. 여기서 힘을 길러주는 훈육법은 2가지로 나누어놓았다. 사람에 따라 '시작하기' 단계를 선호할 수도 있지만, 바로 '나아가기' 단계로 갈 수도 있다(각 단계별로 하나 이상의 선택 활동이 제시되어 있다). 내용을 이해했다면 자신만의 활동으로 변형을 할 수도 있다. 당신의 자녀가 어떻게 변화할지에 대해 고민하기보다 당신이 오늘 할 수 있는 일에 집중한다면 더욱 성공할 가능성이 높다. 오늘 당신이 가르친 사회적 기술이 자녀의 내일을 만든다.

자동차와 운전

(우리나라와 달리 미국에서는 만 16~17세가 되면 운전면허증을 딸 수 있다.—옮긴이)

무능력하게 만드는 훈육법

자녀에게 자동차를 사준다. 보험과 기름 값을 모두 지불한다. 만약 시험 점수가 떨어지면 차 열쇠를 뺏을 거라고 위협하며 자녀를 통제하려 한다.

힘을 길러주는 훈육법 – 시작하기 단계

• 가족의 차를 어떻게 나누어 사용할지에 대해 의논한다. 자동차를 나누어 운전한다는 것은 부모나 형제의 심부름도 해주어야 하는 것임을 미리 알려준다.

- 당신이 보는 앞에서 운전하게 한다. 당신은 자녀의 운전을 보며 운전 기술과 자신감 등을 살핀다. 해야 할 조언이 있다면 자녀에게 조언을 듣길 원하는지 물어보고 운전에 관한 조언을 해준다.
- 가족의 차를 함께 관리한다.
- 자동차 잡지나 자동차 용품점을 통해 자녀의 관심과 흥미를 함께 나눈다.
- 자동차를 관리하는 데 드는 비용을 모두 적어본다. 이 중 어떤 항목을 지원할지 부모가 결정한다.

힘을 길러주는 훈육법 - 나아가기 단계

- 학생 할인을 받을 수 있는 보험료를 알아보게 하고 보험료와 자동차 비용의 절반을 지불할 수 있도록 저금을 해야 한다고 이야기한다.
- 만약 할인을 받은 보험료와 기름 값을 지불할 만큼 충분한 돈을 모았다면 중고차나 가족이 쓰던 차를 주고 관리만 하게 한다.
- 차 없이 대중교통을 이용하여 생활할 수 있는 방법에 대해 이야기를 나누고 실제로 해본다.
- 친구들 차를 함께 이용하게 해서 꼭 자기 차가 없어도 생활할 수 있음을 경험하게 한다.
- 보험료에 대해 함께 알아보고 어떤 할인을 받을 수 있는지 이야기를 나눈다.
- 보험으로 처리 가능한 부분과 그렇지 않은 부분에 대해 이야기를 나누고 수리 과정에 대해서도 대화한다.
- 자녀와 장거리 자동차 여행을 한다(자녀가 운전한다).

- 어디서, 언제, 어떻게 차를 쓸 건지에 대해 약속을 정한다.

형제자매 간의 다툼

무능력하게 만드는 훈육법

모든 다툼에 부모가 개입하며, 누가 싸움을 시작했는지 확실히 아는 것처럼 한쪽 편을 든다. 가해자와 피해자를 갈라, 가해자에게는 벌을 주고 피해자 편을 들어준다. 즉 가해자와 피해자로 나누는 방식이다.

힘을 길러주는 훈육법 - 시작하기 단계

- 자녀가 다른 형제자매에 대해 어떻게 생각하는지 함께 이야기를 나눈다.
- 형제자매 중 당신이 특별하게 어떤 자녀와 더 시간을 보내는지 스스로 생각해본다.
- 당신 자신의 형제자매 문제에 대한 당신의 태도를 돌아보고, 그게 훈육 방법에 어떻게 영향을 주는지 생각해본다.
- 손위 자녀가 동생들을 훈육할 거라고 기대하지 않는다.
- 잘못을 저질렀을 때 엉뚱한 자녀에게 벌을 주지 않는다.

힘을 길러주는 훈육법 - 나아가기 단계

- 격려와 감사를 나눌 수 있는 정기적인 가족회의를 가진다.
- 자녀들의 다툼에 개입하지 않는다. 만약 신체적인 다툼이나 자녀

들이 해결할 수 없는 상황이면, 싸움을 중단하고 각자 방에 가서 진정하도록 한다(미리 규칙으로 정해둔다).

• 자녀들의 다툼을 가족회의 안건으로 다루고 가족이 함께 해결책을 찾는다.

• 착한 아이, 나쁜 아이로 가르지 않고, 문제를 함께 해결해주기 바란다고 알려준다. 필요하다면 부모가 도움을 줄 수도 있고 상담사 등의 도움을 요청해도 된다고 말한다.

• 차에서는 각자 어느 자리에 앉을지, 방은 어떻게 나누어 쓸지, 좋아하는 TV 프로그램은 어떻게 나누어서 볼지 등에 대한 계획을 세우도록 한다.

• 서로 다름을 고마워하고 격려한다. 절대로 우열을 비교하지 않는다.

파티와 모임

무능력하게 만드는 훈육법
자녀가 파티에 참석하는 것을 무조건 금지한다. (자녀들이 "친구네 집에서 잘게요."라고 하면 그 말을 믿지 않는다.)

힘을 길러주는 훈육법 – 시작하기 단계
• 부모가 걱정하는 것을 솔직하게 이야기한다. 자녀에게 친구들과의 파티가 왜 좋은지 물어본다.

• 당신이 청소년이었을 때를 생각해본다.

- 자녀들의 친구와 그 부모들을 초대해 파티를 연다.
- 아이들끼리의 파티를 허락한다. 부모는 방에 있으면서 파티에는 최대한 개입하지 않는다. 부모가 없는 빈 집에서는 아이들끼리 파티를 하지 않도록 한다.
- 파티에 대한 청소년들의 생각을 알 수 있는 기사를 찾아 읽어본다.
- 부모가 없는 집에 주말 동안 자녀끼리만 두지 않는다.
- 과제가 끝난 기념으로 가족이 함께 축하의 밤을 가진다.
- 한 해의 마지막 날 밤에 자녀와 함께하며 새해 첫날을 함께 맞는다.
- 자녀가 술을 마신다면 아무것도 묻지 않고 차로 데리러 가기로 약속한다.

힘을 길러주는 훈육법 – 나아가기 단계

- 자녀에게 파티에서 어떻게 행동할 것인지 물어본다. 파티에서 불편한 일이 있으면 어떻게 할지 역할극처럼 해볼 수도 있다. 자녀가 도움을 요청하고 싶을 때 사용할 암호, 예를 들어 "개에게 먹이를 주는 것을 까먹었어요." 같은 암호를 미리 정한다.
- 현실적으로 생각해보자. 십대들의 파티다. 많은 청소년이 파티라고 하면, 부모가 안 보는 곳에서 술을 마시거나 담배를 피우는 것 같은 일탈 행동을 해보는 것을 떠올린다. 혹은 이성 간의 스킨십을 생각할 수도 있다. 부모로서는 이런 파티를 좋아할 수가 없고 아마도 금지하려고 할 것이다. 하지만 그보다는 자녀와 열린 마음으로 진솔한 이야기를 나누는 편이 훨씬 낫다. 그래서 자녀가 대화를 하겠다고 하면, 부모는 절대 평가하거나 비난하지 말아야 한다.

- 부모는 자녀의 세계를 알아야 하고 신뢰를 가져야 한다. 그리고 자녀에게 문제 상황을 해결하는 기술을 가르쳐야 하고, 자신감을 갖고 스스로에게 이로운 일을 할 수 있도록 가르쳐야 한다.
- 미리 운전할 사람을 정해서(혹은 몇 시에 무엇을 탈 것인지 정해놓는다.) 그 사람은 술을 마시지 않도록 한다. 파티가 끝났을 때, 운전하는 사람은 안전하게 데려다줄 수 있도록 조심한다.

옷, 머리 모양, 문신(타투), 피어싱

무능력하게 만드는 훈육법

윽박지르기, 벌주기, 보상하기 등의 방법으로 부모가 원하는 모습으로 살아가도록 하는 것이 자녀를 무능력하게 만드는 대표적인 방법이다. 자녀가 할 수 있는 것과 할 수 없는 것을 부모가 통제함으로써 자녀와 힘겨루기하는 상황을 벌인다.

힘을 길러주는 훈육법 – 시작하기 단계

- 학교 정문 밖에 당신의 차를 잠시 주차하고 차 안에서 지나가는 다른 학생들을 관찰한다.
- 쇼핑몰에 가서 청소년들의 옷차림이나 문신, 피어싱 등을 관찰한다.
- 부모 스스로 자신의 물질주의를 돌아본다. 자녀와 옷을 구입할 수 있는 용돈을 정하고 그것을 지킨다.
- 자녀가 예산을 초과해서 지출을 하면 실수로부터 배울 수 있는 기

회를 주고, 훈계나 잔소리를 하지 않는다.

- 청소년 때의 차림을 어른이 되어서도 유지할 것이라는 생각을 버려라. 다만 지워지지 않는 문신과 같은 경우는 예외이다.

- 자녀와 미용실이나 메이크업을 위한 약속 시간을 정한다.

- 자녀가 귀를 뚫거나 피어싱을 하고 싶어 한다면 가격과 그 시술 과정, 그리고 얼마나 아픈지, 어떤 곳이 안전한지, 또 나중에 마음이 바뀌어 피어싱을 없앨 때 어떻게 해야 하는지 등을 인터넷으로 함께 알아본다.

- 피어싱과 문신 등은 자녀가 몇 살이 되어야 가능할지 마음속으로 정한다. 또는 자녀에게 18살이 될 때까지는 기다려야 한다는 것을 알려준다.

- 문신과 피어싱 등은 자녀가 성장하는 과정에서 소속감과 자존감을 가지려는 의식과 상징의 하나라는 것을 기억한다.

- 호기심을 가지고 자녀에게 물어본다. "외모 중에서 어떤 부분이 중요하다고 생각하니? 어른이 되면 외모에 대해 어떻게 생각할 것 같아(외모에 대한 너의 우선순위가 바뀔 것 같니)?"

힘을 길러주는 훈육법 – 나아가기 단계

- 인물 사진을 찍는다. 그 과정을 즐겨라.

- 자녀가 위생에 관심이 없다면 일과에 넣어서 관철시켜라.

- 자녀가 자신의 외모를 꾸미는 것에 선택권을 주되, 부모가 원하는 특정한 순간이나 일정에는 부모의 의견을 따라줄 것을 요청한다.

- 자녀와 함께 쇼핑몰에 간다(하지만 함께 다니지 않고 각자 쇼핑을 할 수

있다). 자녀의 선택권을 존중한다.

- TV 광고에서 너무 많은 영향을 받지 않도록 TV 시청을 조정한다 (TV를 없애버린다).

- 문신이나 피어싱을 하는 가게에 자녀와 함께 찾아가서 상담한다. 시술 후 마음이 바뀌었을 때 없애는 비용 등에 대해서도 같이 물어본다.

- 부모가 좋아하는 것과 싫어하는 것을 솔직하게 이야기한다. 문신이나 피어싱 등은 부모와 자녀가 서로 합의가 되면 하는 것으로 하고, 합의점을 찾기 위한 대화의 기회를 항상 열어둔다.

- 당신의 반대에도 불구하고 자녀가 문신을 한 채 집에 몰래 들어온다면, "여전히 널 사랑한단다."라고 말해주고 당신이 청소년기에 부모님이 싫어하는 일을 했던 경험을 자녀와 함께 나눈다.

귀가 시간

무능력하게 만드는 훈육법

자녀와 상의 없이 일방적으로 귀가 시간을 정한다. 자녀가 귀가 시간을 어길 때마다 외출 금지라고 말하면서도 실제로 관철시키지는 못한다. 아니면 자녀가 하고 싶은 대로 하도록 그냥 내버려 둔다.

힘을 길러주는 훈육법 – 시작하기 단계

- 귀가 시간을 정하고, 그에 대해 자유롭게 이야기할 수 있다는 것을

알려주고 서로가 동의해야 한다는 것을 말해준다.

- 부모로서 상황이 안전하다고 느낀다면, 귀가 시간에 대해 융통성이 있다는 것을 알려준다.
- 다른 집은 귀가 시간이 어떻게 되는지 물어본다("어느 집이나 귀가 시간이~"처럼 일반화해서 말하지 않는다).
- 몇몇 가족이 함께 모여 자녀들의 귀가 시간에 대해 함께 이야기를 나눈다.

힘을 길러주는 훈육법 – 나아가기 단계

- 몇 시까지 돌아올지 자녀가 이야기하도록 한다. 그리고 그 시간을 지킬 수 있도록 한다. 만약 그 시간에 돌아오지 않으면 부모가 귀가 시간을 정할 것이고 그 시간을 지켜야 함을 알려준다. 부모와 자녀 모두 잘 적응하면 비로소 다시 귀가 시간을 정할 수 있다고 말해준다.
- 룸메이트와 이야기하듯, 서로 존중하는 태도로 귀가 시간에 대해 이야기를 나눈다. 만약 귀가 시간을 지키지 못할 경우는 미리 전화를 해서 허락을 받아야 한다는 것을 알려준다.
- 자녀가 부모님이 없는 곳에서 밤늦게까지 놀겠다고 한다면 주저 없이 "안 돼!"라고 말한다. 때로 부모는 악역을 맡아야 한다. 드물게는(일 년에 한두 번쯤은) 자녀가 스스로를 조절하지 못하고 지쳐 쓰러질 때까지 놀려고 할 때가 있다. 그런 순간에는 안 된다고 단호하게 말한다.
- 청소년의 세계를 이해하려 노력한다. 다양한 질문을 통해 청소년

의 세계를 알 수 있다. 또 가족회의나 역할극, 함께 문제 해결하기, 특별한 시간을 통해서도 알 수 있다.

- 당신의 자녀가 하고 있는 일과 그것이 그들의 삶에 어떤 영향을 미치는지에 대해 생각할 수 있도록 격려하고 자녀에게 믿음을 표현한다.

용돈

무능력하게 만드는 훈육법

어떻게 용돈을 쓸지 의논하지 않은 채 용돈을 충분하게 준다. 더욱이 자녀가 용돈이 떨어졌을 때, "땅 파면 돈이 나오니?"라며 훈계를 하거나 "다음에는 잘 써야 돼."라며 다시 용돈을 준다.

힘을 길러주는 훈육법 – 시작하기 단계

- 용돈과 집안일을 연계하는 것은 좋지 않다.
- 자녀가 용돈을 다 써버렸을 때 구제하지 않는다. 아이가 용돈을 잘못 사용했다면 그 실수로부터 배움을 얻을 수 있도록 한다.
- 자녀에게 특별한 일을 주고 그에 대한 대가를 줄 수는 있다. 이는 일상적인 집안일과는 달라야 한다. 그 일을 다 했을 때 자녀에게 돈을 지급하되, 이때 자녀가 한 일의 결과가 당신의 기준을 충족해야 한다.
- 만약 자녀에게 대출을 해준다면, 적은 금액부터 시작해야 한다. 얼

마나 갚았고 얼마나 남았는지를 기록해야 한다. 당신과 신뢰를 쌓기 전까지 큰 금액을 대출해주지 않는다.

• 어떤 물건을 구입할 때 자녀와 총액을 나누어서 구입할 수도 있다. ―"아빠가 반을 부담할 테니 네가 반을 보태렴."

힘을 길러주는 훈육법 ― 나아가기 단계

• 용돈을 어디다 쓸 건지에 대해 자녀와 이야기를 나눈다. 적절한 이유를 대지 못한다면 용돈을 올리지 않는다.

• 옷 구입을 위해 일 년에 두 번 용돈을 지급한다. 만약 다 써버리고 옷값을 더 달라고 하면, 안됐지만 이번의 잘못을 통해 다음번에는 옷값을 받으면 더 잘 쓸 수 있을 거라고 말하며 신뢰를 보인다.

• 필요하다면 자녀가 자신의 용돈을 벌기 위해 아르바이트를 할 수도 있다(일주일에 몇 시간 정도).

• 자녀가 용돈으로 자신의 휴대전화 요금을 지불할 수 있다. 적은 금액이라도 책임감을 기르는 데 많은 도움이 된다.

집안일

무능력하게 만드는 훈육법

아이들에게 집안일을 시키지 않는다. 괜히 집안일로 힘겨루기 상황을 만들지 말자고 생각한다. 아이들은 금방 자란다(어른이 되면 할 수밖에 없으니 지금은 봐주자).

힘을 길러주는 훈육법 - 시작하기 단계

- 집안일은 모두가 하는 것이다.
- 가족회의를 할 때 집안일을 나누고 그 일을 언제, 어떻게 할지 이야기한다.
- 집안일 목록을 함께 만든다.
- 집안일을 정한 대로 완수할 수 있도록 관철한다.
- 다음날이 시험일이어도 자신이 맡은 일은 해야 한다. 다만 자녀의 요청이 있으면 시간을 옮기거나 서로 일을 바꾸어서 할 수 있다.

힘을 길러주는 훈육법 - 나아가기 단계

- 요리, 장보기, 빨래, 다림질, 세차, 청소 등의 집안일에 자녀를 함께 참여시킨다. 이는 자녀가 어른으로 성장하는 과정이다.
- 자녀의 바쁜 일정을 고려한다. 그러나 아주 작은 일일지라도(라면 끓이기 등) 가족을 위해 할 수 있는 일을 찾도록 요구한다.

방 청소

무능력하게 만드는 훈육법

더러운 자녀의 방에 대해 잔소리를 한다. 말로는 이러면 다 갖다 버리겠다고 협박하지만 행동으로는 대신 청소해준다.

힘을 길러주는 훈육법 – 시작하기 단계

• 자녀와 함께 자녀의 방에 필요한 수납장 등을 함께 구입한다.

• 자녀에게 자기 방을 꾸밀 수 있도록 해준다.

• 일주일에 한 번은 청소를 해야 한다고 알려주고, 혼자서 할지 부모의 도움이 필요한지 물어본다.

힘을 길러주는 훈육법 – 나아가기 단계

• 자녀의 방은 자녀가 원하는 대로 하게 한다. 방으로 가져간 그릇이나 컵 등은 싱크대에 갖다 놓기로 약속한다. 약속을 했다면 관철시킨다.

• 자녀가 때가 되면 스스로 방을 치울 수 있을 것이라는 믿음을 가진다. (어릴 적에 엄청 어지르던 사람이 어른이 되어 아주 깔끔하게 치우는 사람이 되기도 한다. 물론 다 그런 것은 아니지만.)

• 자녀에게 방을 꾸밀 수 있는 특별 용돈을 주고, 자신의 방을 새로 단장하게 한다.

이성 교제와 성교육

무능력하게 만드는 훈육법

우리 아이는 이성 교제도, 성에도 관심이 없을 거라고 생각한다.

힘을 길러주는 훈육법 – 시작하기 단계

• 너무 예민하게 반응하지 않는다. 사귀다가도 일주일 만에 깨질 수 있다. 부모가 관심을 보이지 않으면.

• 사귄다는 개념은 나이에 따라 그 의미가 다르다. 당신의 자녀는 사귄다는 것을 어떻게 이해하고 있는지 이야기를 나누어본다.

• 성에 대해서도 마찬가지이다. 당신의 자녀는 성에 대해 당신과 매우 다른 정의를 가지고 있을 것이다.

• 자녀와 피임에 대해서 이야기를 나눈다. 부모로서 당신의 생각을 말해주고 자녀의 이야기를 들어본다. 청소년 자녀는 신체적으로는 성관계가 가능하지만 아기를 낳아 키울 상황은 아니다. 자녀가 아직 어려서 성관계가 가능하지 않더라도 멀리 있는 문제가 아니다. 아이가 관심을 갖는다면, 그 문제에 대해 건강하게 이야기할 공간과 대상이 필요하다는 것을 알아야 한다.

• 10~12세가 되면 자녀를 영화관이나 쇼핑몰에 데려다주고 아이들끼리 시간을 보내게 할 수 있다. 그런 다음 다시 데리고 온다.

• 13~19세가 되면 자녀가 남녀 학생이 함께 어울리는 파티나 모임에 참여할 수 있고 이때 부모는 보호자 역할로 함께한다.

• 여럿이 함께 하는 활동을 장려한다.

• 자녀의 이성 친구를 가족 모임이나 행사에 초대해 함께 시간을 보낸다.

힘을 길러주는 훈육법 – 나아가기 단계

• 자녀가 이성교제를 할 준비가 되었다면 하게 한다. 다만 항상 관심

을 가지고 열린 대화를 이어간다.

- 이성 간의 성관계에 대해 부모가 어떤 생각을 하고 있는지 분명하게 말한다. 그리고 자녀의 생각을 들어본다.

- 몇몇 여학생들은 남자친구가 하는 부탁을 거절하기 힘들어서 성관계를 맺는 경우가 있다는 것에 대해 함께 이야기를 나눈다. 성관계 요구를 들어주지 않는다고 친구가 될 수 없다고 한다면, 그런 이성 친구는 거절할 줄 알아야 한다는 데 대해 이야기를 나눈다.

- 가능한 상황을 설정해 역할극을 해볼 수도 있다. 예를 들어, 차 뒷자리에서 이성 친구와 함께 있으면서 서로 감정적으로 연결되는 것과 같은 상황을 다룰 수 있다. 그럴 때 자녀들이 지금 당장 원하는 것과 미래에 자신이 원하게 될 것에 대해 생각해보게 할 수 있다.

- 자녀가 성에 관심이 많다면 피임에 대해 이야기를 나누어야 한다. 자녀의 이성 친구는 성관계를 원하더라도 피임 이야기를 하는 것은 불편해할 것이다.

- 이성 간에 강제적인 성관계가 많다는 것을 교육하고, 이성과 단 둘이 있기보다는 친구들과 함께 데이트하는 것을 권한다.

- 자녀가 부모의 사랑을 느낄 수 있도록 하라. 그러지 않으면 자녀가 다른 잘못된 곳에서 사랑을 찾으려고 할 수도 있다.

학교생활

무능력하게 만드는 훈육법

부모가 말이나 행동으로, 자녀보다 자녀의 점수를 더 중요하게 생각하고 관심을 갖는다. 숙제에 대해 지나치게 세세하게 관여한다. 언제 어디서 숙제를 해야 하는지 참견한다. 만약 점수가 좋지 않으면 허용하던 것을 금지한다. 당신의 자녀가 어떻게 지내는지 매일 확인하며 지나치게 간섭한다.

힘을 길러주는 훈육법 – 시작하기 단계

- 모든 가족이 조용히 함께할 수 있을 때 특별한 시간을 갖는다.
- 잔소리 대신 자녀와 함께 일과를 정한다.
- 가족이 함께 책을 읽는다.
- 가족이 함께 배우러 다닌다.
- 부모가 강좌를 듣는다.
- 학교의 목적은 배우는 데 있다. 좋은 점수를 받아야만 하는 것은 아니다.
- 부모에게는 학교 성적보다 자녀의 존재가 더 소중함을 알려준다.
- 만약 자녀의 성적이 떨어진다면, 친구처럼 다가가 그 속에 숨은 이유를 함께 찾는다.
- 자녀의 능력을 객관적으로 받아들이고, 자녀가 당신과 같은 목표를 가졌을 거라고 기대하지 마라. 부모는 자녀가 모든 과목에서 A학점을 받는 것을 당연하다고 여기겠지만, 당신의 자녀는 흥미가

없는 수업에 노력을 기울이는 것은 시간 낭비라고 생각할 수도 있고 C학점만 받아도 된다고 생각할 수도 있다.

- 자녀가 좋아하는 것을 못하게 하는 것을 자녀에 대한 벌이나 동기부여 방법으로 이용하지 않는다.
- 자녀의 과제에 대해서는 한 발 물러난다. 그러나 자녀가 도움을 요청하면, 자녀와 싸우지 않고 가르칠 수 있는 부모라면 직접 도와주어도 되지만 이것이 힘들다면 선생님을 구하도록 한다.

힘을 길러주는 훈육법 – 나아가기 단계

- 학교가 모든 학생에게 다 맞지는 않다. 어떤 아이들은 홈스쿨링이나 온라인으로 스스로 공부하고 검정고시를 통해 자격을 얻는 방법들이 더 효과적일 수 있다.
- 부모가 자신의 일정을 고려해 시간을 정해서 자녀의 과제를 도와줄 수 있다. 하지만 가능한 학교생활은 자녀와 교사 사이에 이루어지는 활동임을 기억한다. 만약 부모와 함께 해야 하는 과제를 부여받았다면, 자녀가 주도권을 갖게 하고 시간을 정해서 함께 과제를 한다.
- 학교 행사에 자녀와 함께 참가하여 자녀의 학교생활에 대해 안다. 이때 자녀와 교사가 하는 이야기를 경청하고, 이야기를 끊거나 부모가 해결하려 하지 않는다. 교사와 자녀가 해결책을 찾을 거라는 믿음을 가져라.
- 자녀가 학교에서 문제를 일으켰다거나 낮은 점수를 받았다고 과잉반응하지 마라. 자녀가 그 문제에 대해 어떻게 행동하는지 기다리

고 관찰한다. 부모가 문제를 떠맡지 말고 자녀가 문제를 해결할 수 있도록 격려한다.

- 자녀의 과제를 도울 때 화가 나고 다툼이 발생한다면 필요에 따라 개인 과외를 받게 할 수 있다.
- 자녀가 배움을 위해 노력하는 자체를 격려한다. 비록 최고의 결과가 아니라도 말이다.
- 자녀의 강점을 격려한다. 모든 영역에서 잘해야 한다며 자녀를 채근하지 않는다.

전자 기기들(스마트폰, 컴퓨터, TV, 태블릿 등)

무능력하게 만드는 훈육법

새로 나온 전자 기기를 모두 사주어야 한다고 생각한다. 자녀의 방에 가득한 전자 기기를 자녀가 어떻게 사용하는지에 대해 아무런 간섭도 하지 않는다.

힘을 길러주는 훈육법 — 시작하기 단계

- 컴퓨터, TV, 게임을 위한 시간을 정한다. 가족회의 시간에 가족이 함께 전자 기기를 가지고 활동할 수 있다.
- 인터넷 공급자가 제공하는 유해 콘텐츠 차단 서비스를 사용한다.
- 모르는 사람과의 채팅에서 얻을 수 있는 유익과 조심할 점에 대해 이야기를 나눈다.

- 온라인 채팅의 잠재적인 위험 요소로부터 스스로를 어떻게 지킬 수 있을지 자녀의 생각을 물어본다.
- 자녀 방에 따로 TV를 설치하지 않는다.
- 오늘 날 아이들은 TV나 영화, 인터넷 등의 매체로 인해 성과 폭력에 훨씬 쉽고 광범위하게 노출될 수 있다. 매체로부터 자녀를 완전히 차단할 수는 없으므로, 자녀가 본 것과 자녀의 생각에 대해 친구처럼 이야기를 나눈다.
- 자녀에게 컴퓨터나 스마트폰 사용법을 배울 수 있다.
- 밥을 먹을 때 TV를 보지 않는다. 대신 가족 간 대화의 시간을 가진다.
- 밤에는 모든 전자 기기를 끄거나 치워둔다. 잘 때 외에도 시간을 정해서(숙제할 때나 식사 시간 등) 전자 기기를 치워놓을 수 있다.

힘을 길러주는 훈육법 – 나아가기 단계

- 특별히 빌려온 DVD나 동영상 스트리밍을 제외한 TV 시청 시간을 줄인다.(시청 시간을 줄이는 것이 매우 힘든 과정일 수 있지만 TV를 보는 대신 함께 시간을 즐기는 가족들을 많이 만났다.
- 아직 변화를 위한 충분한 준비가 되지 않았다면, 가끔 자녀가 좋아하는 프로그램을 함께 본다. 이를 통해 자녀가 어떤 것에 관심이 있는지 알 수 있다. 또 자녀가 미디어에 대해 어떻게 생각하는지 이야기를 나눌 수 있다. 이렇게 자유롭고 친근하게 대화를 나눔으로써, 자신이 보고 있는 미디어가 자기에게 어떤 영향을 미치는지 자녀 스스로 말로 표현할 수 있게 된다.

- 자녀에게 휴대전화를 꼭 사주어야 하는 것은 아니다(안전이나 긴급한 상황을 위해서라면 예외다). 휴대전화 구입 비용과 월 요금을 어떻게 낼지, 또 전화기를 어떻게 사용할지에 관해 자녀와 이야기를 나누어야 한다. 만약 자녀가 앱을 내려받길 원한다면 자신의 계정을 만들게 하고 특별한 일이 있을 때 가족이나 친척들이 데이터나 이모티콘 등을 선물한다.
- 당신의 자녀가 TV에서 광고하는 제품을 사고 싶어 하면 "그 물건을 사고 싶은 진짜 이유가 뭘까? 돈은 어떻게 마련할 거니? 충동구매는 아닐까?"라고 물으며 자녀가 좀 더 신중하게 생각할 수 있도록 돕는다.

복합 쇼핑몰, 콘서트, 그 외의 활동들

무능력하게 만드는 훈육법

위에 언급한 곳에는 가지 못하도록 금지한다. 아니면 부모의 허락 없이 자녀 마음대로 어디나 가게 한다.

힘을 길러주는 훈육법 – 시작하기 단계

- 자녀가 사회화되어 가는 과정을 이해한다. 당신의 자녀가 쇼핑몰이나 콘서트를 가는 것은 당신이 청소년 시절 롤러스케이트장이나 오락실을 가는 것만큼이나 중요한 일이다. 10~12세가 되면 아이들을 쇼핑몰에 데리고 가서 차나 음료를 마시며 자녀에게 시간을 준다. 자

녀가 돌아가자고 할 때까지나 아니면 약속한 시간까지 기다려준다.

- 가끔씩 자녀나 자녀의 친구들과 함께 콘서트에 간다. 이때 자녀가 함께 보는 것을 불편해한다면 부모와 좀 떨어져서 즐기게 한다.

- 자녀와 청각 전문가를 찾아가거나 자료를 찾아보며, 지나치게 큰 소리로 음악을 듣는 게 청력에 어떤 영향을 미치는지 알아보고 이를 방지할 수 있는 방법이 무엇인지 함께 이야기를 나누어본다.

힘을 길러주는 훈육법 – 나아가기 단계

- 자녀의 생활에 관심을 가지고, 당신이 자녀에게 알려준 삶의 기술을 자녀가 사용할 거라는 믿음을 가진다. 가끔은 반항하기도 하고 실수도 하겠지만, 스스로에게 옳은 길을 선택하고 배운 기술들을 사용할 거라는 점을 믿는다.

- 다양한 삶의 기술들을 배울 기회를 주고 조건 없이 자녀를 사랑한다는 것을 알려주는 것으로 충분하다. 당신이 자녀가 하는 모든 것을 알지 못한다는 것에 감사한다. 당신의 부모도 당신이 한 일들을 다 알지는 못했다.

- 자녀의 음악 취향과 가치관이 당신과 다르더라도 당신의 자녀가 멋진 어른이 될 거라는 믿음을 가진다(당신이 바로 그랬다).

친구 관계

무능력하게 만드는 훈육법

자녀의 친구에 대해 안 좋게 이야기한다. 부모가 생각하기에 좋은 친구를 만나야 한다고 말한다. 당신의 자녀가 내향적이고 그래서 한 명의 친구와 친하다면 그 친구가 아닌 다른 친구들과 친해져야 한다며 강요한다. 자녀에게 좋은 것이라 생각하여 스포츠나 다양한 활동을 강요한다.

힘을 길러주는 훈육법 – 시작하기 단계

- 당신의 자녀가 어떤 친구를 사귄다면 그 이유를 살펴본다. 자신이 없어 하는지, 편안한 친구를 원하는지 관찰한다.
- 당신의 자녀가 자신감과 능력이 있다는 것을 스스로 느낄 수 있도록 다양한 기회를 제공한다. 이를 통해 자녀는 자신이 좋아하고 자신과 마음이 맞는 친구를 선택할 능력과 용기를 가질 것이다. 자녀의 친구를 평가하지 말고 집으로 불러 함께 좋은 시간을 보낸다.
- 자녀의 친구들 중 정말 걱정되는 친구가 있다면 당신의 느낌을 믿고 자녀에게 그 친구를 집으로 데려와도 괜찮다고 말한다. 다만 부모가 집에 있을 때라야 한다.
- 자녀의 스타일을 받아들인다. 당신은 자녀에게 친구가 많기를 바랄 수 있지만 당신의 자녀는 한 명과 깊이 사귀는 쪽을 더 좋아할 수도 있다.

힘을 길러주는 훈육법 – 나아가기 단계

- 자녀가 친구들과 놀 때 문을 닫고 놀길 원한다면 그렇게 하게 한다. (방문이 닫혀 있으면 뭔가 나쁜 짓을 할 거라는 생각은 아이를 존중하지 않는 것이다.) 당신이 들어가고 싶을 때, 노크를 하고 들어가면 된다. 부모가 노크를 할 경우 대부분의 자녀는 들어오라고 한다. 들어가 보면 아이들은 그저 바닥에 누워 널브러져 있거나 음악을 듣거나 컴퓨터 게임을 하거나 이야기를 나누고 있을 것이다.
- 만약 자녀가 친구를 사귀는 데 어려움이 있다면 도움이 필요한지 물어본다. 아니면 자녀가 문제를 해결할 수 있을 거라는 믿음을 갖고 기다린다.
- 당신의 자녀가 직접 운전을 해서 친구의 집에 가고 싶다고 하면 그들의 결정을 신뢰한다. 만약 친구들이 자녀를 안 좋게 이용한다는 생각이 든다면 호기심 질문을 통해 부드럽게 대화를 해본다. 당신의 막연한 걱정을 해소하고 문제를 명확히 하는 데 도움이 될 것이다.

부모의 과업

당신 앞에는 해결해야 할 과제가 있다. 당신은 자녀에게 영감을 줄 것인지 통제를 할 것인지 결정할 수 있다. 당신 자녀의 자신감을 키우고 인생을 살아갈 수 있는 힘을 불어넣을 수도 있고 당신의 자녀를 무능력하게 만들 수도 있다. 또한 삶의 기술을 가르칠 수도 있고 자녀를 보호한다는 명목으로 대신 해줄 수도 있다. 당신은 자녀의 실수가 평생을 두고 영향을 미치고 삶을 나락으로 떨어뜨릴 수 있다며 변명하기도 한다. 하지만 당신은 영원히 자녀를 보호할 수 없다. 오히려 이런 두려움에 초점을 두게 되면, 자녀가 자신의 삶을 스스로 살게 하기보다는 자녀를 통제하는 부모가 된다.

스스로에게 물어보라. "나는 부모님의 신뢰를 받았을까, 걱정을 끼쳤을까?" 당신의 신뢰가 있으면 자녀는 실수할 수도 있다는 여유와 실수로부터 배움을 얻을 수 있다. 심리학자이자 정신과 의사인 루돌프 드라이커스는 "무릎의 상처가 용기의 상처보다 낫다."라고 말했다. 즉 무릎의 상처는 금방 아물지만, 잃어버린 용기는 회복이 어려울 수 있다.

이 장에서 배운 친절하며 단호한 훈육법

1. 무능력하게 만드는 훈육법은 자녀가 스스로 할 수 있는 일을 부모가 대신 해주는 것이다. 자녀와 세계 사이에 개입해 자녀의 경험을 방해하는 것을 의미한다.

2. 아이들은 실수를 통해 배운다. 이는 부모가 자녀의 실수와 그 결과를 자녀가 경험하게 할 때 가능하다.

3. 힘을 길러주는 훈육법은 실수를 해서 낙담한 자녀가 다시 기운을 회복하고 힘을 낼 수 있게 도움을 준다.

4. 이 장에 제시된 방법들을 사용할 때 당신이 사용하는 방법이 어떤 것인지 스스로 확인한다. 벌을 주거나 통제하는 방법이 효과적일 거라고 생각하면 과거의 부정적인 패턴으로 되돌아가게 된다.

5. 당신의 자녀가 가지고 있는 내면의 힘을 이끌어주며 어른으로 가는 과정을 준비시킨다.

6. 힘을 길러주는 훈육법은 용기와 자신감, 회복력, 책임, 삶에 대한 주체적인 태도를 가질 수 있도록 돕는다.

7. 당신이 자녀의 문제를 다룰 때에는 무능력하게 만드는 훈육법이 아니라, 힘을 길러주는 훈육법의 시작하기 단계나 나아가기 단계 중에서 어떤 것을 선택할지 찾아본다.

당신이 십대였을 때를 생각해본다. 가장 힘들었던 것은 무엇이었나? 당신의 부모는 대신 해주거나 꾸짖는 스타일이었나, 아니면 당신에게 용기를 주고 격려를 해주었나? 당신은 무엇을 했고, 그 결과는 어땠나? 그 경험으로부터 당신은 무엇을 배웠는가? 그 경험은 당신의 삶에 어떤 영향을 미쳤는가? 그리고 지금 당신의 훈육 방식은 어떠한가?

10장

십대 자녀에게 삶의 기술
가르치기

자녀의 능력과 할 수 있다는 태도 길러주기

삶의 기술을 많이 가지고 있을수록 자녀는 삶을 더 잘 살 수 있다. 아이들은 학습 능력이 아주 뛰어나지만 가끔은 그 배우는 능력이 과소 평가될 때가 있다. 청소년들은 말을 통해 배우는 것이 아니라 경험하고 활동에 참여함으로써 배운다. 그들은 부모가 대신 해주는 것이 아니라 직접 하면서 배운다. 만약 자녀가 삶의 도전들을 극복해 나가며 할 수 있다는 태도를 가지길 원한다면 아직 삶의 기술을 가르칠 수 있는 기회가 남아 있다. 자녀에게 당신의 격려는 도움이 된다. 비록 자녀들이 스스로는 이미 다 알고 있다고 생각한다 해도 말이다.

가르칠 수 있는 순간들에 어떤 것이 있는지 생각해보자. 사실 기회는 많다. 자동차, 돈, 옷, 쇼핑, 가족 행사, 시간 사용 방법, 배움과 학교생활에 대한 태도 등과 관련해서 자녀에게 삶의 기술들을 알려줄 수 있다.

프란신은 화요일마다 아들 댄의 이른 수업 때문에 아들을 일찍 깨워야 했다. 하지만 프란신이 깨우더라도 댄은 다시 잠들곤 했다. 이런 상황이 계속되면서 어머니와 아들은 서로 감정이 나빠졌고, 프란신은 이제 아들을 깨울 때 이불을 확 잡아당기게 되었다. 그러면 댄은 비틀거리며 침대에서 내려서면서 "아, 그만 좀 해."라고 말한다. 그러다가 결국 수업에 30분 지각을 했고 그날 프란신은 선생님이 보낸 통지문을 받았다.

"댄이 수업에 한 번 더 늦으면 이 과목을 수료할 수 없습니다."

그런 일이 있은 후, 프란신은 아들과 단 둘이 차를 타고 가게 되었을 때 아들에게 말했다.

"엄마가 선생님으로부터 통지문을 받았어. 한 번 더 수업에 늦으면 수료할 수 없다는구나. 내일 수업에 갈 거니? 아님 그 수업을 포기할 거니?"

댄은 잠시 생각하더니 "내일 갈게요."라고 대답했다.

어머니가 다시 물었다. "엄마가 일어나는 것을 도와줄까? 스스로 일어날 거니?"

댄은 "혼자 일어날게요."라고 말했다.

어머니는 댄의 말에 "알겠어."라고 했고, 댄은 "고마워요." 하고 답했다. (이것은 '그만 좀 해요'라고 말할 때와는 다른 어투였다.) 다음날 아침, 댄은 아침 일찍 일어나 스스로 준비했고 그전과는 다른 태도로 아침을 맞이했다. 프란신은 자신의 태도가 달라진 것도 아들이 알아차렸다고 확신했다. 프란신은 아들에게 말한 대로 했다. 어머니가 가지고 있던 책임을 아들에게 넘겨주는 순간이었다. 아이들은 부모가 어떤 말을 할 때 진짜 그런 뜻으로 하는 건지 아닌지를 아는 것 같다.

자녀의 관심을 활용하라

자녀를 가르칠 수 있는 최고의 순간들은 자녀의 관심과 관련이 있을 때 찾아오곤 한다. 예를 들어, 십대 여학생들은 옷에 관심이 많다. 그 점을 이용해 용돈 사용이나 아르바이트 하기, 사전 지출 계획 세우기 등과 같은 다양한 주제를 가르칠 수 있다.

폴라네 부모는 아이들에게 옷을 살 수 있는 특별 용돈을 일 년에 두 번씩 준다. 폴라는 옷을 많이 사는 것보다는 비싼 옷을 사기로 했다. 폴라는 매달 받는 적은 용돈으로는 친구의 옷을 빌리고 새로 산 비싼 옷은 친구들에게 돈을 받고 대여할 생각이었다.

하지만 폴라의 어머니는 딸이 비싼 새 옷을 사서 친구들에게 대여하겠다는 생각에 반대했다. 어머니는 폴라가 실수를 저지르지 않게 막으려고 하다가, 딸이 실수로부터 배울 수 있는 기회를 주어야 한다는 것을 깨달았다.

어머니는 폴라에게 "엄마가 실수를 했구나. 네가 비싼 옷을 잃어버리지 않았으면 해서 그랬는데, 옷을 빌려줄지 말지는 네가 결정할 수 있을 거라고 생각해. 네 옷이니까 너한테 달린 일이지."

몇 달 후 폴라가 엄청 화가 나서 돌아왔다. 친구 중 한 명이 폴라의 비싼 디자이너 자켓을 빌려갔는데 파티에서 잃어버렸다는 것이다. 엄마는 입술을 꽉 깨물고 '내가 그럴 거라고 했잖아?'라고 말하려던 것을 참았다. 대신 폴라를 안아주었다. 그리고 "네가 많이 화가 나 보이는구나. 속상하지?"라고 말했고 폴라는 어머니를 바라보며 "다시는 걔한테 옷을 빌려주지 않을 거예요."라고 했다. 청소년들은 자기만의 방식으로 배우며, 실수를 통해서 가장 잘 배울 수 있다. 다만 이때 비난을 하거나 수치심을 갖게 해서는 안 된다.

"옷을 빌려주는 것에 대해 엄마한테 좋은 생각이 있는데, 한번 들어볼래?" 폴라의 어머니가 안을 냈다.

"좋아요, 엄마."

"네가 옷을 빌려줄 때, 친구에게 귀중한 물건을 대신 맡기라고 하는 거야. 네 옷을 돌려받을 때까지 갖고 있는 거지. 이것을 담보라고 한단다."

"고마워요, 엄마. 하지만 친구들하고는 담보 같은 건 안 될 것 같아요. 그냥 다시는 저의 좋은 옷을 빌려주지 않을 거예요. 친구들은 자기 부모님이 옷을 사주겠죠. 걔네들은 옷 용돈 같은 것은 모를 거예요. 하지만 저는 제 물건을 잃어버려도 될 만큼 여유가 없어요."

어머니는 "그래, 좋은 생각이야."라고 말하며, 얼굴에 퍼지는 미소를 숨기느라 방을 나갔다.

미리 계획 세우고, 일정 함께 짜기

함께 계획을 세우고 일정을 짜는 것은 매우 훌륭한 연습이 된다. 인생은 미리 준비하고 계획해야 하는 일들로 가득하고 바쁜 일정을 정리하는 것은 꼭 필요하기 때문이다. 만약 부모가 일정을 다 짜서 자녀에게 알려주는 방식이라면, 자녀가 삶의 기술을 배우거나 자아상을 만들어갈 수 있는 정말 좋은 기회를 빼앗는 것이다. 이 경우 자녀는 점점 더 부모에게 의존하게 되고, 그때그때 자신이 어떻게 해야 하는지, 다음 계획은 무엇인지 알지 못한 채로 부모가 대신 해주고 데려다주는 대로 따른다. 심지어 일정이 너무 빡빡해도 스스로 해결하려고 하기보다 부모가 개입해서 해결해주길 기대하게 될 것이다.

자녀와 함께 미리 계획을 세우는 것은 비록 시간은 더 들지만, 아이들에게 필요한 삶의 기술을 알려주거나 존중감을 보여주며 더 좋은 결과를 얻게 해주는 방법이다. 모두가 볼 수 있는 곳에 일정 달력을 놓아두고, 가족회의에서 계획하기 활동을 할 수 있다. 또한 가족회의에서는 다가올 활동이나 약속에 대해 모두 함께 이야기를 나눈다. 그리고 언제 어떤 일이 있는지 확인하고 일정별로 누가 참여할 건지, 각자 어떤 책임을 맡을 건지 정한다.

그만한 시간을 낼 만큼 여유가 있는 사람은 별로 없을 거라고들 하지만, 이렇게 말하는 사람들은 일정을 공유하지 않아 생기는 혼란과 우왕좌왕하는 시간은 생각하지 못한다. 계획을 잘 세우는 것은 이런 문제를 줄여준다. 물론 여전히 시간이 필요한 일이고 또한 세심한 주의와 협력이 필요하다.

여고생인 토니는 고등학교 2학년에 올라갈 준비를 하고 있었다. 토니는 부모님에게 학교에 갈 준비를 위해 필요한 것들이 있다고 말했다. 저녁 식사 후, 토니는 부모님과 자리에 앉아 어떤 것들이 필요한지 목록을 적어보았다. 그리고 달력을 꺼내 어떤 일을 언제 할 것인지 달력에 적었다. 또 부모님의 도움이 필요한 일은 무엇인지에 대해서도 이야기를 나누었다. 돈은 얼마나 필요한지, 용돈으로 해결이 되는지 아니면 용돈을 올려야 하는지에 대해서도 이야기를 했다.

토니네 가족은 등교 문제에 대해서도 의논을 했다. 학교가 걸어서 가기에는 멀고 버스 시간은 토니의 등교 시간과 맞지 않았기 때문이다. 부모님이 차로 데려다줄 수 없는 날은 토니가 직접 전화로 카풀을 찾아보기로 했다.

토니의 사례는 사실 다음에 이야기할 릭과 스테파니에 비하면 상황이 아주 좋은 편이다. 릭은 자신이 좋아하는 하키 팀의 경기를 보러 가고 싶었다. 하지만 릭은 운전면허증이 없었고 경기장은 80킬로미터나 떨어진 곳에 있었다. 릭은 부모님의 도움이 필요했다. 릭이 부모님에게 부탁할 때마다 부모님은 바쁘다며 다음에 이야기하자고 했다. 릭은 어떻게 해야 할지 결정을 내릴 수가 없었다. 부모님이 해줄 거라고 믿고 표를 사기 위해 돈을 모을 건지, 차가 있는 다른 친구를 알아보아야 할지 알 수가 없었다. 그러나 릭의 부모는 이 문제를 중요하게 생각하지 않았고 제때 답을 주지 않았다. 결국 릭은 경기를 놓치고 말았다. 릭의 부모는 자신들이 릭을 함부로 대했고 존중하지 않았다는 것을 깨닫지 못했다. 그들은 릭이 계획한 일정을 자신들이 계획한 일정만큼 중요하게 생각하지 않았던 것이다.

릭의 이야기는 예외적인 경우가 아니다. 스테파니가 콘서트에 가길 원했을 때 부모님은 남학생들이랑 함께 가는 것이 탐탁지 않았다. 그래서 스테파니가 가도 되냐고 물어볼 때마다 나중에 이야기하자고 미루었다. 다른 친구들은 콘서트에 어떻게 갈 건지, 무엇을 챙겨 가고 어떤 옷을 입을 건지 등에 대해 약속을 하느라 분주했지만 스테파니는 부모님이 답을 해주지 않아 아무것도 할 수가 없었다.

릭과 스테파니는 미리 계획을 세우는 경험을 제대로 하지 못한 채 어른이 되었다. 두 사람 모두 자신의 의견이나 바람은 중요하지 않다고 생각하게 되었다. 결국 서로 의견을 조율하는 관계가 아닌 일방적인 관계에 익숙해졌다. 만약 릭과 스테파니의 부모가 자녀와 함께 일정을 조율하고 이야기를 나누었다면 아이들은 성인으로서 갖추어야 할 경험들을 미리 할 수 있었을 것이다.

예행 연습을 한다

팀의 16번째 생일날 아침, 팀은 운전면허증을 받기 위해 줄의 맨 앞에 서 있었다. 필기시험을 97점으로 통과했고 주행 테스트도 합격이었다. 팀은 스스로를 솜씨 좋은 운전자라고 생각하고 있었다. 이제 팀은 어떤 차든지 몰 수 있고 어디든지 더 넓은 세상으로 나갈 수 있게 되었다는 것을, 캘리포니아 주 정부가 운전면허증을 발급해줌으로써 인정한 것이다. 팀은 주 정부가 당연히 자신의 부모보다 더 위라고 생각했다.

집에 돌아온 팀은 어머니에게 샌프란시스코까지 어머니 차로 운전해서 가도 되는지 물어보았다.

얼마 후에 팀의 어머니는 샌프란시스코에 살고 있는 친구 마르샤에게 팀의 이야기를 해주었다.

"우리는 작고 조용한 마을에 살고 있잖아. 샌프란시스코는 대도시야. 게다가 온통 가파르고 무시무시한 언덕에다 차도 많지. 나는 팀에게 '넌 겨우 한 시간 전에 면허증을 땄잖아.' 하고 말했어. 그랬더니 녀석이 그러는 거야. '전 이 순간을 얼마나 꿈꿨는지 몰라요, 어떻게 저의 바람을 이렇게 쉽게… 캘리포니아 주 정부가 제가 운전해도 된다고 허락했다고요. 면허증을 땄다니까요. 시험에서 97점을 받았어요. 뭐가 문제죠? 엄만 절 미워하시는 거죠?'"

"그래서 어떻게 할 건데?" 마르샤가 물었다.

"솔직히 말야," 어머니가 대답했다. "나한테는 차가 먼저야. 꽤 괜찮은 찬데, 망가지면 어떡해. 물론 팀도 걱정이지. 팀의 안전은 정말 중요해. 녀석이 고속도로 진입로를 잘 찾을 수 있을지도 걱정이고. 고속도로나 샌프란시스코 언덕길에서 개가 당할지도 모를 온갖 끔찍한 장면이 떠올라. 근데 아들에게 정말 중요한 문제는 이제 성인이 되어간다는 거지. 면허증도 땄고 자유로워졌어. 힘도 가졌고 운전도 할 수 있지. 게다가 샌프란시스코를 사랑하지. 가족과 몇 번 다녀온 곳이기도 해. 그곳을 이젠 혼자의 힘으로 가길 원해, 친구들과 함께 말이지. 팀한테는 얼마나 신나는 일이겠어!"

"그럼 팀이 이 문제를 잘 해결할 수 있을 거라 생각해?" 마르샤가 물었다.

"우린 한 단계씩 나아가려 해. 비록 팀은 기다리는 것을 싫어하지만.

항상 팀이 원하는 속도대로 할 수는 없거든. 우린 두 번의 주말을 팀한 테 쓰려고 해. 팀이 운전해서 온 가족을 샌프란시스코로 데려가는 거 지. 자기가 운전해서 가는 건 처음이니까, 말하자면 가족이 하는 샌프 란시스코 운전 시험인 셈이야. 물론 주차도 엄청 많이 해야 될 거야. 팀은 우리를 태우고 샌프란시스코의 언덕길과 해안, 부두 등 온갖 곳 을 돌아다니게 될 거야. 4일 정도 그렇게 돌아다니면 나도 좀 안심이 될 거고 팀이 할 수 있을 거라는 믿음이 생기겠지. 그럼 자동차 열쇠를 주면서 '재밌게 다녀와!'라고 말할 거야. 하지만 녀석이 차를 몰고 사라 지면 너한테 전화해서 하소연을 하게 되겠지. 팀은 자신감을 얻겠지만 나는 심장이 쪼그라들 거야."

어머니의 말에 마르샤는, "너는 확실히 드라마에 재능이 있어."라며 웃었다.

린디의 경우는 팀의 사례와는 좀 다르다. 린디의 어머니는 딸이 고 등학교 졸업여행을 가지 않았으면 하고 바랐다. 린디의 어머니는 그런 여행이 얼마나 위험한지 설명했다. 졸업여행은 대부분의 남녀 학생들 이 술을 마시고 서로 어울리는 기회일 뿐이라는 것이다. 그러면서 린 디는 그런 걸 좋아하지 않으니까 집에 있는 게 더 나을 거라고 얘기했 다. 린디는 술에 취하거나 남학생들과 노는 것에 관심이 없었고, 게다 가 어머니 말을 믿지 않을 이유가 없었기 때문에 여행을 가지 않기로 했다.

린디의 어머니는 우리가 이 일에 대해 물었을 때 이렇게 답했다.

"졸업여행에 관해서는 이야기를 많이 들었어요. 물론 그게 사실인지 는 정확히 모르지만, 만에 하나라도 그게 사실이라면 린디를 그런 여행에 보낼 수는 없죠. 린디는 졸업을 축하할 수 있는 다른 방법을 찾을 거예요."

하지만 린디의 어머니는 딸이 이제 몇 달 뒤면 대학에 가서 홀로서기를 해야 한다는 사실을 간과하고 있었다. 린디는 자신이 문제 상황을 스스로 헤쳐 나갈 수 있다는 자신감이 부족할 뿐 아니라 의사결정 같은 필수적인 삶의 기술도 부족했다. 어머니가 자기 대신 모든 결정을 해주었기 때문이다.

졸업여행 건은 린디 어머니에게 완벽한 기회가 될 수 있었다. 딸은 어머니와 함께 불편한 상황을 다룰 수 있는 연습을 할 수 있었다. 어머니가 곁에서 린디에게 조언을 해주거나 문제를 파악하는 데 도움을 줄 수 있었을 것이다. 하지만 린디의 어머니는 항상 불안해했고, 이런 훈육 방식은 린디가 자신의 삶을 살아가는 데 두려움을 갖게 만들었다.

많은 청소년이 부모가 자기 일을 대신 해주거나 자신들을 대신해 결정해주길 원하는데, 이는 어른이 되는 것을 두려워해서이다. 만약 부모가 스스로의 두려움 때문에 자녀들에게도 두려움을 심어준다면, 자녀에게 도전의 기회를 주기도 힘들 것이고 아이들은 어른이 되기 위한 삶의 기술들을 제대로 익히지 못할 것이다. (물론 부모의 통제를 거부하고 일차원적으로 반항하는 청소년들도 있다.)

부모는 자녀의 성장과정에서 그들에게 열정을 불어넣어 주거나 용기를 줄 수 있다.

"네가 성장해서 독립할 수 있을 정도의 나이가 된다면 엄청 신나겠지."

"네가 처음으로 집을 구한다면 어떨까?"

"스마트폰 계정도 네 걸로 만들 수 있고."

이처럼 미래에 대한 부모의 긍정적인 태도는 자녀에게 성장하는 것이 좋은 일이라는 기대를 갖게 한다. 더욱 중요한 것은, 자녀가 배워야 할 것들을 차근차근 배울 수 있는 기회를 주며, 그들이 배운 것을 사용해 볼 수 있는 기회를 제공해주는 것이다.

어떤 어머니는 아들이 사회적 기술을 익힐 수 있도록 의식적인 노력을 기울였다. 아들이 성인이 되고 나서 어느 날 어머니가 아들에게,

"십대 때 네가 식료품을 사오고 요리를 하고 했던 것들이 어른이 된 지금 도움이 된 것 같아?"라고 물어보았다.

아들은 "당연하죠. 그때 스스로 장을 보고 음식을 만들고 했던 게 저한테는 정말 큰 도움이 되었어요. 그런 경험을 하지 않았더라면 지금처럼 생활할 수 없었을 거예요. 물건을 싸게 사는 법, 돈을 잘 쓰는 법, 미리 계획을 세우는 법을 알게 되었죠. 정말 많은 것들을 알게 되었어요."라고 답했다.

비법이나 내기 같은 색다른 방법 사용하기

켈리가 형편없는 점수를 받아온 날, 켈리 아버지는 딸에게 성적을 올릴 수 있는 몇 가지 비법을 배우고 싶은지 물어보았다.

켈리는 좀 의심스러웠지만, "그 비법이 뭔데요?"라고 물었다.

아버지는 "네가 원한다면 쉽고 멋진 4단계 시스템을 알려주지." 하고 말했고, 켈리는 관심을 보이며 "아빠는 어디서 배웠어요?"라고 되물었다.

"아빠가 자꾸 미루는 습성 때문에 힘들어하니까 아빠 친구가 알려주었어. 아빠에게는 엄청 도움이 되었단다. 들어볼래?"

아빠의 말에 켈리는 주저하지 않고 "네, 아빠."라고 대답했다.

쉽고 멋진 4단계 시스템
1. 자신이 원하는 것 정하기
2. 원하는 것을 위해 쓸 시간 마련하기
3. 우선순위를 정하고 계획 완수를 위한 비법 생각하기
4. 목록 정리하기

켈리는 아버지에게 4단계 시스템이 어떻게 도움이 되는지 물었다. 아버지는 "네가 원한다면 4단계를 차근차근 알려줄 수 있지."라고 대답했다.

1단계: 아버지는 켈리에게 매일 하고 싶은 일이 뭔지 생각해보라고 했다. 켈리는 친구 만나기, 기타 연주하기, 공부하기, TV 보기를 떠올렸다.

2단계: 아버지는 켈리에게 그 일들을 언제 할 건지 물어보았다. 켈리는 학교 마치고 친구랑 놀기, 그다음에 집에 와서 기타 치기, 가족과 저녁 먹기, 30분 동안 TV 보기, 그리고 공부하기로 정했다. 아버지는 마지막 순서의 공부하기는 실패할 게 뻔하다는 지적을 하고 싶었지만, 꾹 참고 3단계인 우선순위 정하기를 설명했다.

3단계: 아버지는 켈리에게 이렇게 말했다.

"사람들은 대부분 자기가 가장 덜 좋아하는 일은 못 할 때가 많아. 그럴 때 자기 자신과 협상을 하는 거야. 예를 들어, 좋아하지 않는

것을 먼저 하고 나서 다른 일을 하거나, 아니면 좋아하는 일 두 가지를 먼저 하고 나서 싫어하는 일을 한 가지 하는데, **가장 좋아하는 일은 맨 나중에 해.** 다른 비법은 말야, 싫어하는 일은 다른 사람과 함께 하는 거야. 친구랑 같이 공부하기로 정해놓고 하면 더 재미있게 할 수 있지. 혼자서는 쉽게 포기해 버리겠지만 친구를 실망시키고 싶지는 않잖아."

4단계: 마지막으로 아버지는 켈리에게 원하는 4가지 일을 각각 언제, 얼마 동안 할지 스스로에게 약속한 것들을 정리하게 했다. 두 사람은 그것들을 적어놓지 않으면 쉽게 과거의 습관으로 되돌아가게 될 거라는 점에 대해 이야기를 나누었다.

"이걸 보면 잊어버리지 않고 지킬 수 있을 거야." 아버지가 말했다.

켈리는 "아빠, 내가 목록대로 하고 있는지 매일 확인할 거예요?"라고 물어보았다. 아버지는 "그러길 원해?"라고 물었고 켈리는 "아니요!"라고 재빨리 대답했다. 아버지는 "좋아, 아빠의 역할은 네가 성장하도록 돕는 거란다. 네가 배운 대로 실천할지 말지 결정하는 건 네 몫이야. 물론 아빠의 도움이 필요하면 언제든 말해. 물론 그것도 네가 결정할 일이지."

선의의 도전이라면 청소년들이 삶의 기술을 배울 때 의욕을 북돋워 줄 수 있다. 레일라니는 아들 존에게 "이번 수업에서는 B를 못 받겠지, 내기를 걸어도 좋아."라고 말했고, 아들 존은 "얼마 걸 건데요?"라고 응수했다. 어머니가 "10달러?"라고 제안했고 존은 "그럼, 진짜 하는 거예요."라고 내기에 응했다.

긍정훈육법에서는 보상이나 특권 뺏기와 같은 것이 자녀의 성장에 좋지 않다고 했는데, 내기는 이것들과 어떻게 다를까? 내기는 자녀가 "마음만 먹으면 할 수 있어요."라고 이야기할 때 사용할 수 있다. 이 방법이 효과적이려면 우호적이고 즐겁고 존중하는 분위기에서 이루어져야 한다. 예를 들어, "너는 할 수 있다고 하지만 내 생각은 달라. 어때, 너도 돈을 걸 수 있겠어?" 하고 물어보는 것이다.

자녀를 통제하기 위한 방법으로 내기를 사용하는 것은 아니다. 이와 달리 부모가 보상이나 당근을 내세우는 것은 자녀를 통제하려고 하는 방법이다. 그러므로 통제를 피하고 싶을 때 내기 같은 잔기술이 어떻게 도움이 되는지 아는 것이 중요하다.

자녀가 부모를 가르치게 한다

자녀를 격려하고, 스스로 능력이 있다고 믿게 하고 싶다면 당신을 가르치게 하라. 당신의 자녀는 그들이 좋아하는 음악이나 스마트폰 사용법, 컴퓨터 사용법, 그 밖에 다양한 것들을 당신에게 알려줄 수 있다. 만약 자녀의 운전 습관이 걱정이라면, 자녀에게 당신의 운전 습관을 고칠 수 있게 도와달라고 말하는 것이다. 또는 자녀의 취미를 당신도 함께 하자고 제안한다. 자동차 꾸미기라든지 화장법 등 자녀와 나눌 수 있는 것들은 많다. 부모가 기회를 준다면 아이들은 자기 실력을 발휘할 수 있는 기회를 갖게 된다. 자녀로부터 배우게 되었을 때 당신이 할 수 있는 것은 배움에 즐겁게 참여하며 모범을 보이는 것과 자녀의 능력에 존중을 표현하는 것이다.

당신이 새로운 삶의 기술을 배우는 것을 흥미 있어 하면, 자녀에게도 배움이 도움이 된다는 것을 알려줄 수 있다. 어떤 청소년은 자기 어머니에게 "내가 더 많이 배우면 배울수록 인생은 더 쉬워진다는 걸 깨달았어요."라고 말했다. 이 한 마디가 청소년들이 무엇을 통해 성장하는지를 알려준다.

매일의 일과를 활용하라

당신이 배워서 잘하게 된 것들은 대부분 매일의 일과였을 것이다. 무엇이든 연습을 하면 잘할 수 있다. 청소년들도 마찬가지다. 나쁜 일과는 실패를 만들고 좋은 일과는 계획과 생각들을 만든다.

14살의 과체중 쌍둥이 아들에게 운동하라는 잔소리 대신 어머니인 제니퍼는 매주 한 번씩 테니스 시합을 하자고 제안했다. 어머니가 일대 일로 상대해 주겠다고 했고, 쌍둥이는 거부하지 않았다. 3주 연속 쌍둥이를 이긴 후, 제니퍼는 아들들에게 테니스 레슨을 받고 싶은지 물어보았고 쌍둥이는 어머니의 제안을 반겼다. 쌍둥이는 매주 한 번씩 레슨을 받기로 했고 모자간의 테니스 시합도 계속되었다. 거기에 더해 쌍둥이는 일주일에 한 번 둘이서 개인 연습도 따로 했다. 그로부터 석달 후, 쌍둥이는 어머니를 곧잘 이기게 되었고, 살도 상당히 빠졌다.

조사이어는 학교에서 놀림을 당한다며 불평을 했다. 그는 밖에 잘 안나가는 비쩍 마른 아이였고, 대부분의 시간을 컴퓨터 앞에서 보냈다.

아버지는 동네에 무술 학원이 있는지 검색해봐 줄 수 있는지 물었다.

조사이어는 "좋아요, 하지만 배우러 가지는 않을 거예요."라고 답했다.

아버지는 "괜찮아, 다만 아빠는 태권도, 가라테, 쿵푸, 주짓수 같은 무술들이 어떻게 다른지가 궁금해."라고 답했다.

검색을 하면서 조사이어는 자신이 생각한 것보다 다양한 무술이 있다는 것을 알게 되었다. 그러다가 조사이어는 카포에이라를 발견했는데 무술과 춤, 그리고 음악이 결합된 것이라는 것을 유튜브 영상을 보고 알게 되었다.

조사이어는 아버지에게 "전 수업을 받을 생각은 없지만, 한번 가서 보고 싶기는 해요."라고 말했다.

아버지는 조사이어를 카포에이라 수업에 데리고 갔다. 수업 참관 후, 조사이어는 등록을 해도 되는지 물었다. 아버지는 조사이어에게 최소한 6번 이상 수업에 참가하겠다고 약속하면 등록을 시켜주겠다고 했다.

"조사이어, 이 스포츠는 매우 힘들어 보여. 시작을 하더라도 금방 그만두게 될 수도 있을 것 같은데."라고 말했다. "만약 네가 6주를 버티겠다면 아빠가 학원비도 내주고 너를 데려다줄 수도 있어."라고 제안했다.

6주가 끝났을 때 조사이어는 운동 습관은 물론 배우는 버릇을 가지게 되었고 고등학교 내내 그 두 가지를 유지하게 되었다.

자녀가 새로운 것을 배우길 원한다면, 먼저 장비를 사주거나 부모의 생활은 뒷전으로 미루고 열심히 데려다주기 전에 몇 번 이상은 반드시 수업에 참석하도록 요구한다. 이런 반복이 그 일을 매일의 일과로 만들어줄 것이다. 최초 약속한 의무를 마친 후에는 아이들이 그 활동을 하고 싶어 하지 않거나 맞지 않다고 생각하면 끝까지 강요하지 않는다.

십대에게 조언과 정보를 줄 사람들을 구해둔다

가끔 청소년들은 부모보다 남의 이야기를 더 잘 들을 때가 있다. 멘토나 선생님 같은 다른 어른들에게서 더 많은 동기를 부여받을 수도 있다.

부모가 아무리 칭찬을 해도 자녀는 단지 그 칭찬을 하는 사람이 부모이기 때문에 흘려듣기도 한다. 반면 다른 사람이 그런 말을 하면 더 두드러져 보인다. 만약 당신이 스포츠 팀의 코치이고 당신의 자녀가 그 팀의 일원이라면, 다른 팀원들에게 미치는 영향력만큼을 당신 자녀에게는 발휘할 수 없을 것이다. 부모가 숙제를 봐줄 때는 싸움이 일어나지만 과외 선생님하고는 아무 문제가 없을 것이다. 이 같은 선생님과 멘토는 부모에게도 도움이 된다. 과외 선생님이 부모에게 관여하지 말아달라고 하면 쉽게 동의하면서도, 자녀가 같은 요구를 하면 잘 듣지 않으니까.

만약 자녀가 방과 후 활동이나 특별 수업을 받는다면, 자녀에게 오랫동안 영향을 미칠 수 있는 다양한 어른을 만날 수 있는 기회가 된다. 부모로서 당신은 자녀가 좋아하는 활동을 찾도록 격려하며 그런 활동들이나 강좌, 여행, 대회 등에 참여할 수 있도록 지원할 수 있다. 시간을 낼 수 있다면 자녀가 참가하는 대회나 활동을 보러 가거나 차로 데려다줄 수 있을 텐데 이런 일은 자녀를 위해 당신이 할 수 있는 가치 있는 투자이다.

당신이 자존심을 잠시 접어둔다면, 자녀가 더 많은 배움의 기회를 찾을 수 있도록 돕는 창의적인 부모가 되어줄 수 있다.

블라이드는 친구의 아버지에게 자기 부모에 대한 불평을 늘어놓았다. 부모님이 너무 엄격하고 자신의 이야기는 도통 듣지 않는다는 것이었다. 다른 친구들은 귀가 시간이 밤 10시인데 자신만 9시인 것도 어린아이처럼 취급하는 것 같아 싫다고 했다.

친구의 아버지는 언제나처럼 블라이드의 이야기를 들어준 다음 이렇게 말했다. "블라이드, 진부한 이야기일 수 있지만, 사춘기가 되는 것보다 사춘기 아이의 부모가 되는 것이 더 어려울 수 있단다. 너희 부모님도 최선을 다하고 있는 걸 테고 네가 안전하길 바라고 걱정하고 있을 거야."

"알아요, 저도 안다고요. 하지만 한 번쯤은 제 입장에서 생각을 해줬으면 좋겠어요."

"너도 이미 생각을 해봤겠지만, 부모님에게 귀가 시간을 늦추는 게 너한테 왜 중요하고 또 필요한 일인지 설명드리면 어떨까? 아니면 부모님이 다른 친구들의 부모님에게 전화해서 그들은 귀가 시간을 어떻게 정하고 있는지 한번 물어보라고 제안해보면 어떨까? 그분들이 너의 편을 들어줄 수 있지 않을까?"

친구 아버지의 이야기를 들은 블라이드는 "고마워요, 한번 시도해볼게요."라고 대답했다.

블라이드의 부모가 여전히 딸의 말을 듣지 않을 수도 있지만, 블라이드는 친구의 아버지로부터 자신이 미처 생각하지 못했던 방법이나 관점을 배울 수 있었다. 친구 아버지는 블라이드가 이해할 수 있는 방식으로 이야기를 해주었다.

게임으로 만들어라

게임 방식을 취할 수 있다면 십대 자녀에게 아주 효과적으로 삶의 기술을 알려줄 수 있다. 어휘학습달력이나 단어 퀴즈집 등을 구입해 새로운 단어를 배우고 그 배운 단어로 문장을 만드는 게임을 할 수 있다. 매일 자녀와 우스개 이야기를 주고받을 수도 있고, 보드게임이나 그림 보고 단어 맞추기 게임을 할 수도 있다. 요즘에는 스마트폰을 이용해 이와 같은 앱을 다운로드 해서 즐길 수 있다.

자녀에게 삶의 기술을 알려주는 또 다른 재미있는 방법으로, 다른 집에서는 용돈, 귀가 시간 등에 대한 규칙을 어떻게 하고 있는지 조사하는 미션을 주는 것이다. 또는 파티나 나들이를 준비해보게 할 수 있다. 당신이 창의적이고자 마음먹는다면, 자녀들에게 삶의 기술을 익히게 할 수 있는 다양한 방법들을 찾게 될 것이다.

자녀가 삶의 기술을 익힐 수 있도록 돕는 것이 부모의 역할이라는 것을 받아들이는 것이 중요하다. 자녀들은 그런 과정을 거쳐 자아를 형성해갈 것이다. 그리하여 지금의 당신의 노력이 훗날 자녀와 당신에게 큰 선물로 돌아올 것이다.

○ 이 장에서 배운 친절하며 단호한 훈육법

1. 자녀에게 삶의 기술을 알려주는 효과적인 방법은 자녀를 문제 해결 과정에 포함시키는 것이다. 능력을 길러주는 데에는 부모가 단지 말로 하는 것보다 함께 보고 함께 하는 것이 효과적이다.

2. 자녀에게 삶의 기술을 가르치기 위해서는 자녀가 무엇에 관심이 있는지 주목한다. 자녀가 좋아하는 일은 오래 지속할 수 있다.

3. 매일의 일과를 반복하는 것이야말로 배움의 왕도이다. 삶은 일과로 채워진다. 따라서 당신과 자녀를 위한 일과를 함께 만드는 것은 모든 문제를 즉흥적으로 해결하는 것보다 효과적이다. (일반적으로는 자녀의 일과표만 있다. 부모가 모범을 보여 부모도 함께 일과표를 만들길 권한다. 자녀는 부모를 보며 배운다.)

실전 연습

부모 스스로 새로운 것을 배우는 일을 두려워하지 않는다. 당신이 새로운 것을 배우는 모습을 자녀가 지켜볼 수 있으니 양쪽 모두에게 이익이지 않은가? 초급자가 되는 걸 좋아하는 사람은 없다. 그러나 배우고 싶었지만 미루어두었던 게 있지 않은가? 지금 시작하라. 새로운 것을 배울 때의 두려움, 노력한 점, 어려웠던 점, 성공한 점을 자녀와 이야기해볼수 있다. 당신이 새로운 곳에 가서 배우는 장면을 자녀에게 보여주는 것도 좋은 방법이다.

11장

십대 자녀와 스마트 기술 시대

오늘날 청소년 자녀를 둔 대부분의 부모들은 이전에 경험하지 못한 문제를 겪고 있다. 인터넷, 소셜미디어, 채팅, 스마트폰, 음란물, 사이버 폭력, 게임, 리얼리티 TV(인터넷 개인 방송 포함 - 옮긴이) 등 다양한 문제들이 있는데, 앞으로도 미디어나 테크놀로지와 관련된 새로운 문제들은 더 등장할 것이다. 이번 장에서는 현재와 미래에 만나게 될 스마트 기기나 미디어 문제를 해결하기 위한 다양한 도구들을 다루게 될 것이다. 인터넷에서 '청소년과 테크놀로지'를 검색하면 이러한 문제를 해결하는 데 도움이 될 만한 정보를 구할 수 있다.

부모들 중에는 어린 시절에 닌텐도, 엑스박스, 미디어 게임, 스마트폰, 컴퓨터, 인터넷 등을 경험하지 못한 사람도 있을 것이다. 또한 페이스북 계정이나 유튜브 등도 누리지 못했을 것이다. 세월이 변해 이제 부모가 된 지금 당신은 자녀의 이러한 문제에 대한 해결책을 찾아야 한다.

부모 세대가 경험하지 못했던 새로운 미디어와 사이버 활동들이 사회에 만연하게 되었고, 특히 리얼리티 TV의 경우는 매년 엄청나게 확산되고 있다. 2009년 발표에 따르면, 섹스팅sexting이라는 단어는 그 2년 전에는 존재하지 않았다고 한다. 위키백과에 따르면 사이버 왕따(인터넷상의 괴롭힘 - 옮긴이)는, 인터넷이 발달하면서 자신이 하는 말과 글이 타인에게 어떤 영향을 미치는지 생각하지 않고 익명으로 무슨 얘기든 할 수 있게 되면서 시작되었다. 사이버 왕따는 1990년대 중반에 시작되었다. 블로그도 1999년에는 겨우 23개이던 것이 2000년이 되자 하루에도 300개 이상씩 생겨났다. 누군가는 블로그도 이제는 한물갔다고 말한다. (많은 블로거는 이에 대해 터무니없는 의견이라고 말하지만, 이는 한편으로 상황이 얼마나 빨리 바뀌는지를 보여주는 것이기도 하다.)

10년 전만 해도 아이들은 스마트폰이 없었고 채팅으로 의사소통을 하지 않았다. 각자가 컴퓨터를 가지고 있기보다는 집에 한 대 정도가 있었을 뿐이고 엔터테인먼트를 위한 다양한 기기도 없었다. 학교에서도 학생들이 각자의 컴퓨터를 가질 수 있을 거라 기대하지 않았었고, 사실 가지지도 못했다. 어린아이들은 태블릿을 몰랐고, 전자 기기를 이용해 책을 읽거나 영화를 보거나 게임을 하는 것이 일반적이지 않았다. 오늘이라도 아무 식당이나 가서 얼마나 많은 유아들이 스마트폰에 코를 박고 있는지 세어보라.

그러나 여전히 변하지 않는 것이 있다. 이 같은 엄청난 변화 속에서도 사춘기 자녀들과 부모들의 힘겨루기는 여전하다. 부모들은 벌과 통제,

윽박지르기, 잔소리, 보상과 협박, 마음대로 풀어주기, 아니면 때때로 "아이들은 그러면서 크는 거야."라며 허용해주는 방법을 쓴다.

인터넷과 소셜네트워크의 장점

우리의 손주들은 우리가 몇 년을 배워서 익힌 컴퓨터를 2살 정도면 편하게 사용할 수도 있을 것이다. 2살 아이가 스마트폰이나 태블릿을 사용할 수도 있다. 유튜브나 앵그리버드와 같은 것들도 아무런 망설임 없이 찾을 수 있을 것이다. 사실 이런 기기들은 사용자가 실수를 하거나 잘하지 못해도 비난을 하거나 수치심을 주지 않는다. 오히려 해결할 수 있을 때까지 계속 시도해보라고 부추긴다. 안 되면 친구나 부모, 형제자매에게 물어볼 수도 있다.

청소년들은 또한 죽음, 폭력, 성에 대한 비하를 담은 노래를 듣거나 그런 영화를 보고 게임을 즐기기도 한다. 침대 밑에 음란물을 숨겨놓았을 수도 있고 성차별 포스터를 벽에 걸어놓았을 수도 있다. 또 유해 음란물 사이트에 접속할 수도 있다. 부모로서 어떻게 할 것인가?

부모는 자신들이 괜찮다고 생각하는 범위 내에서 위의 기기들을 사용하도록 허락할 수도 있고, 아니면 아예 사용하지 못하도록 금지시킬 수도 있다. 당신이 금지를 선택했다면, 많은 십대가 금단의 열매에 오히려 더 끌릴 수 있다는 사실을 깨달아야 한다. 그러므로 무조건 금지하거나 부정하는 것보다는 설득을 해야 할 것이다.

이러한 기기들을 악마의 피조물이라고 생각하는 어른들도 있다. 그러나 긍정훈육에서는 기기 자체에 대해 옳고 그름을 판단하거나 그 기기 자체가 나쁘다고 생각하지는 않는다. 긍정훈육에서는 기기들을 연령에 맞게 안전하고 조심스러운 태도로 균형을 유지하며 활용하길 권한다. 이들 기기는 우리에게 즐거움과 정보를 주며, 다양한 상황에서 활용할 수 있는 기술을 익히는 데 도움을 준다. 하지만 과도하거나 적절치 못한 사용은 심각한 문제를 불러온다. 중요한 것은 전자 기기 사용에 대해 건강한 가이드라인을 자녀와 함께 만드는 것이다.

전자 기기 사용 가이드라인

1. 전자 기기를 언제, 얼마나 사용할지에 관해 일정 범위 내에서 선택을 하게 한다. 예를 들어 평일은 30분에서 1시간(단, 숙제를 할 경우는 예외), 주말은 1시간 30분에서 2시간.

2. 자녀 방에 TV를 따로 두지 않는다.

3. 밤 시간에는(예: 저녁 10시부터 아침 6시) 기기를 일정한 공간에 둔다. (어떤 아이들은 부모가 잠든 밤에 오랜 시간 채팅을 하고, 다음날 그 때문에 자신이 피곤하다는 사실을 깨닫지 못한다.)

4. 모든 전자 기기를 보관할 수 있는 일종의 '우리 집 도서관'을 만든다. 도서관의 책처럼 전자 기기들을 보관했다가 일정한 시간 동안 대출해 주는 것이다.

5. 아이들이 본 동영상이나 게임 등을 주제로 이야기를 나눈다.

6. 부모 스스로가 내키지 않는다면 자녀가 컴퓨터 게임이나 앱을 구입하는 데 돈을 쏟아 붓지 않는다. 아이들이 스스로 돈을 벌어 자기 돈으로 살 수 있도록 자녀와 이야기를 나눈다. 자녀에게 부모

의 앱스토어 비밀번호를 주지 않는다.

7. 부모가 먼저 모범을 보여, 전자 기기에 너무 많은 시간을 쓰지 않고 균형 잡힌 삶을 보여준다.

8. 접속 불가 사이트가 있다면, 왜 자녀가 그 사이트를 들어가면 안 되는지에 대해 함께 이야기를 나눈다. 자녀의 이야기를 경청하고, 필요하면 조율할 수 있다.

9. 의심이 가는 게임이나 사이트가 있다면, 자녀와 시간을 정해 함께 해본다. 다양한 대화를 이끌어낼 수도 있고 의심을 해소할 수도 있다.

10. 부모가 보기에 중독이라는 생각이 들면, 전자 기기 이용 시간을 자녀가 자율적으로 조절할 수 있을 때까지는 금지할 것이라고 미리 알려준다.

11. 컴퓨터 등의 전자 기기나 게임을 가족들이 번갈아 사용할 수 있게 순서를 정해야 한다고 알려준다.

12. 미디어프리 존Media-free Zone을 만든다. 일주일이나 한 달에 하루를 기기 없이 가족과 이야기하는 날로 정한다. 식사 시간에는 전자 기기를 보지 않고 대화를 한다.

13. 부모가 집에 없을 때 아이들이 전자 기기에 관한 가이드라인을 잘 지키리라 확신하지 마라. 만약 자녀가 가이드라인을 교묘하게 악용하고 있다면 전자 기기를 압수하고 부모가 곁에 있을 때만 사용하도록 한다.

14. 전자 기기를 가지는 것이 자녀의 당연한 권리는 아니다. 새로운 기기를 구입하기 위해서는 많은 토의가 필요하다. 구입 비용과

사용 요금은 어떻게 낼지, 기기 사용은 어떻게 하고 가족들이 어떻게 나누어 쓸지, 유지 보수는 어떻게 할지 등에 대해 이야기를 나눈다. 부모가 "안 돼."라고 말하면서 죄책감을 느끼지 않는다.

15. 전자 기기를 오래 사용하면 자동으로 꺼지는 서비스를 신청할 수 있다. 자녀에게 미리 알리고 이 서비스를 신청한다. 또 전자 기기 구입 비용의 일부를 자녀가 책임지게 하되, 부모가 미리 빌려주고 나중에 갚으라고 하는 것보다는 아이들이 필요한 만큼 돈을 모았을 때 사도록 하는 게 더 낫다.

16. 집 안에서 너무 시끄럽게 한다면 헤드셋을 사용할 수 있다. 휴대전화에서 방출된 방사선이 뇌종양을 일으키지 않는다는 확실한 연구 결과가 나오기 전까지는 헤드셋을 사용한다.

17. 전자 기기 사용에 관한 학교의 규정을 자녀에게 물어보거나 부모가 스스로 확인한다.

18. 자녀에게 휴대전화가 있고 운전을 한다면 차량에 핸즈프리 장비를 설치한다. 운전 시 사망 사고를 일으키는 이유 중 많은 부분이 휴대전화 조작과 관련이 있음을 가르치고 부모가 모범을 보인다. 만약 당신의 자녀가 운전을 하며 전화기를 사용한다면 모든 특권을 빼앗길 것이라는 점을 미리 이야기한다. 자녀가 권리를 다시 회복하려면 어떻게 할 것인지, 또 할 수 있는지에 대해 부모를 납득시켜야 한다. 문제에 대한 해결책을 내놓고 부모의 동의를 구해야 할 책임이 있는 쪽은 자녀라는 것을 분명히 한다.

19. 자녀의 전화기에 위치추적 장치 같은 것을 몰래 집어넣지 않는다. 아이들은 그런 시도를 무력화할 수 있을 만큼 창의적이고 독

창적이다.

20. 청소년과 미디어에 관한 다양한 교육 프로그램과 아이디어에 대해 도움을 받을 수 있는 사이트(http://www.netsmartz.org/)를 찾아 본다.

컴퓨터에 익숙한 아버지의 충고

켄은 이 책의 공동 저자인 제인의 아들이다. 켄은 십대 가정과 그들의 전자 기기 사용에 대해 모니터링을 해왔는데 몇 가지 훌륭한 조언을 해주었다. 전자 기기에 대해 자녀들과의 문제를 어떻게 해결했는지 물었을 때 켄은 이렇게 말했다.

전 아이들과 함께 했습니다. 페이스북이나 트위터 등을 아이들과 함께 했고 그것을 통해 아이들의 생각과 감정을 이해할 수도 있었습니다. 저는 아이들의 비밀번호를 다 알았고, 그 사실을 아이들도 알고 있습니다. 인터넷은 생각하는 것만큼 사적인 공간은 아닙니다. 온 세상이 다 지켜볼 수 있고, 그래서 저도 볼 수 있는 거죠. 인터넷이나 사이버 범죄에 대한 TV 프로그램이나 영상을 아이들과 함께 보기도 합니다.

만약 누군가 전화로 제 아이를 괴롭힌다면, 아이들은 스스로 전화번호를 바꿔달라고 할 수도 있고 제가 해줄 수도 있습니다. 휴대전화를 쓰다가 아이가 너무 속상해하고 부정적인 모습을 보여서 제가 아이 전화기를 뺏은 적도 있습니다. 저는 전화기의 타임아웃 시간이라고 말하고, 시간이 지나서 기분이 진정되면 전화기를 돌려주겠다고 말했습니다.

제가 사용한 또 다른 방법은 '내 전화기 찾기' 앱입니다. 그걸 통해 서로의 위치를 확인할 수 있지요. '가족 위치'라는 앱도 있습니다. 아이들이 어디 있는지 아는 것은 안전과 관련된 문제입니다.

켄은 자녀들을 믿고 또 아이들은 아버지가 자신들을 도와준다고 생각한다. 켄의 아이들은 아버지가 자신들을 안전하게 지켜줄 거라고 생각하기 때문에 켄의 시도들을 긍정적이고 열린 마음으로 대한다. 명심할 것은, 이런 것들이 모든 가정에서 통하지는 않는다는 점이다. 그리고 긍정훈육은 컴퓨터와 관련한 문제에서도 여전히 효과가 있다는 점이다. 많은 십대 아이들은 부모가 자신들의 온라인 활동을 100퍼센트 지켜보는 게, 어른의 경우라면 실제 생활을 완벽하게 모니터링 하는 것과 마찬가지라고 느낀다. 그렇기에 실생활일 때와 똑같은 분노와 힘겨루기가 나타나곤 하는 것이다. 부모들은 온라인에 대해서도 신뢰와 존중이라는 동일한 원칙을 고수해야 하며, 통제로는 어떠한 문제도 해결할 수 없다는 것을 기억해야 한다. 부모와 자녀는 온라인 공간에서도 실제 삶의 공간에서처럼 서로 존중하는 태도로 대화하며 조율해 나가야 한다. 부모는 아이들에게 도움을 주되, 사생활과 독립성을 존중해야 한다.

때로는 적극적인 중재가 필요하다

13살 커크는 컴퓨터 중독이다. 학교에 있는 시간 외에는 컴퓨터로 게임을 하거나 인터넷 검색을 하며 시간을 보낸다. 커크의 부모는 이 문제를 해결하려 했지만 효과가 없었다. 부모는 점점 단호해졌지만, 한편으로는 여전히 친절했다. 여름 방학이 되자 부모는 아들에게 정오부터 오후 6시까지는 컴퓨터를 사용할 수 없다고 말했다. 커크의 어머니는 아들에게 방학 동안 점심을 함께 먹을 거고 그런 다음에는 도서관을 가거나 자전거를 탈 수도 있고 보드게임을 하거나, 하여튼 1시간 동안은 무언가를 같이 하게 될 것이라고 했다. 어떤 활동을 할 것인지는 같이 정하기로 했다. 그런 다음 2시부터 6시까지는 커크가 하고 싶은 걸 자유롭게 결정할 수 있다. 단, 컴퓨터는 할 수 없다. 커크는 투덜거리며 불평을 했다. 처음에는 의자에 무기력하게 앉아 있기만 할 뿐 아무것도 하지 않았다. 하지만 얼마 지나지 않아 방 안을 서성거리며 뭔가 할 일을 찾기 시작했다. 심지어는 여름 방학 추천 도서까지 읽기 시작했다. 일주일 후 커크는 불평을 그치고, 점심 샌드위치를 만들면서 어머니와 수다를 떨게 되었다.

이 이야기는 부모의 역할에는 친절함뿐 아니라 단호함도 필요하다는 것을 알려준다. 커크가 스스로 해결책을 찾아냈다면 부모는 기쁘게 그 해결책을 지지했을 것이다. 그러나 문제를 해결하지 않고 그대로 방치하는 것은 안 된다.

소셜네트워크, 유튜브, 그 밖의 인터넷 사이트들

우리가 청소년이었을 때는 동네에서 운동을 하거나 친구 집에 놀러 가거나 오락실을 다니며 어울렸다. 우리의 자녀가 청소년이 된 지금, 그들은 여전히 학교에서 친구들과 어울리고 집에 오면 전화로 수다를 떤다. 물론 친구를 불러서 놀거나 친구 집에 간다고 할 수도 있다.

여기에 더해 지금 청소년들은 친구와 어울리기 위해 페이스북이나 인스타그램, 카카오톡, 밴드 등을 이용해 수많은 정보를 주고받는다. 여전히 학교와 파티, 운동이나 방과 후 활동을 하기도 하지만, 부모 세대가 경험한 것과는 많이 다르다. 그러나 나빠졌다고 단언할 필요는 없다. 그렇기에 자녀에게 균형 잡힌 삶을 살아야 한다고 말하는 게 간단한 일이 아니다. 이것이 어려운 이유는 자녀가 생각하는 균형과 부모가 생각하는 균형이 다르기 때문이다. 게다가 부모에게도 삶의 균형을 유지하는 건 어려운 문제인데 그걸 자녀에게 어떻게 알려줄 수 있을까?

자녀의 균형 있는 생활을 위한 가장 간단한 방법은 활동들을 적을 수 있는 달력을 활용하는 것이다. 미디어프리 타임(어떤 미디어도 쓰지 않는 시간 – 옮긴이)과 가족 저녁, 가족 외출, 스포츠 활동, 취미 활동(요가, 댄스, 악기 연주 등)을 달력에 표시한다. 다양한 연령대의 자녀가 있는 가정이나 한부모 가정, 맞벌이 가정에서는 균형 있는 생활을 유지하는 것이 다소 어려울 수 있다. 하지만 '미리 계획하기'와 '관철하기'로 실천할 수 있다.

부모에게는 자녀들이 인터넷과 소셜네트워크 활동을 안전하게 할 수 있는 방법을 검색해보길 권한다. 부모가 잘 못 찾겠으면, 자녀에게 부탁하거나 물어보는 것도 좋은 방법이다. 특히 자녀에게 인터넷은 사적 공간이 아니라는 것을 알려주어야 한다. 소셜네트워크 공간에서 자녀의 게시글에 답글을 다는 사람이 50살 어른일 수 있으며, 그가 마치 15살 청소년인 것처럼 글을 올릴 수도 있는 것이다. 자녀들이 인터넷에서 만나는 사람은 누구나 자기 신분을 속일 수 있다는 점을 생각할 수 있게 해주어야 한다.

자녀의 블로그나 소셜네트워크 사이트를 방문할 필요도 있다. 많은 부모가 자신들이 접속할 수 있는 사이트라면 자녀의 접속을 허락하며, 그 사이트의 내용이나 활동에 대해 함께 이야기를 해보자고 제안한다. 자녀가 소셜네트워크에서 누구와 대화를 나누는지는 중요한 문제이다. 어느 아버지는 딸이 페이스북 친구에게 괴롭힘을 당하고 있다는 것을 알게 되었다. 딸을 괴롭히는 그 남학생의 부모는 자신도 아는 사람이었다. 아버지는 그 아이의 부모에게 사실을 알리고 아들과 이야기를 나누어볼 것을 부탁했다. 그 부모는 놀라고 당황했지만, 문제를 일찍 발견했고 아들과 그에 대해 이야기를 나눌 수 있게 된 것을 다행으로 생각했다.

당신의 자녀가 사이버 폭력을 당하고 있거나 음란 메시지나 이미지, 채팅 때문에 곤란을 겪고 있다는 생각이 들면, 부모가 언제든 도와줄 것이므로 혼자 해결하려고 하지 말라고 미리 말해둔다.

자녀가 전자 기기로 인해 학교생활을 제대로 하지 못한다면, 학교생활을 제대로 할 수 있을 때까지 기기를 사용하지 못하게 하거나 치워버린다. 또는 자녀에게 일주일 동안 스스로 사용을 자제해보라고 권한다. 만약 학교 숙제 때문에 컴퓨터가 필요하다면, 부모가 집에 있을 때 사용할 수 있게 하고, 휴대전화나 액세서리, 옷 등 자녀의 소중한 물건을 담보로 받고 전원 코드를 내줄 수도 있다.

청소년 중에는 인터넷을 활용해 인상적인 활동을 하는 경우도 많다. 영어 시험에서는 낙제 점수를 받은 14살 아이는 자신의 페이스북을 틀린 철자 하나 없이 대단히 아름답게 디자인했고, 추천 도서에서 찾아낸 좋은 문구들로 페이스북 페이지를 가득 채웠다. ADHD(주의력 결핍 및 과잉행동 장애)로 판정받은 12살 아이는 수업 시간에 전혀 집중을 하지 못했는데, 친구들이 스케이트보드와 자전거로 묘기를 부리는 것을 찍어서 몇 시간이나 집중해서 편집하고 음악을 넣어 유튜브에 올렸다. 13살의 어떤 소년은 전 세계 게이머들과 게임을 벌였다. 대부분 영어를 못 하는 사람들이었지만 게임을 통해 서로 의사소통을 할 수 있었다. 이 소년의 전략과 게임 실력이 몹시 뛰어났기 때문에 20살은 넘었을 거라고 추측하던 다른 게이머들은 나중에 13살 소년인 것을 알고는 매우 놀랐다. 또 다른 소년은 컴퓨터를 이용해 자신이 원하는 건축물을 설계하기도 한다. 건축가가 되기 위한 좋은 경험을 하고 있다는 것은 의심할 여지가 없다. 컴퓨터로 건축물을 그리는 지금의 경험이 대학에 들어갔을 때 두각을 나타내게 해줄 것이다. 컴퓨터로 오토바이 경주 게임을 즐겼던 아이는 지금은 자라서 오토바이를 디자인하는 회사에 근무한다.

많은 부모가 전자 기기와 관련된 활동들은 시간 낭비이고 학교 공부에 방해가 된다고 생각한다. 그럴 수도 있다. 하지만 미래에 성공적인 삶을 살아가기 위한 긍정적인 훈련과 기술을 익히는 과정일 수도 있다. 오늘날 많은 직업은 컴퓨터를 다루는 능력과 관련되어 있다. 청소년이 이런 기술을 익힌다면 남들보다 이른 나이에 경험하는 것이다. 이런 기술을 늦게 접한 우리 어른들은, 이른 나이에 기기를 접한 아이들이 사용하는 정도의 기술을 사용하기가 쉽지 않다. 컴퓨터 관련 회사에서 일하며 높은 연봉을 받고 있는, 이 책 공동저자의 27살 조카는 다음과 같은 이야기를 들려주었다.

"저만 해도 회사에 들어온 다른 신입들과 비교하면 완전 구닥다리예요. 그 친구들은 이미 아기 때부터 컴퓨터를 가지고 놀았죠. 아무리 해도 따라잡을 수 없답니다."

22살의 또 다른 조카는 로스쿨에서 지적재산권을 전공하고 있다. 그녀가 어렸을 때부터 컴퓨터에 수많은 시간을 들이지 않았더라면 이와 같은 신종 직업의 기회는 발견하지 못했을 것이다.

인터넷 학교

고등학교 교육과정의 많은 부분이 온라인으로 가능해졌다. 어떤 곳은 무료로 이용할 수도 있으며, 학교생활이 맞지 않는 아이들에게는 인터넷 학교가 도움이 된다. 잠깐만 검색을 해봐도 자녀의 목표나 필요, 학습 스타일에 맞는 강좌를 찾을 수 있다. 온라인 환경에서 아이들은 자격이 있는 선생님으로부터 개별화된 맞춤 교육을 받을 수 있으며, 이 수료증은 전 세계 대학 입시에서 고등학교 졸업장으로 인정받을 수도 있다. 과거에는 많은 학생이 고등학교를 중퇴할 수밖에 없었지만, 이제는 그들에게도 다시 도전하고 성공적인 삶을 살 수 있는 기회가 열려 있다.

리얼리티 TV 프로그램

TV 시청에 대해 이미 다양한 제안을 해왔는데, 리얼리티 TV 프로그램의 경우에도 적용할 수 있다. 이에 더해, 자녀 보호 설정을 해놓고 TV 시청을 통제하는 것은 부모의 역할이기도 하다. 부모가 함께 보기에 편안한 수준의 프로그램을 보게 하거나 부모와 자녀가 함께 본다. 혼자 딸을 키우는 어느 아버지는 12살 딸과 함께 독신 남녀의 매칭 프로그램을 즐겁게 시청하고 그에 대해 이야기를 나누며 같이 낄낄거린다. 어떤 장면에서는 출연자들이 참 바보 같아 보인다는 이야기를 하기도 하고, 상대방을 존중하지 않는 모습에 대해서도 이야기를 나누었다. 딸이 이 프로그램에 흥미를 보인 이유는 아버지가 혼자이기 때문이었다. 딸은 또 프로그램을 보면서 아버지와 나눈 이야기를 통해 연애에 관해 배우고 있었다. 어떤 프로그램을 자녀와 함께 보는 것이 적절한지 확신이 서지 않는다면 부모가 먼저 보고 나서 괜찮다고 판단되면 자녀와 같이 본다.

십대 자녀가 "친구들은 다 그 프로그램 보는데 왜 나만 안 되죠?"라고 물어올 때 부모는 허용해도 되지 않을까 하는 압박을 받을 수 있다. 그러나 쉽게 포기하지 말고, "내가 먼저 보고 나서 너희들이 그 프로그램을 봐도 되는지 등에 대해 이야기를 나눠보자." 하고 대답하는 것이 적절하다. 자녀에게 모든 것을 위임하지 않고 자녀와 이야기를 하며 함께 해결하는 것이 최선의 방법임을 기억한다.

모든 세대의 부모들은 저마다의 어려움이 있었다. 이 책은 오늘날 부모들이 겪는 문제에 대해 도움을 주기 위한 것이다. 아마도 이를 통해 당신의 십대 자녀를 더 잘 이해할 수 있을 것이다. 이번 장을 통해 당신이 테크놀로지에 대해 더 잘 알게 되었을 수도 있다. 어렵고 귀찮은 일을 겪을 수도 있지만, 청소년들은 우리에게 새로운 배움의 기회와 동기를 부여해줄 수 있다. 음악이나 새로운 앱을 다운 받는 것과 같은 다양한 테크놀로지 기술을 누구에게 배우겠는가? 당신의 자녀는 곧 성장해서 떠날 것이다. 당신 또한 새로운 기술에 대한 좋은 학습자이길 바란다. 그렇지 않으면 새로운 테크놀로지 기술을 익히기 위해 비용을 지급해야 할 수도 있다.

이 장에서 배운 친절하며 단호한 훈육법

1. 테크놀로지의 세상은 빛의 속도로 변화하지만, 자녀의 테크놀로지 사용에 대한 부모의 훈육 방식은 거북이의 속도로 변한다. 자녀의 미디어, 테크놀로지 사용에 관해 도움이 되는 자료가 인터넷 공간에 많이 있다.

2. 새로운 전자 제품과 미디어의 출현을 장점으로 활용할 수도 있다. 당신이 자녀를 모든 전자 기기에서 차단한다면 시대의 흐름에서 뒤처지게 될 것이다. 스마트폰 등 전자 기기 자체에 좋고 나쁨은 없다. 어떻게 활용하는지가 중요하다. 열린 마음을 갖고 당신이 살았던 과거와 지금은 다른 세상이라는 것을 때때로 상기하며, 지금의 멀티미디어와 기술의 발전이 청소년들에게 도움이 될 수 있음을 기억한다.

3. 전자 기기를 사용하는 것과 관련해 자녀와 함께 가이드라인을 만든다.

4. 인터넷 공간은 공적인 공간이고 게시한 글은 누구나 볼 수 있다는 것을 자녀에게 알려준다. 부모도 글을 올릴 때 조심하고 있다는 것을 말해준다.

5. 컴퓨터 기술을 배우는 것은 가치 판단의 문제가 아니다. 어쩌면 당신의 자녀는 당신이 전통적인 방법으로 배운 것보다 컴퓨터를 통해 더 잘 학습할 수도 있다. 가능성을 열어둔다.

당신이 어렸을 때와 비교하여 과학 기술의 발전을 죽 적어본다. 그리고 과학 기술의 발전이 당신의 삶에 어떤 영향을 미쳤는지도 적어본다. 긍정적인 영향인가, 부정적인 영향인가? 자녀와 함께 이야기를 나누어본다. 그리고 자녀에게도 이 활동을 똑같이 해보게 한다.

12장

십대들은 왜 그렇게 행동할까

청소년 심리

십대 자녀가 수업을 빼먹거나 형제와 싸우고, 책가방은 쓰레기통 같고, 숙제를 잊어버리고, 또한 시무룩했다가 갑자기 공격적인 행동으로 바뀌는 등 급격한 행동 변화를 보이면, 어른들은 이에 대한 대응으로 진단을 내리거나 병명을 찾기 시작한다. 그 전형적인 병명으로 'ODD'(반항장애)를 들 수 있다. 한 가지 흥미로운 점은, 부모가 통제적일수록 더 반항적인 십대가 된다는 것이다. TV 프로그램 등에서 이러한 아이들에게 이런저런 진단을 하고 약을 처방하는 것을 본 적이 있을 것이다. 의사를 찾아가면, 당신이 내린 진단이 맞다는 확신을 얻을 수도 있다. 이것이 바로 '질병 모델'(증상을 진단과 약물 처방 중심으로 해결하려는 방식 – 옮긴이)이라고 불리는 것인데 오늘날 흔히 볼 수 있는 현상이다.

우리는 문제 행동에 대해 다르게 설명한다. 문제 행동은 질병이라기보다는 좌절된 생각들이다. 이런 관점에서 우리는 부모와 자녀가 더 안심하고 더 잘할 수 있도록 격려 모델을 치료에 적용한다.

십대 자녀를 둔 부모들을 만나면서 우리는 특히 심각한 행동들을 발견하게 되었다. 이러한 행동들 때문에 의학적인 처방을 받아야 할 때도 있다. 그러나 다년간의 연구를 통해서 알게 된 바로는, 약에 의존하는 치료는 이런 문제 행동들보다 더욱 치명적인 결과를 낳는다. 오늘날 아이들이 위험할 정도로 과잉 진료를 받고 있다는 사실을 뒷받침해 주는 연구 결과들도 이미 나와 있다. 이 장에 제시되어 있는 내용들은 의학적인 처방 없이 당신이 자녀들과 겪는 어려움을 다루는 데 도움이 될 수 있는 것들이다. 좀 더 심각한 행동에 대해서는 다음 장을 참고하길 바란다.

심리학적인 기초

아들러 학파의 심리 치료사들은 내담자의 사적 논리를 이해하기 위해서 초기 기억과 여러 가지 기술들을 사용한다. 그들은 인간 행동을 유발하거나 개인의 관점을 결정하는 인식, 믿음, 사적 논리 또는 세계관의 이해에 중점을 둔다.

긍정훈육은 알프레드 아들러(1870~1937)와 루돌프 드라이커스(1897~1972)의 심리학에 기초한다. 아들러는 인간의 습성과 동기에 대해서 동시대의 심리학자들과는 근복적으로 다른 생각을 가지고 있었다. 아들러와 드라이커스는 사회적인 평등, 상호 존중, 격려, 생명의 전체성을 강조하는 전체론, 인간의 가능성을 제시한다. 그들이 제안한 생각과 방법들은 오늘날 세계 곳곳에서 응용되고 있다.

모든 부모가 심리학 전문가가 될 필요는 없지만, 심리학은 당신의 자녀를 이해하는 중요한 도구가 될 수 있다. 심리학에 기초하지 않는 정보는 어디까지나 부모의 가정일 가능성이 높다. 그리고 이와 같은 가정에 기초한 훈육은 아이가 왜 그런 행동을 하는지에 대해 할 수 있는 게 아무것도 없다. 긍정훈육의 목적은 심리학에 기반해 장기적으로 아이를 올바르게 도울 수 있도록 해주려는 것이다. 청소년 심리학을 소개하는 이 장에서는 아이들이 왜 그런 행동을 하는지에 대해 다룬다. 열린 마음과 자세로 새로운 지식을 접하길 바란다.

행동은 개인의 인식에서 시작된다

자녀의 행동을 이끄는 숨겨진 생각을 찾기 위해, 자녀에게 어린 시절의 기억에 대해 물어본다. 자녀가 어릴 적 기억에 대해 이야기를 할 때에는, 그것을 바로잡으려 하거나 그렇게 하지 말았어야 한다고 조언하지 말고 그냥 듣는다. 그런 후, 그 사건을 경험하고 어떤 느낌이었는지 물어본다. 초기의 기억에는 자녀가 지금 왜 그런 행동을 하는지에 대한 숨겨진 정보가 담겨 있다.

13살 케빈은 자기 남동생에게 매우 공격적이다. 또 학교에서는 친구들을 괴롭히고 공부도 잘하지 못하며 계속 문제만 일으킨다. 여러 가지 도움과 부모의 개입에도 불구하고 케빈의 세계는 달라지지 않았다. 어느 누구도 자신을 바꿀 수 없으며, 자신은 사랑받지 못하는 존재이고, 주위는 두려움으로 가득 차 있고, 이 세상 모든 것과 모든 사람을 미워하기만 했다. 학교의 담임교사는 보상과 벌, 특권 뺏기, 윽박지르기, 부모와의 상담 등 다양한 방법을 사용했다. 케빈의 부모는 인내하기, 화내기, 윽박지르기, 상주기, 무시하기, 비난하기 등과 같은 방법을 사용했다. 그러나 어떤 방법도 효과를 보지 못했다. 부모는 이제 케빈에 대해 타고나길 그렇게 타고났고 유전적인 문제라고 결론을 내렸다. 뉴스에서 보는 호르몬의 불균형이라든지 하는 어떤 문제가 있을 거라고 생각했다. 아마도 케빈은 우울증을 겪고 있고 항우울증 처방을 받아야 할지도 모른다. 혹은 적대적 반항장애나 양극성 행동장애를 가졌을지도 모른다.

모든 어른은 자신의 인식과 판단에 기초해서 케빈을 다룬다. 어느 누구도 케빈이 세상을 어떻게 바라보고 느끼는가 하는 인식에 대해서는 생각하지 않는다. 케빈의 감정에 대해 관심을 두지 않는 데는 다양한 이유가 있다. 우선 어른들은 아이들이 자신과 다르게 인식하고 있다고 생각하지 않는다. 전통적인 관점에서는 이러한 문제들에 대해 유전적이고 물려받은 것이거나 경우에 따라 질병이라고 말한다. 대부분의 사람들은 인격이 어떻게 형성되는지 잘 이해하지 못한다. 그리고 청소년들 특히, 소년들은 공격적이며 이해하기 어렵다고 생각한다. 여기에는 부모나 교사의 훈육 방식도 영향을 미친다. 그러나 케빈의 사례는 질병과 호르몬의 이상도 아니며, 따라서 약물도 필요하지 않다. 부모와 교사는 케빈이 세상을 어떻게 인식하는지 그리고 그의 신념은 어떤지,

그리하여 어떻게 행동하는지를 이해할 필요가 있다.

케빈의 부모는 긍정훈육 워크숍에 참가해서 긍정훈육의 방법으로 케빈의 행동에 숨겨져 있는 코드를 이해하기로 마음먹었다. 케빈이 스스로에 대한 인식을 발견할 수 있도록, 케빈에게 어린 시절의 기억을 떠올릴 수 있는지 물어보았다.

케빈은 4살 무렵의 기억을 떠올렸다. 케빈은 당시 10살이던 누나와 이웃집 아이와 함께 놀고 있었다. 이웃집 아이는 세정액을 컵에 담아 케빈에게 먹어보라고 했다. 케빈의 누나는 세정액을 먹으면 위험하다는 것을 알았기에 소리를 지르며 이웃집 아이의 손에서 유리컵을 뺏었다.

케빈의 부모는 감정 차트를 가리키며 케빈에게 그때 어떤 감정이었는지를 물어보았다. 케빈은 '화난'이라는 감정 단어를 선택했다. 부모는 놀라서 물었다.

"누나가 널 도와주려고 했던 건데 왜 화가 났니?"

그러자 케빈은 "나를 위험에 빠뜨리려고 했던 그 아이에게는 아무 일도 없었잖아요."라고 답했다.

케빈은 누구도 진심으로 자신을 보호해주지 않는다는 신념을 가지게 되었고 차라리 죽는 게 낫겠다는 생각을 하게 되었다. 케빈은 신념이 행동을 만든다는 것을 의식하지 못했다. 그러나 과거의 기억은 수면 아래에 있는 신념을 표면으로 올라오게 한다. 그 기억은 지금 일어나고 있는 관계의 문제들을 해결하는 데 강력한 도움을 준다.

인간의 행동을 다룰 때 실제 진실이나 그 상황에 대한 일반적인 생각은 중요하지 않다. 오히려 케빈의 경우와 같이 모든 인간의 행동은 객관적인 경험을 개인이 어떻게 받아들이고 해석하는지가 더 중요하다.

그러므로 약으로 해결하려는 시도는 개인의 인식을 바꿀 수 없을 뿐 아니라 문제를 더욱 심각하게 만들 뿐이다.

인간의 본성 중 하나는 자신이 만든 신념을 뒷받침할 증거를 찾는 것이다. 사람은 어떤 새로운 상황을 경험하면 원래 가지고 있던 자신의 신념으로 그 사실을 왜곡한다. 그러니 약을 처방하는 것은 문제를 악화시킬 뿐 아니라 부작용까지 가져올 수 있다. 행동을 조절하기 위해 약을 복용하면, 생각은 더욱 왜곡되고 감정 기복은 훨씬 심해진다. 뇌와 호르몬의 작용을 조절하거나 약물을 투여하는 방식은, 결국 비극으로 끝날 일을 지연시킬 뿐이며 지금 상황을 임시 처방으로 때우는 것일 따름이다.

케빈의 부모는 케빈에게 "네가 그렇게 느꼈다니, 엄마는 몰랐단다. 많이 속상했겠네."라고 말해주었고 케빈이 있어서 감사하고 또 사랑한다고 말해주었다.

그러나 케빈은 놀랄 만한 이야기를 했다.

"차라리 전 개였으면 좋겠어요. 모든 사람이 저와 같이 놀아주고 저를 보살펴줄 거잖아요." 많은 부모가 이런 말을 듣는 걸 불편해하겠지만, 이 말은 케빈을 이해하는 데 도움이 된다. 케빈의 말에 두려워하거나 화를 내거나 포기하고 싶어지거나 상처받기보다는, 두렵고 외롭고 힘들었을 케빈의 시간들을 생각해본다. 케빈의 부모는 케빈을 안아주었다(13살이지만 여전히 포옹을 좋아한다). 그리고 즐거운 시간을 함께 보내며 부모는 케빈이 불공평하다고 느꼈던 것에 대한 불만을 들어주었을 뿐, 고쳐주려 하거나 충고하지 않았다. 그 후 케빈의 행동은 완전히 달라졌다. 동생을 때리는 일이 없어졌고 학교에 가지 않겠다고 부모와 실랑이를 벌이는 일도 없어졌다. 선생님과의 관계와 학업 태도도 좋아졌다. 가족회의에서도 불평만 하던 모습에서 이제는 해결책을 찾는 데 적극적으로 참여하는 모습으로 바뀌었다.

생각-감정-행동

무의식적인 생각은 감정을 일으키고 이 감정은 행동을 일으키는 에너지가 된다. 이러한 생각-감정-행동의 패턴은 자녀가 왜 그런 행동을 하는지를 다른 방식으로 이해하게 해주는 중요한 정보이다. 생각은 감정을 만들고 감정은 행동을 만든다. 이 과정은 패턴을 이해하고 그 패턴을 바꾸기 전까지 자동적으로 일어난다. 이것을 '생각-감정-행동 패턴'이라고 부른다. 다음의 이야기들은 몇몇 그룹의 청소년들을 인터뷰한 것으로 청소년들의 생각과 결심(이것이 신념이 된다), 그리고 감정과 행동을 보여준다.

16살 소년의 이야기
사건: 부모의 갑작스러운 이혼
생각: 부모님은 내가 생각했던 완벽한 존재가 아니야. 부모님을 믿고 따랐는데 실망이야. 이제 부모님을 의지할 수 없고 스스로 해결해야 해.
감정: 화난, 배신당한, 잃어버린, 두려운.
행동: 두려움으로 가득한 방황을 멈추고 스스로의 힘으로 살아가기.

똑같은 상황에서 다른 청소년은 완전히 다른 결론을 도출할 수도 있다. 예를 들어, "이제 가족이 완전 망가졌으니 난 그냥 아무 생각 없이 즐길 거야."라고 할 수도 있다.

13살 소녀의 이야기

사건: 학교 성적을 올리기 위한 동기 유발로, 돈을 보상의 방법으로 사용함.

생각: 부모님의 관심은 오직 내가 좋은 대학에 가는 거야. 만약 부모님의 기대를 충족하지 못한다면 날 좋아하지 않을 거야. 내가 중요하게 여기는 것에 대해서는 관심이 없어.

감정: 화난, 상처받은.

행동: 상처받은 만큼 부모님에게 복수하기. 칼로 자해를 하거나 부모가 싫어하는 행동을 한다.

15살 소년의 이야기

사건: 어린 시절 친한 친구의 죽음

생각: 다시는 친한 친구를 만들지 않을 거야. 또다시 이렇게 고통스런 감정을 겪고 싶지 않아.

감정: 슬픈, 절망적인, 희망이 없는.

행동: 친구가 죽은 후 가족이 새로운 곳으로 이사를 갔을 때, 죽은 친구를 기리는 방법은 새로운 친구를 만들지 않는 것과 학교에서 퇴학당하는 것이라고 결정했다.

13살 소녀의 이야기

사건: 부모의 끊임없는 다툼과 냉랭한 관계

생각: 부모님은 아마 곧 이혼할 거야. 서로 관계가 안 좋거든. 만약 이혼을 하면 헤어져서 살 거고, 어머니가 나를 데리고 가면 아버지는 오빠를 데리고 갈 거야. 아버지와 어머니는 멀리 떨어져 살 테니 난 다시는 오빠를 못 볼지도 몰라.

감정: 상처받은, 두려운.

행동: '오빠가 집안일을 하지 않을 때 어머니가 화를 내는 장면을 봤어. 오빠처럼 집안일을 하지 않아 어머니를 화나게 하면 나를 데리고 가지 않을 거고, 그러면 오빠와 함께 살 수 있을 거야. 이런 식으로라도 오빠와 헤어지고 싶지 않아.' 소녀는 어머니가 시킨 집안일뿐 아니라 원래 하기로 약속했던 집안일도 하지 않는다.

행동은 인식 과정과 사적 논리를 알게 될 때 이해할 수 있다. 그러므로 청소년들의 행동에 에너지를 불어넣어 주는 감정과 신념을 이해하지 않고는 아이들의 행동을 온전히 파악하기 힘들다. 충동을 조절하지 못하는 아이들을 모두 하나의 그룹으로 생각하는 것이 어른들에게는 편안한 방식일 수 있으나, 이것은 문제의 근원을 이해하지 못한 것이다.

청소년들의 생각과 감정을 이해하는 것은, 비난하지 않는 태도를 가지며 당신의 인식으로 판단하지 않는 것이다. 청소년들은 자신의 생각과 감정을 솔직히 나눌 수 있는 대상에 대해서는 굳은 신뢰를 가진다. 때론 상담사의 도움이 있어야만 청소년들의 깊은 신념에 도달할 수 있다. 그러나 청소년들의 속마음을 끌어내는 사람은 누구든지 그들의 속마을을 존중하고 진지한 태도로 대해야 한다. 그렇지 않으면 청소년들이 자신의 내면세계를 드러낸 데 대해 배신감을 느낄 수 있다.

이 책에서 다루고 있는 청소년들의 언어는 청소년들의 진짜 생각을 이해하는 것이 얼마나 중요한지를 보여준다. 많은 청소년이 부모가 자신을 잘 이해하지 못한다고 생각한다. 그리고 어른들은 청소년들을 이해하면 할수록 그들이 귀를 열고 호의적으로 바뀐다는 사실을 깨닫지 못하고 있다. 부모들도 정말로 청소년 자녀로부터 배울 수 있다. 청소년들에게 한 번에 너무 많은 질문을 던지지 마라.

"그럼 우리가 정신이 없어요. 진짜 원하는 것이 무엇인지를 말해주었으면 좋겠어요. 그럼 그렇게 많이 묻지 않아도 우리가 알려줄 수 있어요." 청소년들은 이렇게 말한다.

이 책에서는 부모가 원하는 것이 있다면 다음과 같이 이야기하길 권한다.

"엄마(아빠)는 네가 _____ 하게 되기를 바라."

자녀가 항상 옳은 결정만을 할 것이라고 기대하지 말고, 자신이 결정한 것과 그 결정의 결과도 스스로 직면하는 것이 중요하다는 사실을 알려주어야 한다. 그렇지 않으면 청소년들은 실수로부터 배움을 얻지 못한다. 또 하나 부모가 기억해야 할 것은 지금 자녀의 어린 시절, 청소년 시절은 다시 오지 않는다는 것이다. 과거로 되돌아갈 수도 없다. 그러므로 이 순간을 함께 즐기는 것도 중요하다. 자녀를 통제하는 것이 아니라 자녀가 스스로 통제할 수 있도록 안내한다.

십대의 행동과 '가족 파이'의 조각

아이들은 가족 안에서 소속감과 자존감이라는 주요 목표를 이루기 위해서 무엇이 필요하고 어떻게 행동할 것인지를 결정할 때 자신들의 사적 논리를 사용한다. 부모 역시 자라면서 인격을 형성할 때, 자신의 주요 경쟁자로 생각했던 형제자매에게서 가장 크게 영향을 받았을 것이다(당신이 이것을 명확하게 인식하지 못할지라도). 당신의 자녀도 똑같은 일을 겪는다.

아이들은 형제자매가 각기 다른 부문에서 특별할 거라고 믿는다. 만약에 형제자매 중 한 명이 먼저 '착한' 자녀가 됨으로써 소속감과 자존감을 찾기로 결정했다면 다른 자녀들은 '사회적인' 또는 '운동을 잘하는' 아이, 또는 '부끄러워하는', '반항하는' 아이가 되기로 결정한다. 이러한 선택들을 '가족 파이'의 조각들이라고 말한다.

가족 파이는 가족 중 어른을 제외한 아이들로 구성된다. 만약 자녀가 한 명이면 그 아이는 전체 파이를 다 가지게 되겠지만, 자신과 같은 성을 가진 어머니 또는 아버지, 아니면 이웃집 아이나 사촌 또는 죽은 형제자매와 비교하게 된다. 누가 자신의 주요 경쟁자인지 물었을 때, 대부분의 외동아이는 곧바로 특정 인물을 댄다.

대부분의 첫째들은 그들이 항상 첫 번째여야 한다고 느낀다. 그들은 경쟁력 있는 성취자가 될 수 있다. 둘째들은 '우리는 더 열심히 해야 해.' 유형의 아이들이 된다. 평화 유지자 아니면 반대로 반항아가 되기도 한다. 형제자매의 중간에 낀 아이라면 그들은 자신을 중재자 또는 문제 해결자로 생각한다. 또는 이와 달리 자신은 항상 중요하게 여겨

지지 않는다고 불만을 달고 사는 아이가 될 가능성도 있다. 막내는 사랑스러운 아이가 되는 경우가 많다. 막내들은 사람들이 자기를 위해주는 데에 익숙해 있으며 다른 사람들로 하여금 자신들을 위해주도록 만드는 특별한 기술들을 가지고 있다. 또 다른 막내들은 경쟁적이거나, 손위 형제자매들이 가지고 있는 모든 것을 원하기도 한다. 그들은 때때로 손위 형제자매들이 하는 것을 자신들은 못하기 때문에 자기가 충분히 똑똑하지 않거나 좋은 사람이 아니라고 느낀다. 또한 외동아이는 자신이 특별하기를 바라고 성인들과 비교하기도 한다. 그리고 어른들이 하는 것을 자신이 하지 못할 때 스스로를 부족하다고 느끼게 된다.

십대 자녀를 둔 부모들이 만나게 되는 많은 문제들이 이러한 가족 파이에서 시작된다. 아이들이 무의식적으로 선택한 가족 파이가 어떤 조각인지를 부모가 알게 될 때 자녀의 사적 논리를 좀 더 잘 이해할 수 있다.(가족 파이 활동지는 www.pd-korea.net 참고)

가족 파이로 보는 완벽주의 오빠

오빠와 여동생이 있는 가족의 가족 파이 이야기이다. 오빠는 스스로는 문제를 일으키지 않으려 노력하면서도 동생의 잘못은 드러내고 싶어 했다. 오빠의 가족 파이 조각에는 '완벽한'이라는 단어가 있었다. 오빠는 특별한 존재가 되고 싶었는데 그 방법은 바로 '문제 일으키지 않기'였다. 문제를 일으키면 나쁜 아이라고 생각했고, 그런 경우 다른 사람의 도움을 받는 일이 어렵다는 것을 알았다. 오빠는 항상 완벽해야 하며 문제를 일으키지 말아야 한다는 생각에 점점 빠져들었다. 만약 스스로가 완벽하지 않다면 적어도 동생의 잘못을 들춰내 동생이 얼마나 허점투성이인지 증명해야 했다.

부주의한 부모는 이런 잘못된 신념을 강화시킬 수 있다. 부모가 동생더러 잘못했다고 하고 동생을 비난하면서 오빠를 편들거나 오빠를 싸고도는 것이 대표적인 예이다. 오빠와 동생 모두를 격려하고 바르게 훈육하는 방식은, 절대로 한쪽 편을 들지 않는 것과 두 아이의 고유한 특성을 격려하는 것이다. 그리고 다툼을 벌이거나 하면 한 배에 태워 함께 문제를 해결하도록 한다. 실수나 잘못을 통해 배우는 기회를 갖게 해야 한다. 가족회의에서 부모가 자녀 역할을, 자녀가 부모 역할을 하는 역할극을 하는 것도 좋은 방법이다. 역할극을 통해 부모와 자녀도 많은 것을 배울 수 있으며, 타인의 역할을 경험함으로써 타인의 생각과 감정, 신념을 이해할 수 있다. 다양한 청소년 훈육 방법 중에서도 서로의 역할을 바꾸는 역할극을 해보기를 권한다.

문제 행동의 기저에는 잘못된 믿음이 있다

아들러는 모든 인간의 행동은 목표를 향한다고 말했다. 즉 행동을 이해하기 위해서는 그 사람의 목표를 살펴야 한다는 목적론을 주장한 것인데, 아들러 심리학의 영향을 받은 드라이커스는 이를 정교화해서 행동과 목표, 신념을 이해할 수 있게 해주는 '어긋난 목표'를 정리했다. 최근 아들러 학파는 여기에 다섯 번째의 어긋난 목표를 추가했는데, 바로 '흥분 추구'이다.

　이것들은 어긋난 목표라고 불린다. 그 이유는 아이들이 소속감과 자존감을 얻기 위한 유일한 방법이란, 그들이 진정으로 원하는 것과는 정반대의 결과를 낳을 수 있는 행동을 하는 것이라고 잘못 이해하고 있기 때문이다. 그 결과, 아이들은 소속감을 갖기보다 자신들과 가장 가까운 것들로부터 소외당하게 되고 더욱 심각한 좌절을 겪게 된다. 이와 같은 어긋난 목표는 악순환을 그린다. 좌절을 겪을수록 어긋난 목표를 향한 아이들의 노력은 더욱 강화된다.

　청소년들은 비록 자기 행동의 목표를 미처 깨닫지는 못하지만, 그들의 행동에는 목표가 있게 마련이다. 그 행동의 원인에 대한 이해와 고찰 없이 그들의 행동만 고치려고 한다면, 아이들을 변화시키기 위한 부모의 노력은 물거품이 되고 말 것이다. 어긋난 목표를 알게 되면 청소년들을 이해하고 그들과의 관계를 증진시킬 수 있으며, 아이들에게 자신들의 행동에 다른 선택지가 있음을 알려줄 수도 있다. 4가지 어긋난 목표에는 각각 그에 상응하는 잘못된 믿음이 있는데, 다음의 '어긋난 목표 차트'에서 그 내용을 구체적으로 볼 수 있다.

어긋난 목표 차트

아이의 목표	**지나친 관심 끌기** (다른 사람의 지속적인 도움과 관심을 얻으려 함)
부모와 교사의 감정	성가시다. 짜증난다. 걱정된다. 죄책감을 느낀다.
부모와 교사의 반응	알아차리게 한다. 아이를 타이른다. 아이들이 할 수 있는 일을 대신 해준다.
아이의 반응	순간적으로 행동을 멈추지만 같은 행동을 반복하거나 다른 방법으로 방해한다.
아이 행동 이면의 그릇된 신념	'내가 사람들의 관심을 받을 때 또는 특별한 대접을 받을 때 나는 소속감을 느껴.' '당신이 나 때문에 분주할 때 내가 중요한 사람이 된 것 같아.'
숨겨진 메시지	**나를 봐주세요.** **나도 함께 하고 싶어요.**
긍정훈육법	제대로 된 관심을 받을 수 있는 일을 하도록 이끌어준다. "난 너를 사랑해. 나중에 너와 함께 시간을 보낼 거야." 특별 대접을 하지 않는다. 바꾸거나 구해주려 하지 말고 아이 스스로 감정을 조절할 수 있다고 믿는다. 특별한 시간을 계획한다. 아이들이 일정표를 짜도록 도와준다. 문제 해결 과정에 참여시킨다. 가족회의 또는 학급회의를 활용한다. 비언어적 신호를 정한다. 작은 행동은 무시한다.

아이의 목표	**힘의 오용** (보스처럼 행동함)
부모와 교사의 감정	화난다. 도전받는 느낌이다. 위협을 느낀다. 패배감을 느낀다.
부모와 교사의 반응	싸운다. 포기한다. '넌 벌 받아야 해' 또는 '본때를 보여주겠어'라고 생각한다. 바로잡아 주려 애쓴다.
아이의 반응	더 심한 행동을 한다. 명령에 반항한다. 부모나 교사가 화내는 모습을 보고 만족감을 느낀다. '네'라고 대답하고 따르지 않는다.
아이 행동 이면의 그릇된 신념	'내가 대장일 때 또는 내가 통제할 때 나는 소속감을 느껴.' '누구도 나를 어쩔 수 없어.'
숨겨진 메시지	**도와줄게요.** **선택권을 주세요.**
긍정훈육법	아이가 긍정적 힘을 사용할 수 있도록 도움을 요청한다. 한정된 선택을 제안한다. 싸우거나 포기하지도 않는다. 갈등 상황에서 빠져나온다. 부드러우면서도 단호하게 행동한다. 말하지 않고 행동한다. 당신이 할 행동을 결정한다. 규칙이나 일정표를 따르게 한다. 자리에서 물러나 마음을 진정시킨다. 상호 존중하는 태도를 개발한다. '관철하기' 기술을 친절하고 단호하게 실천한다. 가족회의 또는 학급회의를 활용함.

아이의 목표	보복 (똑같이 되돌려 줌)
부모와 교사의 감정	상처받는다. 실망스럽다. 믿지 못하겠다. 혐오스럽다.
부모와 교사의 반응	보복한다. 복수한다. 창피함을 느낀다. '네가 나한테 어떻게 이럴 수 있지?'라고 생각한다.
아이의 반응	보복한다. 더 심하게 행동하거나 다른 방법을 찾는다.
아이 행동 이면의 그릇된 신념	'난 어디에도 속해 있지 않아. 그래서 내가 상처받은 만큼 다른 사람들한테도 상처를 줄 거야.' '사람들이 나를 좋아하지 않아.'
숨겨진 메시지	난 상처받고 있어요. 내 마음을 알아줘요.
긍정훈육법	상처받은 감정을 토닥여준다. 감정에 상처를 주지 않는다. 처벌이나 보복을 하지 않는다. 신뢰를 쌓는다. 경청한다. 당신의 감정을 표현하고 나눈다. 보상해준다. 배려를 보여준다. 장점을 격려한다. 어느 한쪽 편을 들지 않는다. 가족회의 또는 학급회의를 활용한다.

아이의 목표	**무기력**(포기하고 혼자가 됨)
부모와 교사의 감정	체념한다. 절망적이다. 어쩔 수 없다. 기대에 미치지 못한다.
부모와 교사의 반응	포기한다. 아이들이 할 수 있는 일을 대신 해준다. 지나칠 정도로 도와준다.
아이의 반응	더욱 움츠려든다. 수동적이 된다. 더 나아지려는 생각이 없다. 아무런 반응을 보이지 않는다.
아이 행동 이면의 그릇된 신념	'난 잘하는 게 없어. 그래서 어디에도 속할 수가 없어. 사람들이 나한테 아무런 기대도 할 수 없게 될 거야.' '난 도움이 안 되는 무능한 인간이야.'
숨겨진 메시지	**날 포기하지 말아줘요.** **나에게 조금씩만 과제를 주세요.**
긍정훈육법	할 일을 작은 단계로 나누어준다. 비난하는 것을 멈춘다. 시도한 것 자체를 격려한다. 아이의 가능성에 믿음을 갖는다. 긍정적 자산에 초점을 둔다. 동정하지 않는다. 포기하지 않는다. 성공할 기회를 제공한다. 기술을 가르친다. – 어떻게 하는지 보여준다. 그러나 해주지는 않는다. 아이와 즐겁게 지낸다. 아이가 좋아하는 것을 찾도록 도와준다. 가족회의 또는 학급회의를 활용한다.

어긋난 목표와 그 이면의 믿음

1. 지나친 관심 끌기/특별한 서비스

"나는 당신이 나를 알아봐 주거나 나를 특별하게 대하고 나를 대신해 뭔가를 해줄 때 중요한 사람이라고 느껴."

누구나 인정받고 싶어 하고 관심을 받고 싶어 한다. 문제는 관심과 인정을 구하는 방식이다. 상호 존중의 방식(기부를 하거나 다른 사람에게 도움이 될 때 내가 특별한 사람이라고 느껴.)이 아니라 사람들을 짜증나게 하는 방식(날 좀 봐, 날 좀 봐.)으로 얻으려고 할 때 문제가 발생한다. 십대 자녀에게 무엇이 필요한지 이해하려면, 아이들이 "저를 좀 봐주세요. 저를 소중하게 받아들여 주세요."라는 메시지가 담긴 티셔츠를 입고 있다고 상상하면 된다.

2. 힘의 오용

"나는 내가 원하는 것을 할 때, 아니면 최소한 다른 사람이 원하는 것을 하지 못하도록 할 때 중요한 사람이라고 느껴."

누구나 다 힘을 갖길 원하고 그 힘을 사용하고 싶어 한다. 힘을 사용하는 방법은 건설적이거나 또는 파괴적인 방식 중 하나일 것이다. 부모가 십대 자녀를 통제하고자 할 때 아이들은 반항적인 방식으로 자신들의 힘을 사용해 반응하곤 한다. 부모는 아이들이 건설적인 방식으로 그들이 힘을 사용할 수 있도록 방법을 안내한다. 아이들이 "도와드릴게요. 선택권을 주세요."라는 메시지가 담긴 티셔츠를 입고 있다고 상상한다.

3. 보복

"내가 중요하지 않은 사람인 것처럼 취급할 때 상처를 받아. 내가 할 수 있는 건 오로지 상처를 되돌려주는 일뿐이야."

십대 아이들은 상처를 받거나 불공평하다고 느끼면, 부모의 마음을 아프게 하는 행동으로 반격을 가하곤 한다. 그러면 부모는 상처를 받게 되고 다시 자녀에게 갚아준다. 이렇게 복수의 악순환이 만들어지는 것이다. 상황이 어떻게 되어가고 있는지를 깨닫고 악순환의 고리를 깨는 일은 어른의 몫이다. 앞에 나온 어긋난 목표 차트를 보면 도움을 받을 수 있을 것이다. 아이들이 "상처받았어요. 제 감정을 알아주세요."라는 메시지가 담긴 티셔츠를 입고 있다고 상상한다.

4. 선택적 무기력

"나는 무엇을 해야 할지 모르겠어. 그래서 그냥 포기하고 싶어. 나는 전혀 중요한 존재가 아닌 것 같아."

진정으로 무능력한 아이들은 거의 없다. 그러나 청소년들은 심하게 좌절하면 자신이 마치 아무 곳에도 쓸모없는 사람처럼 행동하고 믿게 된다. 시도하기보다는 포기하게 되는 것이다. 청소년들에게 "너희는 절대로 무능력하지 않아."라고 말하는 것은 별 도움이 되지 않는다. 그보다는 아이들이 스스로 무능력하다고 생각하는 것을 극복할 수 있게 해주는 방법을 찾아야 한다. 아이들이 "저를 포기하지 말아요. 제가 할 수 있는 쉬운 단계를 알려주세요."라는 메시지가 담긴 티셔츠를 입고 있다고 상상한다.

5. 흥분 추구(모험 추구)

"지루해, 뭔가 끝내주는 게 없을까?"

예전에는 '흥분 추구'를 어긋난 목표 행동에 넣지 않았다. 왜냐하면 이것은 4가지 어긋난 신념에 다 해당이 되기 때문이었다. 흥분 추구는 지나친 관심 끌기(나를 봐요, 내가 얼마나 쿨한지.), 힘의 오용(누구도 나를 막을 수 없어. 나는 천하무적이야.), 보복(내가 갚아주지.), 선택적 무기력(이게 끝이야. 나는 이만 하면 됐어, 상관없어.)에 포함될 수 있다. 흥분을 추구하는 것은 십대들로 하여금, 새로운 것을 시도하거나 위험을 감수하고 더 센 자극을 찾게 만든다. 특히 좌절한 청소년들은 부정적인 방식으로 흥분을 추구한다. 다음은 그 예들이다.

1) 지나친 관심 끌기 – 자랑하기

2) 힘의 오용 – 힘 자랑하기

3) 보복 – 주위 사람들이 믿어주지 않는 것에 대해 보복하기

4) 선택적 무기력 – 무능력하기 때문에 시도조차 안 하기

약물 복용이나 난폭 운전, 혼전 성관계 등에 맞서 부모들은 긍정적인 흥분 추구를 격려해야 한다. 스노보드, 등산, 스포츠, 해외여행, 재난구조 활동 등이 이에 해당한다. 아이들이 "제가 안전하고 긍정적인 모험을 할 수 있도록 도와주세요."라는 메시지가 담긴 티셔츠를 입고 있다고 상상한다.

어긋난 목표를 이해하는 것은, 십대 자녀가 어떤 행동을 하든지 그렇게 하는 이유가 있다는 것을 부모들에게 알려준다. 부모가 아이들의 논리를 이해하지 못한다고 해서 아이들에게 이유가 없는 것은 결코 아니다.

어긋난 목표 확인하기

아이들이 하는 행동이 이해가 되지 않는다면 우선 부모의 감정을 살펴본다. 부모의 감정은 자녀가 왜 그런 행동을 하는지를 이해할 수 있는 열쇠이다. 앞에 나온 어긋난 목표 차트에서 '부모와 교사의 감정' 칸을 보라. 부모가 '성가신, 짜증나는, 걱정되는, 미안한' 감정이 든다면 자녀의 목표는 관심 끌기 또는 특별한 대접이다. 만약 부모가 '화가 나거나 도전받는 느낌, 패배감을 느낀다'면 자녀의 목표는 힘의 오용이다. 만약 부모가 '상처받고, 실망스럽거나 믿지 못하겠다'면 자녀의 목표는 보복이다. 부모의 감정이 '체념적이거나 희망이 보이지 않고, 어떤 변화도 기대하기 힘들다'면 자녀의 목표는 무기력이다(당신의 자녀는 스스로 능력이 부족하거나 없다고 단정한다). 마지막으로 부모의 감정이 '공황 상태이거나 공포스럽거나 겁이 난다'면 자녀의 목표는 흥분 추구이다. 중요한 것은 아이들이 일으키는 바람에 휩쓸리지 않고 아이들의 행동 아래에 있는 목표를 이끌어주는 것이다.

선택적 무기력

아담은 자신이 얼마나 우울하고 불행한지에 대해 부모에게 자주 이야기를 하곤 했다. 아담은 여자친구가 없었다. 그래서 아담은 가깝게 지내는 친구들 중에서 유일하게, 학교 홈커밍 파티에 아무도 초대하지 못했다. 아담의 부모가 아무리 격려하는 말을 해주어도 소용이 없었으며, 아담은 자신이 무슨 일을 하더라도 자기와 함께 파티에 갈 여자아이는 아무도 없을 거라고 말했다. 아담의 부모는 매우 걱정이 되었고 상담을 받아보자고 했다. 아담의 부모는 매우 훌륭한 경청자였지만, 이 경우에는 도움이 필요하다고 생각한 것이다. 때로는 이야기를 잘 들어주는 친척이 도움을 줄 수도 있지만, 몇 번의 전문가 상담만으로도 부모와 십대 자녀의 대화는 훨씬 좋게 끝날 수 있다.

아담의 이야기를 들으면서 상담사는, 아담이 자신은 노력하더라도 실패할 것이라는 잘못된 생각을 가지고 있다는 것을 알아챘다. 아담은 아예 시도조차 하지 않는 것이 훨씬 낫다고 믿고 있었다. 아담은 자신이 내성적이고 소극적이기 때문에 여자아이들이 싫어하는 거라고 강하게 확신하고 있었으며, 자신이 비록 여자아이들에게 말을 붙인다고 하더라도 그들은 지루해할 것이고, 다른 친구들에게 자신이 형편없었다는 이야기를 할 것이라고 생각했다. 상담사가 아담에게 어떻게 그런 생각을 하게 되었느냐고 묻자, 아담은 학교에서 여자아이들 몇몇이 그 전날 밤에 자기들을 초대한 남학생들에 대해서 이야기하는 것을 우연히 듣게 되었다고 말했다. 여자아이들은 웃으면서 그 남자아이들 중 한 명을 어떻게 골탕 먹일 것인지 이야기를 했다는 것이다. 아담은 그 남자아이처럼 놀림감이 되고 싶지 않다고 말했다.

십대 아이들이 이런 식으로 좌절할 때, 부모나 상담사의 역할은 아이들의 용기를 되찾아주는 것이다. 이때 아이는 부모에게 "포기하지 마세요. 제가 할 수 있는 쉬운 단계를 알려주세요."라는 메시지를 보내고 있는 것이다. 선택적 무기력이라는 어긋난 목표를 가진 십대에게 "나는 네가 할 수 있다고 믿어."라고 하거나 "나는 너를 포기하지 않을 거야. 네가 원한다면 좀 더 낮은 단계를 보여줄 수 있어."라고 말하는 것은 자녀에게 용기를 주며 자녀가 문제를 해결하는 데 도움을 주는 방법이다.

아담의 상담사는 아담에게 "지금 이 상황을 좀 다르게 볼까 하는데, 괜찮겠니?"라고 물어보았고 아담은 그에 동의했다. 상담사는 아담에게 혹시 자기 옷을 직접 사본 적이 있는지 물어보았다. 아담은 어리둥절한 표정으로 최근에 스키점퍼를 샀다고 말했다. 상담사는 다시 "혹시 가게 옷걸이에 걸려 있는 첫 번째 점퍼를 샀니?" 하고 물어보았다.

"당연히 아니죠. 스무 번에서 서른 번쯤 입어보고서야 적당한 것을 골랐어요."라고 대답했다.

"음, 그럼 파티에 함께 갈 여자친구를 선택하는 것이 옷을 고르는 것보다 쉬울 거라고 생각하니?"라고 상담사가 물었다.

아담은 "아니요, 그렇게 생각한 적은 없어요. 근데 제가 여학생을 초대했는데, 그 여학생이 자기 친구들에게 제가 형편없다고 말하면 어떡해요?"라고 물었다.

"하지만 그런 식으로 뒤에서 흉이나 보는 아이가 너하고 파티에 같이 안 간 게 얼마나 다행이니? 그 아이가 뭐라고 말하든 그건 네가 어떻게 할 수 있는 것이 아니란다. 네가 할 수 있는 건, 네가 누군가를 초대할지 말지 결정하는 거야."

아담은 이야기를 듣고 생각에 잠겼다. 잠시 후, "많은 도움이 되었어요. 하지만 전 여전히 여학생에게 말을 거는 게 두려워요. 여학생 앞에서 아무 말도 못하면 어떡하죠?"라고 말했다.

이 문제를 해결하기 위해 상담사와 아담은 역할극을 하기로 했다. 아담이 여학생에게 전화를 걸면 여학생 역할을 맡은 상담사는 매번 다르게 반응했다. 아담은 여학생이 전화를 반갑게 받는 상황일 때, 이야기를 하는 게 편하게 느껴진다는 것을 발견했다. 만약 전화를 받은 여학생이 불편해한다면 그건 자신과 파티에 갈 적임자가 아니라는 신호라는 것도 깨닫게 되었다.

아담은 이제 집에 돌아가서 여학생에게 전화를 걸 준비가 거의 된 것처럼 보였다. 하지만 상담사가 보기에는 아담이 아직도 겁을 내는 것 같았다.

그래서 아담에게 "아담, 지금까지 살면서 두려웠던 경험이 있니?"라고 물어보았다.

아담은 "스키를 타고 울퉁불퉁 가파른 언덕을 내려오는 게 두려웠어요. 하지만 지금은 정말 재미있어요."라고 답했다.

"그때는 두려움을 어떻게 극복했니?"라고 상담사가 물었다.

"다리를 덜덜 떨며 언덕 꼭대기에 섰을 때, 스스로에게 말했어요. '그래, 가는 거야!' 그리고 내려왔죠. 정말 근사했어요." 라고 말했다.

상담사는 "그래, 지금이 그 순간이란다."라고 말했다. "그래, 가는 거야!"

상담사의 말에 아담은 환하게 웃었다.

누군가 아담에게 "그런 식으로 생각하는 것은 옳지 않아."라고 쉽게 말해버렸다면 아담은 잘못된 인식을 수정할 수 없었을 것이다. 하지만 아담의 부모는 아들의 이야기를 경청하고 어떤 도움이 필요할지 고민했다. 상담사는 경청하고, 공감하고, 그리고 아담에게 어떤 인식이 있는지를 살펴보았다. 그런 후 다양한 방법을 써서 아담을 도왔는데, 그의 성공 경험을 스스로 이야기하게 했으며 두려움을 극복할 수 있게 도와주었다.

흥분 추구

테사는 밤에 자기 방 창문 밖으로 몰래 기어 나와 친구들을 만나곤했다. 테사는 친구들과 무리지어 놀러 다녔고, 테사의 부모는 이 문제를 현명하게 해결하지 못하고 있었다. 테사와 친구들이 문제를 일으키려 한 것은 아니지만, 어느 날 문제가 생겼다. 남자아이들 무리가 이 여학생들을 발견하고 괴롭히기 시작했다. 남자아이들 중 한 명은 시키는 대로 말을 듣지 않으면 무서운 맛을 보게 될 거라며 칼로 위협하기까지 했다. 여학생들은 놀라 뿔뿔이 흩어졌고, 그 모습을 본 남학생들은 뒤에서 낄낄거렸다.

테사의 어머니는 딸의 페이스북에 올라온 글들을 보고, 또 이런저런일들을 맞춰보고서 딸에게 무슨 일이 있다는 확신이 들었다. 어머니는딸과 이야기를 하기 위해 산책을 나가자고 했다.

어머니가 먼저 말을 꺼냈다.

"음, 엄마가 고등학생이었을 때, 엄마는 세상에 무서운 게 없었어.나한테 나쁜 일이 생기는 건 결코 있을 수 없는 일이라고 생각했지. 지금 생각해보면 참 이상한 짓도 많이 했어. 그래도 아무 일이 없었으니행운인 것 같기도 하고. 엄마가 네 페이스북을 봤다는 얘기를 해야겠구나, 우리가 페이스북은 보기로 했지. 네 페이스북에 어젯밤 일에 대한 글이 있더구나. 엄마는 이 문제에 대해 이야기를 했으면 싶은데…."

테사가 말을 잘랐다. "외출 금지예요?"

엄마는 "네가 원하는 게 그거라면."이라고 말했다.

"아니, 그건 아니에요. 어젯밤 늦게 친구들하고 거리를 돌아다녔는데, 그건 큰 실수였다는 것을 깨달았어요. 제 말을 믿어주세요. 그 동안은 밤에 친구들과 돌아다니는 게 정말 재미있었어요. 그런데 어젯밤 그 일이 있은 뒤로는 그러고 싶지 않아졌어요. 칼을 든 그 남자는 정말 우리들 중 누군가를 죽일 기세였어요. 결코 재밌는 경험이 아니었어요."

"오, 저런. 많이 무서웠겠구나. 이제 다시는 밤늦게 돌아다니지 않겠다고 하니, 그래도 다행이구나. 네가 뭔가 신나는 일을 원한다면, 대신 네가 할 만한 활동을 우리가 함께 찾을 수 있을 거야."

"엄마, 어젯밤 일 때문에 한동안은 흥분되는 일은 하지 않아도 될 것 같아요. 하지만 너무 지루하고 그래서 뭔가 흥미진진한 일을 찾아야 한다면 제일 먼저 엄마에게 말씀드릴게요."

"그래, 근데 네가 좋아할 만한 게 있는데, 들어볼래?"

"뭔데요, 엄마?"

"엄마가 지역 신문에서 봤는데 야간 산행이랑 카약 모험 축제가 열린다는구나. 만약 너랑 네 친구들이 관심이 있다면 엄마가 등록해주고 당일 날 너희들을 데려다줄게. 친구들과 상의해봐."

"꽤 재밌을 거 같아요. 그런데 참가하게 되더라도 저희끼리 운전해서 갈게요. 우린 다 컸다니까요."

"무슨 말인지 알아들었어. 어떻게 돼가고 있는지 엄마한테 계속 이야기해주렴."

자녀의 어긋난 목표를 알게 되는 것은 변화를 위한 첫 걸음이다. 어긋난 목표 행동을 하도록 기름을 붓는 데에는 쌍방이 작용한다. 만약 십대 자녀가 과도한 관심을 원한다면, 이는 관심을 받을 수 있는 유용한 방법을 부모에게 충분히 훈련받지 못한 탓일 수도 있다. 힘에 취한 십대 아이 주변에는 힘에 취한 어른이 있게 마련이다. 문제 해결 과정에 아이들을 함께 참여시키는 것은, 힘을 긍정적으로 사용할 수 있게 도와주는 한 가지 방법이다. 십대 자녀가 부모에게 상처를 준다면, 그들 역시 부모에게 상처를 받았을 것이다. 아니면 다른 사람으로부터 받은 상처를 당신에게 표현하는 것일 수도 있다. 자녀가 포기하려 한다면, 그건 아마도 자신이 기대에 부응할 수 없을 것이라고 생각하기 때문일 것이다. 용기를 잃은 자녀에게 할 수 있는 격려는 어긋난 목표 차트의 '긍정훈육법' 칸에 정리해두었다.

청소년들이 자신의 인식과 경험을 통해 갖게 된 결심들은 그들만의 세계를 만들게 하고, 또 그들의 행동을 설명하는 데 도움을 준다는 점을 기억해야 한다. 또한 자녀가 세상을 바라보는 것과 부모가 바라보는 것이 다르다는 것을 기억한다면, 훈육에 도움이 될 것이다.

어긋난 목표 차트를 이해했다면, 자녀를 격려하고 문제를 해결하는 다양한 해결책을 만날 수 있다. 자녀의 행동에 끌려 다니지 않고 자녀의 목표를 이끌어줄 수 있게 되는 것이다.

4가지 성격 유형

서로 다른 욕구와 행동을 4가지 유형으로 나누는 톱카드Top Card 검사는, 부모가 스스로를 이해하고 자녀들을 이해하는 데 큰 도움이 된다. 자녀와의 관계에서 반복적으로 힘든 점이 있다면, 그것은 어쩌면 자녀가 고의로 부모를 화나게 하려는 것이 아니라, 성격 유형에 따른 특징일 수 있다. 우리는 이러한 성격 유형을 '톱카드'라고 부른다. 자세한 내용은 긍정훈육의 시리즈 중에서 린 로트 등이 집필한『스스로 하는 치료Do It Yourself Therapy』에서 볼 수 있다.

성격 유형을 검사하는 방법은 아주 간단하다. 아래의 4가지 선택지 중 가장 피하고 싶은 것이 무엇인가? 만약 택배 박스에 각각의 단어가 적혀 있다면 가장 열고 싶지 않은, 돌려보내고 싶은 박스는 무엇인가 하는 것을 생각하고 고르면 된다.

- 거절과 말다툼
- 비판과 조롱
- 의미 없음과 중요하지 않음
- 고통과 스트레스

위의 네 가지 중에서 한 가지를 고르는데, 만약 이 낱말들 중 당신에게 잘 와닿지 않는 단어가 있다면 그것은 당신이 걱정하지 않는 것이라고 여기면 된다. 각각의 톱카드는 동물을 상징한다.

당신이 만약 고통과 스트레스를 선택했다면 당신은 거북이다. 거북의 톱카드는 편안함이다. 즉 편안한 삶을 추구한다. 거절과 말다툼을 선택했다면 카멜레온이다. 카멜레온의 톱카드는 기쁨이고, 타인을 기쁘게 하는 삶을 추구한다. 의미 없음과 중요하지 않음을 선택했다면 당신의 톱카드는 사자이며, 자신의 삶의 방식이 옳다고 여기는 우월성을 추구하는 삶을 살아간다. 마지막으로 비판과 조롱을 선택했다면 당신의 톱카드는 독수리다. 독수리는 높은 곳에서 주위를 살펴본다. 따라서 상황을 통제하고 계획한 대로 체계적으로 살아가는 삶을 추구한다.

다음에 나오는, 각각의 동물과 톱카드가 의미하는 것을 참고하면 당신 자신과 자녀를 이해하는 데 도움이 될 것이다. 이제는 당신이 다른 동물들하고라면 같이 하지 않을 일들을 생각해본다.

예를 들어, 자녀가 카멜레온이고 당신이 사자라면 어떤 갈등이 생길 수 있을까? 자녀가 부모의 칭찬과 격려를 받고 싶어 할 때, 부모는 부모의 방식을 주장하고 그 방식을 고수하므로 결국 갈등으로 이어질 수 있다.

부모가 거북이고 자녀가 독수리인 경우를 보자. 자녀는 독수리이기 때문에 스스로 결정하고 싶어 한다. 하지만 거북 부모는 걱정이 많고 따라서 잔소리를 많이 하게 된다. 부모는 부모의 방식으로 자녀를 좀 더 도와주려고 하지만 부모와 자녀 사이에는 점점 높은 담이 생겨날 것이다. 이 성격 유형표를 이해한다면 부모와 자녀의 톱카드별로 어떤 갈등이 일어날 수 있는지 이해할 수 있다.

톱카드 성격 유형표

나의 선택	거절과 말다툼
성격 유형	기쁨 (카멜레온)
스트레스를 받았을 때의 행동	친절하게 행동한다. / '노'의 의미를 가진 '예스'를 말한다. / 양보한다. / 내가 필요한 것보다 다른 사람들이 원하는 것을 더 걱정한다. / 바로 직면하기보다는 뒷얘기를 한다. / 모든 것을 개선하려고 하고 모든 사람을 행복하게 해주려고 노력한다. / 이해를 구한다. / 고맙다는 말이 없으면 불평한다. / 수용하고 열심히 일한다. / 최악을 상상한다. / 자동차 헤드라이트 앞의 사슴처럼 조용해진다. / 나의 감정을 피한다. / 나에 대해서 불쌍하다고 느낀다.
스트레스를 받지 않을 때의 여러 장점과 자산들	타인에 대해 민감하다. / 친구들이 많다. / 사려 깊다. / 타협적이다. / 위협적이지 않다. / 자발적이고 봉사 활동을 한다. / 사람들이 나에게 의지할 수 있다. / 사람들 사이에서 긍정적인 면들을 본다. / 내가 인정을 요구하지 않을 때, 나는 사랑스럽고 사랑을 줄 수 있는 사람이다.
내가 야기하거나 겪게 될 문제들	내가 타인을 위해서 한 일에 고마워하지 않을 때 거절당했다고 느낄 수 있고, 악순환의 고리를 만들 수 있다. / 타인이 내가 원하는 것을 알아주지 않을 때 무시당했다고 생각하고 분개한다. / 좋지 않은 상황임에도 좋게 보이려 노력하다가 더 큰 문제에 빠진다. / 자존감이 무너지고 스스로를 덜 돌보게 된다.
스트레스를 받았을 때 다른 사람들에게 원하는 것	타인이 나를 얼마나 사랑하는지 말해준다. / 나를 감동시킨다. / 나를 인정해준다. / 감사함을 보여준다. / 내가 어떻게 느끼는지 솔직히 말해도 아무 문제가 없을 거라는 점을 말해준다.
좀 더 노력해야 할 점	좀 더 열려 있으며 정직하게, 내가 생각하고 느끼는 것을 말하기 / 싫다면 싫다고 말하기 / 다른 사람들이 느끼는 대로 놔두기 - 그들의 행동은 나에 대한 것이 아니라 그들 자신에 대한 것으로 놔두기 / 혼자서 시간을 보내고, 모든 사람을 기쁘게 하는 것을 포기하기 / 다른 사람들이 무엇에 기뻐하는지 내가 혼자 판단하기 전에 그들에게 먼저 물어보기 / 다른 사람들에게 도움이나 다른 관점을 요청하는 것을 두려워하지 않기
내가 갈망하는 것	다른 사람들의 박수를 받으며 내가 원하는 것을 하는 것 다른 사람들이 나를 좋아하고, 나를 받아들이고 우호적이 되는 것 다른 사람들이 나에게 관심을 가지고 귀찮은 일들을 없애주는 것

나의 선택	비판과 조롱
성격 유형	통제 (독수리)
스트레스를 받았을 때의 행동	억제한다. / 다른 사람들을 좌지우지한다. / 조직화한다. / 논쟁한다. / 조용히 다른 사람들이 나를 달래주기를 기다린다. / 스스로 다스린다. / 당신의 감정들을 누른다. / 행동하기 전에 모든 것을 살펴본다. / 불평하고, 한숨 쉬고, 화를 낸다. / 미룬다. / 설명하거나 방어한다. / 신체 활동에 몰두한다. / 벽을 만든다.
스트레스를 받지 않을 때의 여러 장점과 자산들	훌륭한 리더이고 위기 관리자이다. / 확고한, 지속적인, 잘 조직된, 생산적인, 준법적인 특성이 있다. / 원하는 것을 획득한다. / 일의 마무리를 잘하고 잘 파악한다. / 책임진다. / 인내심을 갖고 기다린다. / 통제를 추구하지 않는다면, 관대함과 침착함을 가진 사람이 될 수 있다.
내가 야기하거나 겪게 될 문제들	즉흥성 부족 / 사회적이고 정서적인 거리감 / 다른 사람들이 내 약점을 몰랐으면 한다. / 힘겨루기 상황 / 비판받는다고 느낄 때에는 문제를 다루려 하지 않는다. / 열린 마음 대신 방어적이 된다. / 때로는 허락을 기다린다. / 비록 수세적인 입장이 되더라도 비판적이고 결점을 찾으려고 한다.
스트레스를 받았을 때 다른 사람들에게 원하는 것	괜찮다고 말해주는 것 / 내게 선택권을 주는 것 / 내가 리드하게 하는 것 / 내가 어떻게 느끼는지 물어보는 것 / 감정을 정리할 수 있는 시간과 공간을 주는 것
좀 더 노력해야 할 점	다른 사람들에 대해서 책임을 지는 사람이 아니라는 것을 기억하기 / 없는 문제를 예방하려는 노력을 그만두고, 작은 실천 해보기 / 물러서기 전에 다른 사람들의 말을 먼저 들어보기 / 원하는 것을 생각해보고 그것을 요청하기 / 방어적인 태도를 취하기 전에 듣기 / 도움을 요청하고 선택하기 / 호기심 갖기
내가 갈망하는 것	다른 사람들이 더 잘하고 똑똑함에도 내가 관리자의 위치에 있으려고 하는 것 / 존경을 얻는 것 / 협력과 충성심 / 다른 사람들이 나에 대해서 믿음을 가지고 내가 원하는 것을 하도록 허락해주는 것 / 선택권을 가지고 내 페이스대로 가려고 하는 것

나의 선택	의미 없음과 중요하지 않음
성격 유형	우월성 추구 (사자)
스트레스를 받았을 때의 행동	사람들을 무시한다. / 자신을 지치게 만든다. / 삶의 부조리에 대해서 이야기한다. / 다른 사람들을 고쳐주려고 한다. / 오버한다. / 너무 많은 일을 한다. / 더 잘해야 한다고 끊임없이 걱정한다. / 해야 하는 것에 따라서 행동한다. 울거나 소리치거나 다른 사람들에게 불평한다. / 움츠리거나 고집을 피운다. 우유부단해진다. / 전문가가 된다. / 추종자를 찾는다. / 불필요한 언쟁을 한다.
스트레스를 받지 않을 때의 여러 장점과 자산들	지적이고 정확하고 이상적이다. / 많은 일을 해낸다. / 사람들에게 웃음을 준다. / 많은 칭찬과 상을 받는다. / 다른 사람들의 조언을 구하지 않고도 일을 곧잘 해낸다. / 자아존중감이 풍부하다. / 타인의 인정을 바라지 않는다면 깊이가 있고 중요한 사람이 될 수 있다. / 다른 사람에게 영감을 줄 수 있다.
내가 야기하거나 겪게 될 문제들	압도당하거나 부담을 갖게 된다. / 다른 사람들로 하여금 중요하지 않고 무능력하다고 생각하게 만든다. / 아는 체하는 모습을 보이며, 버릇없고 모욕감을 주면서도 이것이 문제인 줄 모른다. / 더 잘할 수 있다고 생각하기 때문에 결코 행복해질 수 없다. / 주변의 불완전한 사람들과 지내야 한다고 생각한다. / 때때로 아무것도 하지 않는다. / 나의 가치에 대해서 너무 많은 시간을 소비한다.
스트레스를 받았을 때 다른 사람들에게 원하는 것	내가 얼마나 중요한지 말해주는 것 나의 공헌에 대해서 고맙다고 이야기해주는 것 작은 단계로 시작하게 해주는 것 내가 옳다고 이야기해주는 것 내가 특별하고 중요하다고 이야기해주는 것
좀 더 노력해야 할 점	비난할 거리를 찾는 것을 멈추고 해결책에 집중한다. 나를 포함해 사람들에게 칭찬할 것이 있으면 칭찬한다. 내가 가지고 있지 않는 것보다 내가 가진 것에 집중한다. 다른 사람들에게 관심을 더 가지고 호기심을 갖는다. 걷고 운동하고 건강한 것을 먹는다.
내가 갈망하는 것	최고가 되기 위해서 나의 가치를 증명하는 것 / 다른 사람들에게 인정받고 감사함을 받는 것 / 영혼의 관계 / 정의롭고, 차이를 만들 수 있고, 정의롭다고 인정받는 것

나의 선택	고통과 스트레스
성격 유형	편안함과 회피 (거북)
스트레스를 받았을 때의 행동	농담을 한다. / 현학적으로 말을 한다. / 자신이 잘하는 것만 하려고 한다. / 새로운 경험을 피한다. / 저항이 가장 작은 길을 택한다. / 문장을 덜 마친 채 끝낸다. / 위험을 피한다. / 부족하다는 것을 감추기 위해서 숨는다. / 과장된 행동을 한다. / 불평한다. / 소리 지르거나 운다. / 하나하나 세세히 관리하려고 해서 다른 사람들을 해친다. / 달려들어 무는 거북처럼 상대방을 공격하고 숨는다. / 자신의 마음을 숨긴다.
스트레스를 받지 않을 때의 여러 장점과 자산들	주변 사람들을 유쾌하게 해준다. / 유연하고 창의적인 사고를 한다. / 여유 있게 자신이 하는 일을 잘한다. / 자기 내면의 요구를 성찰할 수 있고 자신을 잘 돌본다. / 타인을 신뢰할 수 있다. / 다른 사람들에게 편안한 느낌을 줄 수 있다. / 편안함만을 추구하지 않는다면 용기와 품위를 지닌 사람이 될 수 있다.
내가 야기하거나 겪게 될 문제들	지루함, 게으름, 생산성이 부족하다. / 동기부여가 힘들다. / 자신이 맡은 역할을 하지 않는다. / 특별한 관심과 돌봄을 요구한다. / 속으로 걱정을 많이 하지만 다른 사람들은 그것을 잘 모른다. / 갈등에 맞서기보다는 불편한 상황에 계속 머무른다. / 독립적이 되기보다는 보호받기를 원한다. / 다른 사람들을 짜증나게 하거나 지루한 감정을 느끼게 할 수 있다.
스트레스를 받았을 때 다른 사람들에게 원하는 것	방해하지 않기 / 내 의견 물어보기 / 조용히 경청하기 / 나를 위한 공간을 만들어주기 / 신뢰를 보여주기 / 단계적으로 성공할 수 있도록 도와주기
좀 더 노력해야 할 점	나를 위한 일과를 만든다. 처음에는 단지 보기만 하더라도 가까이 가서 주변에 머무른다. 추측하지 말고 계속 자신이 원하는 것을 말하고 궁금하다면 질문을 한다. 내가 느끼는 감정을 다른 사람들에게 이야기한다. 내가 편한 상태가 될 때까지 상대방에게 보조를 맞춰달라고 요청한다. 자신의 능력을 다른 사람들과 나눈다.
내가 갈망하는 것	자신 앞에 놓여 있는 일들이 쉽고 간편하기를 바란다. 자신만의 공간을 찾고, 내가 편안함을 느끼는 일의 속도를 추구한다. 논쟁하기를 원하지 않는다.

이것은 부모만의 몫은 아니다

비록 이 책이 청소년을 둔 부모들을 위한 책이고, 자녀와의 관계를 개선하기 위해 부모가 알아야 하거나 실행할 수 있는 다양한 정보와 제안을 담고 있지만, 부모만 변하기를 바라는 것은 아니다. 이 책을 읽은 청소년들은 우리에게 긍정적인 피드백을 주었으며, 이 책의 내용에 동의를 표했다. 또 그들은 이러한 긍정의 훈육으로 부모들이 훈육해주길 원했다. 청소년들 스스로도 좋은 관계를 만들기 위한 아이디어를 얻을 수 있었다고 한다. 우리는 자녀들과 함께 이 책을 보고, 부모와 자녀가 함께 책에 나온 활동들을 해볼 것을 권한다. 자녀들로부터 훈육에 대한 아이디어를 얻을 수도 있다. 또 아이들도 좋았던 것들을 친구들과 함께 하면서 배우게 될 것이다.

청소년들의 행동이 그들이 의식하지 못하는 인식의 결과라는 것을 이해할 때, 어떤 원인이나 질병을 찾으려는 일을 멈추고 부모와는 다른 자녀의 현실을 바라보게 된다. 자녀를 바라보는 눈이 바뀌면, 자녀에게 용기를 줄 수 있는 다양한 방법들에 더욱 쉽게 집중할 수 있다. 이러한 훈육은 부모 스스로를 격려하는 선물이기도 하다.

감정은 아이의 코드(메시지)를 읽을 수 있는 열쇠

어긋난 목표 행동의 코드를 읽는 열쇠는 바로 '어긋난 목표 차트'의 두 번째 칸에 있는 당신의 감정이다.

> 당신의 감정이 짜증나고, 걱정되고, 성가시고, 죄책감이 느껴지면 자녀의 어긋난 목표는 바로 지나친 관심 끌기이다. "난 부모님이 나에게 집중하고 돌볼 때만 소속감을 느껴요."

> 당신의 감정이 도전받고, 위협을 느끼고, 패배감이 느껴진다면 당신 자녀의 어긋난 목표는 바로 힘의 오용이다. "난 대장이야", 또는 "아무도 나의 대장이 되지 못하게 할 거야."

> 당신의 감정이 상처받고, 실망스럽고, 믿음이 안 간다면 자녀의 어긋난 목표는 바로 보복이다. "난 상처받았고 사람들에게 똑같이 복수할 거야."

> 당신의 감정이 무력하고, 희망이 없고, 기대에 미치지 못한다고 느낀다면 자녀의 어긋난 목표는 바로 무기력이다. "난 어떤 것도 할 수 없어. 포기할 거야. 날 혼자 둬."

이 장에서 배운 친절하며 단호한 훈육법

1. 가족 파이 중 자녀의 자리를 이해하는 것은, 자녀가 왜 그런 생각을 하고 행동을 하는지 이해하는 데 도움이 된다. 또한 출생 순서에 대한 이해 역시 자녀를 이해하는 데 큰 도움이 된다.

2. 모든 행동에는 목적이 있다. 자녀는 자신이 하는 행동에 목적이 있다는 것을 인식하지 못할 수도 있다. 부모가 스스로의 감정을 살피다 보면, 자녀 행동의 목적을 이해할 수 있고 자녀 훈육을 위한 유용한 정보를 찾을 수도 있다.

3. 행동에 반응하지 말고 '어긋난 목표 차트'를 이용해 목적을 이끌어주라.

4. 당신의 톱카드를 이해하면 자녀들을 키우는 방식이 자녀마다 달라진다는 것을 훨씬 쉽게 이해할 수 있다.

어긋난 목표의 고리를 깨라!

스스로에게서 문제의 원인을 찾아본다.

1. 함께 이야기를 나눌 수 있는 친구나 심리 치료사를 만난다.

2. 있었던 일을 적어본다. 부모와 자녀 사이에 있었던 일을 사실적으로 쓰다 보면 되돌아볼 수 있으며, 그로부터 통찰력을 얻을 수 있다.

3. 자녀에게 물어본다. 당신은 독심술을 할 줄 모른다는 것을 자녀에게 알려준다. 때때로 자녀의 이야기를 경청하지 않았다는 점을 인정하면서 이제는 잘 듣고 싶다고 말한다. 문제를 해결하기 위해 노력하고 싶다고 제안한다. ("엄마가 너에게 상처가 되는 말을 했었지?"라고 말을 하면 자녀는 속상했던 이야기를 곧잘 한다.)

4. 어긋난 목표 차트를 보고 해결을 위한 아이디어나 영감을 찾는다.

앞으로 어떻게 될지에 관해 추측해본다. 이때 자녀에게 들리게 소리를 내어 말한다. 당신의 추측이 옳다면 자녀의 반응 줄을 건드리게 될 것이다. 당신의 자녀는 이해받고 있다고 느끼고, 당신이 제대로 추측했다는 것을 알게 될 것이다. 그러나 당신의 추측이 틀려도 괜찮다. 당신의 목표는 답을 맞히는 것이 아니라 정보를 얻는 데에 있기 때문이다.

자녀의 인식을 이해할 때, 공감할 수 있다. 부모는 자녀가 어떤 결론을 내릴지 알 수 있다는 것도 말해준다. 그러고 나서 자녀와 부모 모두에게 힘을 주는, 변화를 위한 계획을 함께 세운다.

자녀의 문제 행동에
어떻게 대처할까

부모 자신과 자녀에게 믿음 가지기

부모 교육에 찾아온 많은 부모가 자녀들의 문제 행동을 어떻게 다루어야 하는지에 대해 질문한다. 이번 장은 이런 심각한 행동들에 대해 다룬다. 친구 관계, 다툼, 놀림, 중독 행동, 성행위, 성폭력, 자해, 자살, 식습관 문제 등을 다루게 되는데 우선 그나마 가장 쉬운 문제부터 이야기해보자.

친구 관계 또는 소외 문제

일반적인 수준을 넘어서서 오래동안 친구들과 어울리지 못하거나 스스로를 고립시켜온 자녀가 있다면 정말 겁나는 일일 것이다. 그럴 때 자녀가 해결을 위한 팁을 원한다면, 다음의 내용을 추천한다.

- 자기 자신에 대한 생각과 감정으로 만들어내는 에너지를 알아차린다. 그 에너지가 안전하지 않다고 느껴지면, 나의 행동도 불안정하게 된다. 반대로 자신감 있게 느껴진다면 나의 행동에도 자신감이 묻어난다. 자신감의 에너지는 매우 매력적이다. 그러나 불안한 에너지는 그렇지 않다. 내가 불안한데 불안하지 않은 것처럼 행동하라는 것은 아니다. 또 감정을 억지로 만들라는 것도 아니다. 단지 스스로의 에너지를 알아차리는 것이 첫 단계라는 것이다. 만약 자신감의 기운을 느끼지 못한다면, 자신감을 높일 수 있는 방법을 찾는다.
- 내가 싫어하는 행동을 다른 사람들에게 하지 않는다. 뒤에서 험담하는 대신, 대면해서 이야기를 나눈다. 잘못된 소문을 만들지도 퍼트리지도 않는다.
- 학교에서 다닐 때면 웃는 연습을 한다. 이 웃음이 가식적인 웃음을 의미하는 것은 아니다. 스스로 행복했던 순간을 떠올리면 표정은 추억을 드러낼 것이다.
- 주위 사람들에 대해 관심을 가진다. 친구들이 어떤 것에 흥미가 있는지 흥미와 관련된 질문을 한다.

비슷한 흥미를 가진 활동을 함께 할 수 있도록 기회를 주는 것도 방법이다. 스키, 운동, 무용, 무술, 체스, 교회 등 같은 흥미를 가지고 친구를 사귈 수 있는 곳들은 많다. 때론 이런 활동을 시작하기 전에 자녀에게 큰 기대를 갖기도 하고, 자녀가 그만두겠다고 해도 4번 이상은 더 시도하라며 몰아세우는 경우도 있다. 친구 관계에서 어려움을 가진 자녀에게 필요한 것은 부모의 친절한 도움이다.

또 다른 방법으로는 "너의 행동이 장기적으로는 어떤 결과를 가져올까?"라고 물어볼 수 있다. 자녀가 친구들의 비판을 무서워하고 "함께 놀자."라는 말을 꺼내는 것을 두려워하며 누군가 먼저 말을 걸어주길 바란다면, 친구가 없는 것은 당연한 일일 것이다. 다음의 이야기는 그런 자녀에게 흥미와 감동을 준다.

루이스 로슨시 박사는 어려서 수줍음이 많았다. 그런데 지금은 16권의 책을 낸 작가이며 '성공적인 삶과 긍정적인 사람'이라는 심리학으로 많은 사람에게 감동을 주고 있다. 북미 아들러협회 콘퍼런스에서 루이스는 자신의 어린 시절에 대해 이야기를 들려주었다.

루이스의 친구는 거리에서 끌리는 이성이 있으면 데이트를 신청했는데 루이스는 그런 친구와 함께 길을 걷는 것이 정말 부끄러웠다. 데이트 신청을 하면 8할은 거절을 당했다. 그러나 루이스가 매주 토요일 집에서 시간을 보내는 동안, 그의 친구는 "예스"라고 대답한 2할의 이성과 데이트를 즐겼다. 물론 당신의 자녀에게 "길에서 만나는 모든 이성에게 말을 걸어봐."라고 말하라는 것은 아니다. 하지만 "예스"를 할지 "노"를 할지는 상대의 몫이고 당신의 자녀는 그 위험에 도전해야 하는 것이다.

이젠 부모 스스로의 행동을 되돌아본다. 자녀에게 어떻게 행동해야 하는지를 말로 하고 있다면 그 영향력과 효과는 미미하다. 기억할 것은, 자녀는 부모가 어떻게 행동하는지를 보면서 배운다는 것이다. 자녀가 부모의 최악의 습관을 모방할 수도 있다. 예를 들어, 운전을 할 때 욕을 하거나 다른 사람의 잘못된 행동에 소리를 지르는가? 물건 판매원이나 서비스 직원에게 하대를 하는가? 당신의 자녀가 당신의 부정적인 태도를 보면서 배우는 것은 어쩌면 당연한 일이다.

자녀의 친구관계를 돕는 가장 좋은 방법은 자녀가 그 상황을 직면할 수 있도록 하는 것이다. 실제 일어나지 않은 일 때문에 걱정이 많은 자녀라면 더욱 효과적이다. 아이는 "정말 세상에는 내 친구가 없어."라고 생각할 수 있지만, 보통은 하루 이틀 정도면 회복이 된다. 그러나 부모가 모든 힘든 상황을 해결해주거나 자녀가 그 문제를 직면하지 않는다면 자녀는 일어나지 않는 일들을 실제보다 더 크게 걱정하며 살아간다.

자녀의 친구가 마음에 안 들 때

자녀가 부모의 마음에 들지 않는 친구와 어울릴 때 많은 갈등이 일어난다. 부모들에게 자녀의 친구는 고민거리다. 자녀의 친구는 자녀의 선택과 행동에 많은 영향을 미치기 때문이다. 그러나 부모들이 이 문제를 다루는 방식은 대개 부모와 자녀 사이의 갈등을 더 심화시키고, 부모가 마음에 안 들어 하는 그 친구와 자녀의 관계는 더 돈독하게 만든다. 부모 마음에 들지 않는 친구와 자녀가 사귀는 것을 막아내는 데 성공하는 부모는 거의 본 적이 없다. 왜냐하면 부모가 자녀의 일거수일투족을 감시할 수는 없기 때문이다. 당신의 자녀가 어떤 친구와 지내는지를 완벽하게 통제할 수는 없다.

대신 반대로 자녀의 친구를 제어할 수는 있다. 자녀의 친구를 집으로 초대하는 것도 가능하다. 자녀의 친구와 농담을 하거나 가벼운 대화를 나눈다. 자기 손님을 환영하는 분위기에서 자녀는 편안함을 느낄 수 있고 부모의 영향력은 더 커진다. 또한 청소년들의 바르지 않은 행동들은, 따뜻하고 환영받는 환경을 경험하지 못했다는 표시이기도 하다. 따라서 친구를 집으로 초대해 환영해주는 것은 그 친구에게는 큰 격려의 경험이 된다.

만약 그 친구가 자녀에게 미치는 영향력이 걱정이 된다면 솔직하게 이야기한다. 이 책에는 몇 가지 방법이 소개되어 있다. 역할극, 가족회의, 함께 문제 해결하기, 호기심 질문법을 활용할 수 있으며 이를 통해 당신의 자녀는 잠재적으로 위험한 상황을 해결할 수 있는 많은 기술을 익힐 수 있다. 이 과정은 부모가 자녀와 감정을 나누는 기회일 뿐 아니라 미래에 대해 생각하고 준비하는 기술을 익히는 기회이다. 물론 이 과정이 모든 실수를 막지는 못하겠지만, 적어도 줄일 수는 있다.

지금 하는 자녀의 어떤 행동은 한때의 과정일 수 있음을 꼭 기억한다. 또한 그 친구의 행동도 영원하지는 않다는 것을 기억한다. 많은 부모가 자녀의 친구가 사실은 괜찮은 아이였다는 사실을 알고 나서, 전에 의심하며 대한 것 때문에 당황해하기도 한다.

괴롭힘

지금부터는 자녀와 부모에게 더 힘든 문제들을 다룬다. 따돌림, 폭력, 음란 채팅, 사이버 폭력이나 그 밖의 안전과 관련된 문제들에 관해 아이들이 도움을 요청한다면 매우 진지하게 대해야 한다. 만약 자녀가 도움을 요청하지 않는다면, 어른들이 공격적인 행동이나 폭력을 예의 주시하고 관찰해야 하며 때때로 문제에 개입해야 한다. 왕따나 학교 폭력 문제를 해결하는 가장 효과적인 방법은 가족과 학교 등 모든 공동체가 해결에 함께 참여하는 것이다. 학급회의나 동아리 활동, 정의 회복 프로그램 그리고 가족회의 등을 통해 어떤 일이 벌어졌는지 이야기를 나누고 해결책을 찾으며 책임 있는 행동을 배워 나간다.

학교 폭력의 피해 아이들에게 놀림에서 벗어나 친구를 사귀는 방법을 가르치는 프로그램이 많이 있다. 놀리거나 놀림을 당한 아이들에게 우선은 격려와 용기를 주는 환경을 만드는 것이 필요하다. 가해 아이는 상대에게 공감하는 능력을 배우고, 인정과 힘, 그리고 정의를 어떻게 건강한 방법으로 얻을 수 있는지를 배운다. 피해 아이는 피해를 당할 때 어떻게 해결할 수 있는지를 배우게 되고 덜 고립되는 방법을 배운다. 또한 목격자들은 평화를 지키기 위해 어떻게 개입해야 하는지를 배우게 된다. 이를 통해 학교의 모든 공간을 안전하게 만들 수 있다. 이런 모든 기술들은 학급회의를 통해 배울 수 있다.

괴롭힘은 신체적, 언어적, 정서적으로 이루어지며 더 힘이 있거나 영향력이 있는 아이가 그렇지 않은 아이를 대상으로 해서 행한다. 대면 상황에서 일어날 수도 있고 사이버상에서 이루어질 수도 있다. 가해 아이, 피해 아이 그리고 목격자나 영향을 미친 모든 아이들이 함께 문제를 해결해야 한다. 많은 학교에서 이러한 문제를 해결하기 위한 프로그램을 운영하고 있다. 아이가 이 문제를 혼자 해결할 수 있으리라고 기대하는 것은 현실적이지 않다. 오랜 시간 학교 폭력을 경험한 아이의 경우 극단적인 선택을 하게 되는데, 자살하거나 친구나 교사를 공격하거나 심지어 총을 쏘는 경우도 있다.

많은 사람이 학교에서 일어나는 폭력에 대해 잘못된 해결책에 집중한다. 위험한 물건을 통제하거나 교복, 체벌, 보호관찰, 가해자를 분리하거나 벌주거나 부모에게 책임을 묻는 등 잘못된 접근을 한다(부모에게 책임을 묻는 것은 자칫 아이에게 이중처벌이 될 수 있으므로 해결책에 초점을 두고 부모가 함께 이 문제를 해결해야 하고, 학교의 규칙을 존중하게 만들어야 한다. ─옮긴이). 아이들에게 자기 원칙, 책임감, 자신과 타인에 대한 존중, 문제 해결 등 학급회의를 통해 배울 수 있는 기술들의 가치에 대해 정말 진지하게 논의할 필요가 있다. 이것은 『학급긍정훈육법』(한국어판은 2014년 에듀니티에서 출판)에 소개되어 있다.

학급회의를 통해 아이들은 자신의 힘을 건강하게 사용하는 방법을 배우고 소속감을 느끼게 된다. 정기적인 학급회의는 학교 폭력을 줄인다. 학급회의 시간에 격려와 감사를 나누는 것도 매우 효과적이다. 미국 컬럼바인 고등학교 총격 사건에서 살인을 저지른 에릭 해리스가 자신의 일기에 '만약 누군가 나에게 격려를 해주었다면 이 모든 상황은 달라질 수 있었을 텐데.'라고 적은 것은 주목할 만한 점이다.

아이들은 나이가 들면서 위협이나 갈취 등 더 심한 학교 폭력에 직면할 수 있다. 제프는 이런 일로 매일 아침 학교에 가는 것이 두려웠다.

친구들과 다른 취향의 옷을 입거나 성격이 내향적이라는 이유로 놀림을 당했다. 처음에는 말로 놀리더니 얼마 지나지 않아 밀치거나 속이는 등의 더 심한 폭력으로 번졌다. 심지어 제프가 게이라는 소문을 인터넷에 유포하는 등 사이버 폭력으로 심각해지기까지는 그다지 오랜 시간이 걸리지 않았다.

제프는 학교생활에서 어려움이 심해졌고 복통을 겪기 시작했다. 밀폐된 공간에서 성적 수치침을 주는 장난이나 괴롭힘을 당할까 봐 무서워서 혼자서 화장실에 가는 것이 두려웠다. 혼자의 힘으로 이 모든 상황을 해결하는 것은 제프에게는 너무도 힘든 일이었다.

어른의 개입 없이는 제프가 이 상황을 개선할 수 없었다. 제프는 자신의 상황을 누군가에게 말하는 것이 주저되었고 또 만약 누군가에게 말을 했을 때 혹시나 친구들의 괴롭힘이 더 커지지 않을까 걱정되기도 했다. 다행히도 제프의 부모는 제프의 이상한 변화를 감지하고 학교에 상담을 요청하겠다고 말했다. 부모의 촉구에 의해 그 동안의 학교 폭력이 드러나게 되었고 상담사는 제프의 이름을 언급하지 않고 이 상황을 조사하겠다고 말했다. 그러면서 해결책도 말해주었다. 친구들의 놀림이나 장난에 반응하지 않고 지나치거나, 자신감이 생기지 않더라도 용기 있는 척하며 자신감 있게 행동하기, 학급 활동에 적극적으로 참여하거나 방과 후 활동 등에 참여해 친구를 사귈 수 있는 기회를 만드는 것이었다. 가장 중요한 것은 제프가 혼자가 아니라는 것과, 따라서 언제든 힘든 순간에 도움을 받을 수 있다는 격려였다. 제프에게 정말 도움이 되었던 것은 친구를 사귄 것과 그 친구가 한 말이었다.

"다른 아이들이 너에 대해 이상한 이야기를 하는데 난 믿지 않아. 나랑 게임할래?"

　자녀에게 방어하는 법을 알려주는 것은 어쩌면 효과적인 공격이기도 하다. 당신의 자녀가 형제자매와 다툼을 벌인다면 그 순간이야말로 이런 것들을 연습할 수 있는 좋은 기회이다. 부모는 어느 한 편을 들지 않고 한 배를 태우고 오롯이 문제에 집중해서 해결할 수 있도록 환경을 만들어야 한다. 또 부모는 자녀가 폭력으로부터 스스로를 보호할 수 있는 방법을 배울 수 있도록 해야 한다. 폭력에 더 큰 폭력으로 대하라고 말하는 것은 옳지 않다. 오히려 자신감을 가지고 상황을 헤쳐 나가는 방법을 알려주어서 신체적인 폭력이 일어나지 않도록 하는 것이 옳다('불편해!'라고 말하거나 '그만해'라고 부드럽고 단호하게 말하는 연습이 필요할 수도 있다. ─옮긴이).

약물, 음주 등 중독성 행동들

　중독성 약물 남용은 오늘날 청소년 자녀를 둔 부모에게 큰 걱정거리이다. 약물 과다 복용이나 약물 및 음주 관련 사고로 십대의 죽음을 초래하거나 삶을 황폐하게 만드는 이야기를 들은 적이 있을 것이다. 또한 아이들이 중독성 약물에 끊임없이 호기심을 가진다는 사실도 이미 알고 있을 거라고 생각한다. 어쩌면 파티에서 누군가 당신 자녀의 음료수나 술잔에 뭔가를 타서, 자녀가 자신의 의사와는 전혀 무관하게 성추행이나 성폭행 등 악몽 같은 경험을 하게 만들지도 모른다. 대부분의 다른 부모들과 마찬가지로, 당신은 아마 이 모든 일들에 어떻게 대처해야 할지 고민이 될 것이다.

약물 오남용에 대한 부모들의 두려움은 어린 시절 약물을 사용한 경험이 있는 부모라면 더 클 수밖에 없다. 이런 부모들은 십대 자녀가 실수를 저지르고 영영 회복하지 못할까 봐 걱정을 한다. 약물 사용 경험이 없는 부모들의 경우는 약물 사용에 대해 나쁜 인상이나 두려움을 가지고 있다. 자신의 자녀가 약물을 사용하는 경험을 하기 전까지는 그 문제가 얼마나 심각한지 미처 생각하지 못한다. 그들은 자녀가 약물을 사용하는 것을 발견하기 전까지는 마약이나 약물이 문제가 될 수 있음을 전혀 깨닫지 못하다가, 마약 관련 사고를 발견하거나 비어 있는 맥주 캔이나 술병을 보고서야 당황해한다.

약물 오남용에 대한 징후로는 행동 변화, 공격성, 우울증, 수면과 식습관 변화, 체중 감소, 중요하게 생각해오던 활동들에 대한 관심이 줄어드는 것 등을 들 수 있다. 전문가들 중에는 이러한 행동을 정신 질환으로 잘못 해석하는 경우도 있다. 부모들이 자녀의 문제를 약물과 중독이라는 관점에서 보기보다는 정신적인 문제로 진단하는 것을 선호한다는 것은 긍정훈육의 관점에서는 슬픈 현실이다.

불행히도 약물이나 음주 등의 중독성을 인정하지 않는 사례가 아주 많다. 우리는 이것을 잘못된 정보나 오보라고 생각한다. 대마초가 중독성이 없으며 심지어 어떤 면에서는 십대에게 좋은 점도 있다고 말하는 전문가도 있다. 그들은 자신들의 견해를 바꿀 생각이 없어 보인다. 그러나 약물을 끊을 경우 많은 사람이 약물 없이 생활하는 것을 힘들어한다는 것을 볼 때, 약물이 긍정적일 수 있다는 의견에 동의할 수 없다.

다른 잘못된 정보는 담배나 술, 처방전을 받아서 혹은 처방전 없이 구입할 수 있는 약물들이 중독성이 없다거나 그 해를 과소평가하게 만든다. 그 다음은 코카인, 흡입제, 엑스터시, 헤로인, 암페타민, 환각제 등 당신도 잘 모르는 약물들이다.

마약과 약물이 부모들을 두렵게 하고 잠재적으로 청소년들에게 피해를 입히는데도 왜 이렇게 인기가 있을까? 일부 청소년들은 한 번쯤 경험해보길 원하고 그 효과를 궁금해한다. 또 다른 청소년들은 친구들이 하니까 함께 하고 싶어 한다. 또 다른 아이들의 경우는 약물을 하면 부끄러움이 줄어들거나 덜 지루해지거나 더 자유로워지거나 더 빨라지거나 더 매력적으로 보이거나 더 편안해지거나 더 행복해진다고 말한다.

약물 사용에 대해 긍정적으로 말하는 연예인들을 모방하기 위해 사용하기도 한다. 어떤 청소년들은 현실에서 벗어나기 위해서 또는 '기분 좋은 순간'을 위해 약물을 사용하기도 한다. 또한 다이어트를 위해 약물을 사용하거나 시험공부를 위해 잠을 쫓기 위해 사용하기도 한다. 여성을 유혹하거나 여성에게 몰래 약물을 사용해 성행위를 시도하기 위해 사용하기도 한다. 더 어른처럼 보이기 위해 사용하기도 하고, 혹은 멋있어 보이는 사람이 약물 사용을 권했고 그래서 그런 사람과 비슷해 보이고 싶어서 사용을 시작했다고도 한다.

청소년들은 부모와 관계가 나빠질 뿐 아니라, 구토, 발작, 빠른 심장박동, 호흡 곤란, 심지어 사망까지 온갖 종류의 약물 부작용에도 불구하고 약물을 끊겠다고 결심하지 못해 약물을 계속 사용한다. 청소년들은 '단기적인 즐거움'과 '빠른 해결'을 강조하는 문화 속에서 자랐다. 따라서 약물을 사용하는 것은 그런 문화와 부합할지도 모른다. 많은 청소년은 다양한 감정 단어를 알지 못한다. 자신의 감정을 솔직하게 표현할 상대나 그럴 만한 기회를 찾지 못했을 수도 있다. 이런 청소년들에게 약물은 자신의 감정을 마비시키고 문제가 사라진 것처럼 느끼게 만든다. 또한 과잉보호를 받은 아이의 경우는 부모의 통제에 대해 반항하거나 거부하는 방편으로 약물을 사용하기도 한다.

자녀가 약물을 사용한다면 부모들은 두렵기 마련이다

두려운 것은 당연하다. 당신이 약물을 사용한 경험이 있다면 그때의 기억을, 아니면 친구나 가족의 경험을 떠올릴 것이다. 최근 많은 양육서에서는 부모가 청소년들 삶의 일거수일투족을 알아야 한다고 주장한다. 이런 책들은 부모는 자녀의 친구들이 누구인지, 또 그들과 어떻게 지내는지를 관리해야 하며, 친구의 부모들과 소통하고 청소년들의 일탈을 감시하며, 아이들이 일탈 장소에 가는 것을 단호히 반대해야 한다고 주장한다.

다음 질문은 부모들 사이에 논쟁을 불러일으키곤 한다.

"부모가 자녀의 방을 검사해야 하나요?"

만약 부모가 걱정이 된다면, 몰래 자녀의 방을 뒤지거나 감시하기보다는 자녀의 행동에 대해 걱정하고 있다고 자녀에게 솔직하게 이야기한다. 자녀의 안전을 위협하는 뭔가를 숨기는 것 같아 걱정이 된다고 말하는 것이다.

"너의 안전이 걱정돼. 솔직하게 서로 대화를 했으면 좋겠어."라고 대화를 시도해본다.

만약 자녀가 이런 정중한 대화를 거절한다면, 그때는 자녀의 허락 없이 방을 뒤질 것이라고 명확히 알려주어야 한다. 아니면 전문가의 도움을 받을 것이라고도 할 수 있다. 자녀를 사랑하기에 타인이나 스스로에게 위험을 가할 수 있는 상황을 그냥 둘 수 없다고 알려주는 것이다. 또 약물 사용에 대해서는 무시해 버리거나 스스로 해결할 수 있을 거라 기대하는 것은 매우 힘든 일이므로 함께 해결해야 한다고 말한다.

앞에서 언급한, 아이들의 모든 행동을 감시하는 양육방식(부모는 자녀의 친구들이 누구인지, 또 그들과 어떻게 지내는지를 관리해야 하며, 자녀 친구의 부모들과 소통해야 하며, 청소년들의 일탈을 감시하고, 일탈 장소에 가는 것에 단호히 반대해야 한다는 양육방식)은 분명 약물 사용을 막는 데에는 효과적일 수 있다. 하지만 그런 양육방식이 아이의 전체적인 삶에 미치는 영향을 고려하면 다시 생각해보아야 한다.

긍정훈육협회에서는 수백 명의 청소년들을 상담했다. 부모들과의 관계가 달걀 위를 걷는 것처럼 불안하다고 말하는 이야기를 들을 때마다 슬프다. 청소년들은 자신들의 결정이 어떤 의미가 있고 어떤 영향을 미치는지에 대해 비난받는 일 없이 부모와 이야기를 나누고 싶어 한다. 하지만 부모를 실망시킬까 봐, 문제가 커질까 봐, 거절 당할까 봐 걱정한다. 그러면 청소년들은 어떻게 할까? 몰래 하거나 거짓말을 하거나 피하거나 심지어 반란을 일으키기도 한다. 청소년들은 슬프고 상처받고 걱정하고 화를 낸다.

부모들은 "왜 우리 아이가 거짓말을 할까요?"라고 묻는다. 우리는 "당신을 사랑하니까요."라고 대답한다. 자녀는 자립을 해야 할 필요가 있다. 그리고 자녀는 부모를 실망시키고 싶어 하지 않는다. 그래서 규칙을 탐구하고 시험해보고 때론 어기기도 한다. 규칙을 어겼을 때는 부모를 실망시키고 싶지 않아 거짓말을 하기도 한다.

물론 모든 아이가 거짓말을 선택하지는 않는다. 몇몇은 부모에게 솔직하게 이야기를 한다. 이렇게 솔직하게 자신의 이야기를 털어놓을 수 있는 것을 부러워하는 아이들도 있다. 심지어 부모에게 파티에서 술을 마시려고 한 일을 털어놓기도 한다. 그럴 때 그들의 부모는 화내는 대신, 그런 행동이 어떤 결과를 가져올지에 대해 생각해볼 수 있도록 도와주었다. 그 경험에 대해 느낌이 어땠는지 물어봐 주었고 들어주었다. 그리고 책임 있는 음주와 무책임한 음주에 대해 이야기를 나누었고 그 차이점에 대해 아는지 물어보았다. 그리고 자녀의 생각을 들어주었다.

이와 같은 경우에 아이는 스스로 생각하고 선택의 결과를 스스로 탐구하는 것(책임을 '강제'하는 것과는 다름)에 대해 배웠기에 자신의 삶에 대해 진지하게 생각했다. 음주에 대해서도 당연히 많은 생각을 했을 것이다. 아이는 "저는 그 친구처럼 술에 취해 그런 바보 같은 행동을 하지 않을 거예요."라고 말했다. 또한 매일 습관처럼 마시고 싶지 않다고도 했다. 더욱이 알코올중독자는 되고 싶지 않다고 이야기했다. 또한 술을 마시고 운전을 하지 않을 것이며, 술을 마시고 운전을 하려는 친구가 있다면 차 열쇠를 뺏겠다고 했다(이는 매우 책임 있는 행동이다).

때론 친구들의 요구나 분위기를 깨지 않기 위해 술을 마셔야 한다면 어떨지에 대해서도 이야기를 나누었다. 그러자 아이는 그런 경험이 있었다고 솔직하게 말했다. 이런 대화를 하며, 설교나 잔소리가 아닌 서로 생각을 나누고 정보를 나누었다. 몇 주 후 아이는, "저는 친구들이 술을 마시라고 하거나 압력이 있더라도 술을 마시지 않을 거예요."라고 말했다. "대신 친구들을 집에 안전하게 데려다줄 수 있어요."라고 덧붙였다.

또 다른 청소년은 다르게 말한다.

"저도 부모님과 자유롭게 모든 것을 이야기하고 싶어요. 하지만 스포츠와 같은 안전한 이야기만 나눌 수 있죠. 부모님은 제가 운동을 잘한다는 것은 아시지만, 제가 겪고 있는 문제들은 몰라요. 또 부모님이 생각하는 나, 또는 나에 대한 부모님의 바람은 알지만, 내가 진정 누구인지는 모르겠어요."

약물 문제에 대한 제안들

약물 사용에 관한 많은 정보를 살펴보았다. 그럼에도 여전히 질문이 남는다. "그래서 어떻게 해야 하죠?"라고 말이다. 어떤 아이들은 부모가 자녀에게 약물을 사용하지 않았으면 한다고 말하거나, 그랬을 때의 부모 마음을 이야기하면 약물을 사용하지 않을 것이다.

또는 음주나 약물이 없는 클럽이나 안전한 파티, 안전한 오토바이 경주대회, 약물이나 음주 금지 캠페인 등의 활동에 참여할 수 있다. 이러한 활동이 음주 및 약물 문제를 모두 해결하지 못할 수는 있지만, 적어도 이러한 노력들은 매우 중요하며, 차이를 만들어낸다. 어떤 식으로든 부모로서 노력하고 있다는 그 자체와 그런 노력이 차이를 만들어낸다는 것에 뿌듯한 마음이 들 것이다.

당신의 자녀가 술을 마시지 않을 거라고 생각하더라도 술이 건강에 미치는 영향을 이해하고 있는지를 확인해볼 필요가 있다. 술을 너무 많이 마셔서 구토를 하고, 그 구토에 질식하여 사망한 이야기는 참으로 비극적이다. 보드카에 과일 주스를 타서 마실 경우 쉽게 취하게 되고 자신이 느끼지 못하는 사이 알코올 수치는 신체를 마비시킬 정도가 된다는 것을 어른들이 이야기해 주었다면 그런 일은 벌어지지 않았을 수도 있었을 것이다. 실제 그런 일이 벌어지면 사람은 의식을 잃고 죽을 수도 있다.

자녀의 친구들 중 누군가가 이런 증상을 보인다면 즉시 도움을 요청해야 한다고 교육한다. 정신적 혼란이나 인사불성 증세, 구토나 발작, 느린 호흡(분당 8회 미만), 불규칙 호흡(10초 이상의 간격으로 호흡), 저체온증, 창백증이 있다면 바로 도움을 요청해야 한다. 전문가들은 구급차를 부른 후, 구토 후 질식사를 예방하기 위해 몸을 옆으로 돌려놓으라고 조언한다.

자녀가 음주와 약물에 대해 현명한 결정을 내릴 수 있게 하는 최선의 방법은 이 책에서 제안한 방법들을 통해 자녀가 스스로 결정하게 하는 것이다. 만약 술이나 약물로 힘들어하는 친구를 돕는 경험을 하거나 대화를 통해 부모가 걱정하는 것을 이해한다면, 혹은 성공적인 삶의 기술과 성공 경험을 할 수 있는 기회를 준다면 자녀의 음주와 약물 사용 가능성은 줄어들게 될 것이다. 부모가 좋아하든 그렇지 않든, 경계를 하든 그렇지 않든, 자녀는 약물이나 음주를 할 수 있다. 그게 현실이다. 자신감과 삶의 기술을 가진 자녀라면 술이나 약물을 경험할 수는 있겠지만, 남용을 하지는 않을 것이다.

약물과 음주의 5단계

약물이나 음주에도 단계가 있다. 이런 정보를 알지 못한다면, 남용 아니면 미사용으로만 구분할 것이다. 약물 사용의 단계는 사용하지 않

는 것에서 시작해 1단계 실험적 사용, 2단계 사회적 사용, 3단계 일상
적 사용, 4단계 문제 사용, 5단계 화학적 의존으로 나누어진다. 이렇게
단계가 있다는 것을 알아차리는 것만으로도 도움이 되며, 사용 유형별
로 문제를 어떻게 해결하는지 참고할 수 있다. 모두가 1단계부터 시작
해 자동적으로 5단계로 나아가는 것은 아니다. 어른들의 노력에 따라
그 결과는 달라질 수 있다.

1단계: 실험적 사용

"난 들어본 적이 있고 시도해보고 싶고 어떤 기분인지 궁금해. 친구
들끼리 모일 건데 술에 취하면 어떤 기분인지, 약을 먹으면 어떨지 궁
금해."

이렇게 실험적으로 한 번 시도하는 것은 한 번으로 끝날 수도 있다.
자녀가 약물을 시도한 것에 대해 조금은 두려움을 느낄 수 있지만, 너
무 과민하게 반응할 필요는 없다. 친근하게 대화를 시도해 자녀를 격
려하고, 더 이상 하지 않았으면 하는 부모의 바람과 약물로 인해 위험
해질 수 있다는 걱정을 나눈다. 또 약물이나 음주를 하며 파티를 하거
나 '불건전한 여행'을 하며 일어난 일들에 대해 이야기를 나눌 수 있다.
이 단계 아이들의 경우에는 안전한 상황에서 자신의 한계와 방법을 찾
으려 한다. 많은 아이들은 이 단계에서 다음 단계로 나아가지 않는다.

2단계: 사회적 사용

사회적 사용 단계에서는 통제되지 않은 상황에서 사회적인 관계를
위해 약물을 사용한다. 이 단계에 있는 청소년의 경우는 소량의 약물

을 사용한 후 끊을 수도 있지만, 중독이 되면 약물을 줄이거나 끊는 것
이 힘들어진다. 사회적 관계를 위해 시작한 약물이 중독으로 번지는
경우를 많이 봐왔기 때문에 걱정이 될 수밖에 없다. 자녀가 사회적 사
용 단계에 있다면 부모의 생각과 마음과 바람을 정확하게 이야기한다.
그리고 자녀의 생각, 마음 그리고 바람도 물어보고 자녀의 이야기를
경청한다. 사회적인 관계를 위해 음주를 하는 많은 사람이 결국은 취
하기 위해 마시게 된다는 것에 대해 이야기를 나눈다. 호기심 질문법
을 이용해 자녀와 이야기를 나누고, 음주에 따른 결과에 대해서도 대
화한다.

3단계: 일상적 사용

일상적으로 약물이나 음주를 하는 경우는 중독으로 갈 수 있기 때문
에 더 위험하다. 일상적인 관계와 학업, 또 스스로의 삶을 유지하고는
있지만 반복적으로 음주를 하거나 약물을 사용하는 청소년들을 많이
만나왔다. 이 단계의 청소년들은 다음 단계인 문제 사용으로 나아가는
경우가 많다.

4단계: 문제 사용

이 단계부터는 약물과 음주가 일상생활을 유지하는 데 어려움을 초
래하고 학교, 가족, 공동체에 문제를 일으킨다. 특별히 이 단계에서는
약물을 더 많이 사용하면 할수록 과제를 해결하거나 능력을 기르는 것
이 점점 더 어려워진다. 맑은 정신으로 자신을 표현하기보다 약물의
힘을 빌려 감정을 억누르거나 사라지게 한다. 이 단계부터는 신체적인

문제도 발생한다. 만약 자녀가 이 단계에 있다면, 자녀에게 사랑한다고 이야기를 해준다. 또 문제를 해결하기 위해 돕고 싶고 또 도움을 받고 싶다고 말한다. 변화의 약속을 그냥 믿어서는 안 된다. 자녀가 진지하게 이야기하더라도 이미 화학적인 성분이 자신의 몸에 기억되고 있음을 자녀는 깨닫지 못한다. 중독된 사람과 이야기를 나눌 때에는, 그가 이성적인 사람이 아니라는 것을 기억한다. 원인을 알면 해결될 거라고 기대하지 마라. 이 단계에서는 원인을 통해 중독 문제가 해결되지는 않는다. 그러나 이 단계에서 도움을 받는다면 다음 단계로 가는 것을 막을 수는 있다. 사람에 따라서 문제 단계와 화학적 의존 단계의 상황이 다소 다를 수 있다. 어떤 사람은 중독 단계로 안 넘어가지만 또 다른 사람은 넘어간다. 또 어떤 사람들은 4단계까지 다 거치지 않고 빠르게 5단계로 갈 수도 있다.

5단계: 화학적 의존

이 단계는 약 없이는 살아가기 힘든 단계이다. 우연히 만난 약물과 술이 결국 괴물이 되어 삶을 집어삼키게 된다. 다음은 14살 무렵 대마초를 시작해 20세, 30세까지 습관이 되어버린 한 청년의 이야기이다.

내 몸은 완전히 중독되었다네.

난 정신을 차리고 싶지만

그저 삶은 나를 스쳐 지나가고.

나도 내 삶을 사랑하고 싶었다네.

얼마 후, 대마초를 피우는 것이 즐겁지는 않았지만 멈출 수 없었지.

그것이 내가 즐길 수 있는 유일한 것이었고

그보다 좋은 것은 없었네.

지루한 내 삶에 유일한 자극이 되었고

그렇게 내 시간들을 갉아먹었네.

결국 내 삶을 망쳐놓았지.

내가 대마초 연기를 멈추었을 때 내 몸과 정신은 완전 달라졌지.

한때 미쳐 있었던 시간들.

모두가 그런 건 아니지만, 청소년 시절에 대마초를 접하게 되는 경우가 많다. 처음 시작할 때 아이들은 대마초는 단지 허브 종류이며 따라서 중독되지 않을 거라고 멋대로 생각한다. 시간이 지나면서 대마초를 끊으려 노력하지만 대부분 여전히 피운다. 결국 청소년 시절에 시작된 습관은 대마초를 구하고, 대마초를 피우고, 정신이 몽롱해지는 일을 반복하다가, 결국 약물에 의존한 삶에 다다르고 만다.

만약 부모와 자녀가 약물 사용의 단계를 이해한다면 현재 일어나고 있는 일들과, 그 속에서 어떻게 헤쳐 나가야 하는지 더욱 명확하게 알수 있을 것이다. 무엇이 중독으로 이끄는가에 대해서는 아직도 전형적인 설명에 많이 의존한다. 그중 가장 지배적인 신화로 흡연이 중독의 출발점이라는 견해를 들 수 있다(니코틴과 대마초 중독이 대표적인 예다). 한가지가 입구 역할을 해서 바로 다른 약물로 옮아간다는 설이 있기는하지만, 연구에 따르면 이는 사실이 아니다. 약물의 효과는 다양하다.

많은 젊은이들은 약물로 기분을 가라앉히기보다는 올리는 효과를 좋아한다. 활동적이 되기보다는 느긋해지는 것을 선호하며, 환각제 등을 사용해 현실 세계로부터 벗어나고 싶어 한다.

부모와 자녀가 약물 중독자들을 문 앞에서 자고 있는 노숙자쯤으로 생각한다면, 십대 자녀의 약물 문제의 심각성을 축소하는 일이 될 것이다. 앞에 나온 중독자의 글을 보면, 중독이 얼마나 무력하고 희망이 없는 일인지 잘 알 수 있다. 그 글을 쓴 사람을 길에서 만난다 해도 그 사람이 중독자라는 것을 알아채지 못할 것이다. 그 글을 읽는 사람은 도움을 청하는 중독자의 외침을 듣는 것 외에는 할 수 있는 일이 없다. 그들은 도움을 바란다. 중독자는 스스로를 제어할 수 없고 약물이 중독자를 조종하기 때문이다. 만약 당신의 자녀가 중독이라면, 치료를 위한 방법은 무엇이든 시도해야 한다.

당신이 약물 오남용을 질병이라 생각하든 해결해야 할 문제라 생각하든, 중요한 것은 사용자가 끊어야겠다고 결심을 해야 행동이 멈춰진다는 점이다. 따라서 부모의 역할은 자녀가 끊겠다는 결심을 하도록 돕는 것이다. 보통은 전문적인 도움이 필요하다. 화학적 의존은 마치 엘리베이터와 같다. 추락하고 있지만, 어떤 층에서든 내릴 수 있다. 다만 스스로 버튼을 누르기 힘들기 때문에 누군가가 버튼을 누를 수 있도록 도와야 한다. 그 역할에는 부모를 포함하여 치료사, 알코올중독 치료 전문가 등이 포함된다.

어떤 치료사를 선택할 것인가

전문적인 도움이 필요하다면, 고려해야 할 여러 사항들이 있지만 가장 중요한 것은 당신의 자녀가 우호적으로 치료를 받을 수 있는가 하는 것이다. 부모가 편안한 것도 중요하지만, 자녀가 불편해한다면 다른 치료사를 알아봐야 한다. 자녀를 처벌로 대하거나 통제적인 접근을 하는 치료사라면 문제를 더욱 악화시킬 뿐이다. 또한 약을 처방하는 치료사에 대해서도 아주 신중해야 한다. 이는 임시변통에 지나지 않는다. 약을 써서 약물 남용 문제를 가릴 수는 있겠지만, 문제를 근본적으로 해결할 수 있는 치료사를 찾는 것이 중요하다. 가능하면, 주위에 만족스러웠던 치료사가 있는지 물어보고 참고한다. 적합한 치료사를 찾았다면 주저 없이 상담을 요청한다. 상담을 통해 치료사의 치료 방식이나 관점을 알 수 있고, 자녀에 대한 당신의 관점도 알려준다.

기억해야 할 점은 자녀가 화학적 의존 상태라면, 치료사를 만나는 것 자체를 약물 사용을 막으려는 것으로 받아들이기 때문에 원하지 않을 거라는 점이다.

개입은 언제든 가능하다

직접 개입을 통해서도 약물중독 문제를 해결할 수 있다. 개입에는 공식 개입과 비공식 개입이 있는데 공식 개입은 전문성을 갖춘 개입자 Trained Interventionist의 도움으로 이루어진다. 개입은 무조건적인 부인에서 벗어나서 실제 어떤 일들이 일어나고 있는지 알아가는 첫 걸음이다. 개입을 한다는 것은 부모가 책임을 떠맡는 것을 의미하지는 않는다. 과잉보호하거나 통제하는 것을 멈추고, 오히려 자녀가 자신의 삶의 주인으로서 책임감을 갖게 되는 방식이다. 또한 자녀를 대등한 존재로 대하며, 부모는 자녀와 대화를 하며 함께 동의한 것에 대해서는 행동으로 관철한다. 개입을 할 때는 부모가 솔직하고 진지한 태도여야 한다.

비공식 개입들 중 어떤 것들은 자녀의 약물 사용에 대해 부모가 무심코 보냈던 메시지를 다시 들여다봄으로써 이루어진다. 즉 부모가 약물을 어떻게 사용하는지를 보며 자녀는 영향을 받게 되는 것이다. "처방약 또는 일반 약을 사용해 기분을 조절하는가?" "자녀가 불평할 때마다 마음을 다스리기 위해 약을 복용하는가?" "당신의 감정과 마주하는 것이 힘들어서 컴퓨터, 스마트폰, TV를 보거나 쇼핑 또는 폭식을 하는가?" 이 질문들에 대해 당신이 '예'라고 대답한다 하더라도 자녀와의 대화를 두려워하지는 않기를 바란다.

간디에 관한 인상적인 이야기가 있다. 한 어머니가 아들을 간디에게 데려와서는 "선생님, 제발 제 아들에게 설탕을 먹지 말라고 말씀해주세요."라고 부탁했다.

간디는 어머니에게 "사흘 뒤에 오세요."라고 이야기했다.

어머니는 사흘 뒤, 아들과 함께 간디를 다시 찾았다.

그제야 간디는 아이를 바라보며 "설탕을 먹지 말거라."라고 말했다.

그 어머니는 번거롭게 왜 두 번이나 찾아오게 했느냐고 물었다. "아이에게 설탕을 먹지 말라고 하는데 왜 사흘이나 걸렸나요?"

그러자 간디는 "사흘 전에는 저도 먹고 있었거든요. 아이에게 먹지 말라고 하기 전에 제가 먼저 실천을 해야 해서 그랬답니다."라고 답했다.

비공식 개입 사례들

사례 1: 한 어머니는 아들에게 이렇게 말했다.

"네가 술을 너무 빨리, 너무 많이 마시는 것을 봤어. 그래서 걱정이 된단다. 너의 할아버지는 알코올중독자였고 통계를 보면 가족 중에 알코올중독자가 있을 때 자녀가 알코올중독자가 될 가능성이 매우 높다고 하는구나. 이것도 걱정이 돼. 엄마가 말하는 것을 잘 생각해봤으면 해. 널 사랑하고 그래서 네가 알코올중독으로 고통받지 않았으면 한단다."

사례 2: 또 다른 어머니가 자녀에게 한 말이다.

"엄마가 반대하더라도 네가 결심한다면 약물을 접할 수 있는 나이가 되었다는 것을 알아. 하지만 집에서는 어떤 약물도 엄마는 허용할 수 없어. 술이나 담배에 호기심이 생기겠지만 건전하게 파티를 즐겼으면 좋겠고, 그럴 수 있도록 엄마가 도울 수 있어. 만약 정말 술이나 담배 등을 하기로 마음먹었다면, 엄마가 그 행동을 싫어하기는 하지만 그래도 널 사랑한다는 것을 기억하렴. 그리고 그 문제에 대해 엄마와 이야기를 나누고 싶으면 언제든 이야기하렴."

사례 3: 한 아버지는 대마초를 피우는 게 문제가 되지 않는다고 하는 쌍둥이 형제의 말에, 이해가 되지는 않았지만 다음과 같이 이야기해 주었다.

"그래, 아빠는 대마초에 대해 많이 알지는 못해. 하지만 싫어하고 반대하는 것만은 분명하단다. 그리고 너희들이 대마초를 하는 것을 허락할 수 없어. 하지만 너희들이 그걸 왜 좋아하는지는 알고 싶어. 너희들이 좀 더 자세히 이야기를 해줬으면 한단다. 너희들에게 그게 어떤 의미인지 말해주겠니?"

사례 4: 14살 아들을 둔 또 다른 아버지는 집에서 연 파티에 대해 분명한 어조로 이렇게 이야기했다.

"친구들이랑 술과 담배를 하는 걸 알아. 아빠와 네가 같은 가치관을 가지고 있지 않다는 것도 알고. 하지만 집에서 네가 친구들과 대마초를 피우거나 술을 마시는 파티를 하는 건 마음에 들지 않는구나. 만약 그런 친구가 있다면 내가 그 아이를 집으로 돌려보낼 거야. 그런 일이 생기는 게 싫다면 파티를 계획할 때 아예 음주나 흡연 같은 일이 없도록 해야 할 거야. 아니면 아빠가 그 친구를 돌려보내기 전에 네가 보내는 것도 방법이고. 네 생각은 아빠와 다를 수 있어. 아빠가 고리타분하다고 느낄 수도 있겠지. 하지만 이것이 아빠의 방식이란다. 왜냐하면 아빠는 대마초와 알코올의 장기적인 영향이 매우 걱정이 되거든. 네가 술이나 대마초를 하는 것을 막을 수는 없겠지만, 적어도 집에서는 그런 일이 일어나지 않았으면 한단다."

때로 개입은 부모 입장에서는 어려운 결정이다. 토마스는 18살이 되었을 때, 코카인과 대마초에 심하게 빠져 있었다. 토마스는 치료센터를 찾아갔고 잠깐 치료를 받는가 싶더니 또다시 피우기 시작했다. 상황을 올바르게 다루기 위해 어머니는 오랜 시간 노력했다. 그런 노력 후 어머니는 용기를 가지고 토마스에게 다음과 같이 말했다.

"집에서 대마초를 하는 한 너와 함께 지낼 수가 없단다."

토마스는 어머니를 용서하지 않겠다며 집을 나갔다. 그로부터 한 달 후, 토마스는 집에 돌아와 자신이 집을 구할 때까지 며칠간 머무르기를 원했다. 어머니는 며칠만이라는 말을 믿을 수 없었고 거짓말이라는 생각이 들었지만, 그 부탁을 거절하기가 매우 힘들었다.

중독자들은 거짓말을 하거나 교묘하게 상황을 넘어가려 한다. "오늘 밤만 여기서 잘 수 있을까요? 내일은 아파트로 옮길 거예요." 또는 "내일 직업을 구할 거예요." 아니면 "엄마가 저를 완전히 버릴 거라고는 믿지 않아요."라고 말하면서 말이다.

어머니는 토마스가 올바른 행동을 하기보다 착한 아이인 척을 잘한다는 것을 기억해내고, 이렇게 말해주었다.

"엄마는 네가 하는 행동을 통제하는 것을 그만두기로 했단다. 또한 네가 어려움에 빠졌을 때 구해주는 것도 그만하기로 했어. 네가 스스로 결정할 수 있을 거라 믿는단다. 그리고 실수로부터 배울 것이고, 너에게 생기는 문제를 해결할 수 있을 거라 믿어. 특히 이제는 너에게 보금자리를 제공할 수 없단다. 또 회복 프로그램에 참여하라고 더 이상 조르지도 않을 거란다. 네가 스스로 노력한다면 그 순간 엄마는 알 수 있고, 그때 널 도울 거란다."

어머니로서 아이의 문제에 빠져들어 대신 해결해주지 않고, 사랑하는 다른 방법을 찾았다. 어머니는 다양한 방식으로 아들에게 말해주었다.

"너의 있는 모습 그대로, 네가 느끼는 대로, 네가 원하는 대로 하렴. 널 있는 그대로 사랑한단다. 때때로 너의 결정에 동의할 수 없고 좋아하지 않을 수도 있겠지. 때때로 엄마로서의 생각과 감정을 표현하겠지만 기억하렴, 너에 대한 사랑은 그대로란다."

아들은 어머니의 이야기를 이해했다. 토마스는 일주일 동안 거리에서 지냈다. 그러고는 찾아와 치료를 받겠다고 약속했다. 사실 이러한 결정에는 부모의 결단이 필요하다. 아마 많은 부모가 자신의 자녀가 평생 길에서 살지 않을까 걱정하기에 결단을 내리는 것을 주저할 것이다. 그래서 결국 부모는 아이들을 문제에서 구출해준다. 하지만 대부분의 아이들은 거리에서 사는 삶을 선택하지는 않는다. 처음 며칠은 방황을 하며 여기저기 기웃거리겠지만 곧 집에 돌아와 치료를 받겠다고 말하는 경우가 많다. 반대로 부모가 계속해서 자녀를 구출해주기만 하면 대부분 더 심각한 중독 상태가 되며 심하면 자살에 이를 수도 있다.

약물중독을 겪고 있는 청소년이 있다면 도움을 받을 수 있는 곳은 많다. 치료사들도 있고, 알코올중독 구제회와 같은 지원 기관, 자녀 양육이나 약물과 관련된 서적, 전문가가 개입하는 치료 프로그램 등 다양하다. 이런 지원을 받는 것은 현명한 선택이다.

우리는 가끔 중독 문제로 상담을 받으러 오는 내담자에서 "당신은 챔피언이 되는 길에서 혼자서 해결하지 않고 코치가 필요하다는 것을 알아챈 현명한 선수입니다."라고 말해준다. 올림픽 챔피언이나 팀들은 좋은 코치 없이 역량을 제대로 발휘하지 못한다. 챔피언들은 스스로도 열심히 훈련하지만 코치는 한 걸음 물러나 객관적으로, 장기적인 관점에서 챔피언을 돕는다. 코치는 필요한 기술을 가르치고 챔피언은 배운 기술을 적용하기 위해 계속 연습해야 한다. 당신이 찾아야 하는 코치는 첫째 약물 남용에 대해 잘 이해하고, 둘째 다른 약물을 이용해서 해결하지 않으며, 마지막으로 자녀에게 정신적 문제가 있다는 것을 강조하지 않는 전문가라야 한다.

중독에 빠진 자녀를 오랜 시간 믿음을 가지고 대하는 것은 쉬운 일이 아니다. 단주회에서는 알코올중독에 빠진 자녀를 둔 부모가 믿음을 가지고 자녀를 대할 수 있는 다양한 방법을 제안한다. "제 의지를 신께

맡깁니다."라는 표어나 "제가 바꿀 수 없는 것을 받아들이는 평온함과 제가 할 수 있는 것을 바꿀 수 있는 용기와 그리고 그 차이를 아는 지혜를 주옵소서."와 같은 기도의 목소리도 힘이 된다. 이러한 글귀와 기도들은 자녀의 사춘기가 한때이며 곧 성장한다는 것을 부모가 다시금 깨달을 수 있도록 돕는다. 당신도 한때 사춘기였고 지금 어른이 되었으며, 당신의 자녀도 그러할 것임을….

성행위, 임신 및 성병

부모로서 당신은 자녀가 성에 대해 무관심할 것이라고 생각하고 싶을 것이다. 자녀가 성인이 되어 당신이 허락할 때까지 기다리길 바라면서 말이다. 하지만 현실은 다르다. 지금의 십대는 성행위에 대해 당신과 다른 가치를 가졌을지 모른다. 많은 청소년이 이른 나이에 성을 경험하며 여러 명의 파트너를 만나기도 한다. 섹스 게임이 파티에서 퍼져 나가고 있고 많은 청소년이 구강성교는 섹스가 아니라는 생각을 하기도 한다.

자녀와 함께 성병이 얼마나 위험하고 어떻게 전염되는지에 대한 고민을 나누는 것이 중요하고, 성에 대한 가치를 자녀에게 이야기해줄 필요가 있다. 성에 대한 자녀의 가치에 대해 듣는 것도 매우 중요하다. 이때 '매춘, 변태'라는 단어를 써서 단정 짓는 것은 좋지 않다. 대신 호기심 질문법으로 자녀가 성에 대해 어떻게 생각하는지를 물어보고, 사랑하지 않는 사람과 스스로를 존중하지 않는 행위를 하지 않기를 바란다고 이야기한다.

요즘의 청소년들에게는 게이나 레즈비언을 비롯해 성에 대한 취향을 이야기하는 게 특별한 것이 아니다. 그러나 많은 청소년이 이러한 문제에 대해 부모와 공개적으로 이야기하는 것을 부담스러워한다. 따라서 부모는 자녀와 좀 더 편하게 성에 대한 이야기를 나눌 곳을 찾을 필요가 있다.

청소년이 십대에 임신을 하게 되는 것은 성교육을 제대로 받지 못했기 때문이다. 성인이 되는 과정에서는 성행위에 대한 지식과 대처 방법에 대한 교육을 받아야 한다. 부모는 성교육을 피할 수 없다. 왜냐하면 성교육을 하지 않는다면 당신의 자녀는, "성은 비밀스럽고 성행위는 나쁜 것이며 부모와 의논할 만한 것이 못 된다."라는 잘못된 결론을 내리게 될 것이기 때문이다. 대개 이러한 결론은 성행위를 막지 못한다. 단지 죄책감이나 수치심 또는 실수를 저지른 다음 침묵하게 만든다. 우리는 부모가 자녀와 성에 대해 이야기하길 권하고 특히 성과 사랑이 어떻게 다른지 이야기를 나누되, 어떤 약속을 받아내기보다는 이야기 자체가 교육임을 기억하길 바란다.

성병을 막기 위한 가장 효과적인 방법은 콘돔을 사용하는 것이지만 대부분의 십대들은 별로 신경을 쓰지 않으며, 돈을 들여 사는 일도 흔하지 않다. 십대들은 자신들은 건강해서 성병에 면역이 될 수 있다고 확신한다. 만약을 위해 어떤 부모들은 욕실에 여분의 비누와 치약, 화장지와 함께 콘돔을 비치한다. 부모나 자녀 모두 성에 대해 이야기를 하는 게 다소 불편하긴 할 것이다. 사실 부모는 자녀가 성행위를 한다는 생각만으로도 불편한 마음이 든다. 하지만 십대 자녀가 사랑할 준비가 되고 부모가 될 준비가 되기 전에 성병에 걸리거나 아기를 데리고 오는 것을 보고 싶어 하지는 않을 것이다. 미국에서는 십대 여자 아이들 4명 중 1명이 20세가 되기 전에 임신을 한다. 요컨대 종교적, 도덕적, 윤리적 신념의 범위 내에서 청소년의 성행위를 다루기 위한 방법을 정하는 것이 중요하다.

성적 학대 및 성폭력

성적 학대를 경험한 아이와 이야기를 나누는 것이야말로 가장 마음 아픈 일이다. 13세에 아는 사람으로부터 성적 학대를 경험한 에밀리는 다음과 같이 말했다.

> 고통은 내 심장으로 들어왔습니다. 하지만 누구도 그 고통을 보고 싶어 하지 않았지요. 때때로 고통이 너무 쓰라려 죽음을 선택하고 싶었습니다. 그러나 스스로 이 고통이 영원하지는 않을 거라고 되뇌었습니다. 울며 잠이 들었고 고통이 멎길 간절히 바랐지만 마음의 상처는 너무 깊었습니다. 앞으로 나아가는 것은 힘들 거라고 생각하면서도 고통을 끊기 위해 노력했어요. 상황이 나아지리라 희망하면서 말이에요. 또 저와 같은 경험으로 고통을 겪는 사람을 위해서라도 말이죠. 행복은 누구에게나 언젠가는 찾아올 거라 기대하면서 말입니다.

에밀리의 어머니는 딸의 피해 사실을 다른 문제로 치료를 받으러 갔다가 알게 되었다. 에밀리의 어머니는 심한 고통을 받았지만 어떻게 해결을 해야 할지 몰랐다. 확실한 것은 이 문제를 더 이상 방치할 수 없다는 것이었다. 그래서 상담을 받기로 결심했다. 상담을 받으며 어머니는 에밀리와 마음을 나누는 더욱 진실한 대화를 하는 법을 알게 되었다. 이러한 대화는 에밀리와 마음으로 연결되는 데 큰 도움이 되었다. 결국은 어느 날, 에밀리가 어머니에게 친척 중 한 명이 성추행을 했다고 털어놓았다. 그 일은 그 친척 집에서 수 년 동안 지속되었으며 아무도 몰랐다. 에밀리와 같은 사례는 드문 일이 아니다. 실제로 많은 사람이 어떤 문제가 새어나오기 전까지는 인정하려 들지 않는 '부정'을 경험한다.

에밀리는 매우 엄격한 가정교육을 받았고 부모는 과잉보호를 했으며 부모 말대로 따르도록 교육했다. 다른 자녀들이 말을 잘 안 들었기 때문에 에밀리는 상대적으로 착하고 말을 잘 듣는 아이의 역할을 맡았다. 자신이 원하는 것보다 다른 사람들이 자기에게 원하는 것에 초점을 맞추며 자란 것이다. 어쩌면 성추행을 당하며 거부하지 못했던 것도 심리적으로, 자기보다 나이가 많은 어른이 원하는 것에 대해 다른 대안을 찾지 못한 것과 관련이 있을 것이다. 가해자가 요구를 했을 때도 에밀리는 거절을 하면 사랑받지 못할 거라고 걱정했다. 다행인 것은 에밀리가 사실을 털어놓았을 때 어머니는 에밀리 말의 진실성을 의심하지 않았다는 것이다.

아이들이 이런 문제를 이야기할 때 진지하게 대해야 한다는 것을 굳이 강조하고 싶지는 않다. 그런 문제를 겪고 말하면서 아이들은 엄청난 수치심, 죄의식, 수모를 경험했을 것이다. 처절하게 외로웠고 스스로를 나쁘다고 생각했을 것이다. 아이들에게 필요한 것은 캐묻거나 비난하지 않는 것이다.

다시 강조하지만 성추행이나 성폭행을 경험했다면 상담이나 전문가를 찾는 것이 꼭 필요하다. 이는 선택이 아니다. 이미 많은 프로그램이 있고, 이들 프로그램을 이용해 성적 학대나 성폭력 등의 문제를 해결하도록 도와야 한다.

하지만 많은 경우 가해자들은 자신의 범행 사실을 부인한다. 이것은 마약을 한 사람이 마약을 하지 않았다고 거짓말을 하는 것과 매우 유사하다. 가해자는 어떻게든 빠져나가려고 할 것이다. 비록 죄가 무거운 가해자이지만, 그들도 변화할 수 있으며 도움이 필요하다. 가해자가 자신이 그런 행동을 즉시 멈춘다면 인간으로서의 기본적인 존엄성을 지킬 수 있다고 생각할 때 변화가 일어날 수 있다. 또한 그들이 처음으로 잘못을 한 그 장면으로 가서 그때 느꼈던 감정, 생각, 행동을 살펴보는 것이 큰 도움이 된다.

피해자를 치유하는 과정은 훨씬 오래 걸린다. 하지만 피해자가 일어난 일에 대한 기억을 지우려 하고 해결하고 싶지 않다고 말하기 전에 도움의 손길을 주는 것이 중요하다. 그렇지 않으면 아이가 기억을 다시 떠올리고 그 문제를 다룰 수 있기까지 고통스런 과정은 몇 년이 걸릴지도 모른다. 기억을 지우려 하는 것은 결코 고통을 없애주지 못한다. 문제에 대해 이야기를 나누고 그때의 감정을 처리할 수 있을 때라야 고통이 사라진다.

중독 문제와 마찬가지로, 모든 가족이 고통스런 경험에 영향을 받고 있고 따라서 모두 함께 문제의 해결을 도와야 한다. 문제 해결이나 치료 과정에 참여하기를 거부하는 가족 구성원이 있다면 포기하지 말고 전문적인 도움을 받도록 한다.

자해

당신의 자녀가 자해를 한다면 쉽게 발견할 수 있을까? 아마 발견하기가 쉽지 않을 것이다. 아이들은 행동을 숨기는 데 탁월한 재능을 가졌다. 긴소매 옷을 입거나 긴바지를 입는 방법으로 자해의 흔적을 숨기려 할 것이다. 아이들은 자신이 하는 일에 대해 부모에게 말하지 않을 뿐 아니라 친구들에게도 숨기려 할 수 있다. 가장 좋은 방법은 당신의 자녀를 잘 관찰하는 것이다. 자녀가 힘들어하는 순간이나 자녀의 친구들이 걱정이 된다면서 당신에게 이야기를 할 때가 대화를 할 최고의 타이밍이다. 다른 아이들은 당신의 자녀가 힘들어하는 것이나 몸에 새겨진 상처를 봤을 수도 있고 이를 함께 걱정하고 있을 수도 있다.

이런 경우 다음과 같은 질문으로 대화를 시작한다.

"혹시 몸에 상처를 냈니? 오랫동안 본 적이 없지만 앞으로도 없기를 바라. 그러지 않을 테지만, 혹시 스스로의 몸에 상처를 낸다면 그건 너한테 어려움이 있다는 것이고, 그렇다면 우리는 도움을 받아야 한단다."

다음은 오랫동안 자해를 한 소녀가 상담을 하면서 우리에게 보여준 글이다. 이 글은 자해 문제를 해결하려는 많은 사람들에게 도움이 될 수 있을 것이다.

우선 부모로서 할 수 있는 최악의 일은 자녀에게 슬퍼하거나 속상해할 일은 아무 것도 없다고 말하는 것입니다. 하지만 이는 대개 사실이 아닙니다. 청소년들은 부모님과 나눌 수 없는 다양한 문제들을 겪고 있습니다. 부모님이 "엄마(아빠)는 더 힘든 일들도 다 겪었어. 그 정도는 아무것도 아니야."라고 말할 때면, 내가 겪고 있는 어려움을 부모님께 말하고 싶지 않은 마음이 들 뿐 아니라, 부모님은 내 삶에 관심이 없다고 느껴지기까지 합니다. 어른들이 하는 또 다른 실수는 "다른 아이들도 이렇게 하니?"라고 묻는 것입니다. 왜냐하면 다른 친구들이 한다고 따라 하는 것은 아니기 때문입니다. 이것은 사춘기의 특성을 싸잡아서 부정적으로 말하는 것처럼 느껴집니다. 어른들의 생각과 달리, 우린 남들이 다리에서 뛰어내린다고 그것을 따라 하지는 않습니다. 자해를 하는 것은 어디까지나 개인적인 문제입니다.

제 생각에는 부모님들이 자녀가 왜 자해를 하는지, 또 모든 청소년들이 각기 다른 이유로 자해를 한다는 것을 이해할 필요가 있다고 봅니다. 어떤 아이들은 감각을 무디게 하고 싶어 자해를 합니다. 트라우마와 같은 경험을 하게 되면 고통을 느끼게 되고 이 감정은 유쾌하지 않습니다. 이런 감정 상태에서는 다른 감정을 갖기 어려워지며 결국 감정을 느끼지 못하는 상태가 됩니다. 인간은 누구나 감정을 갖기를 원합니다. 그럴 때 자해를 하면 고통스런 상황으로부터 짧게나마 벗어나는 것처럼 느껴집니다. 또한 감정을 느끼지 못하는 상태에서 새로운 감정을 느낄 수 있는 방법이 되기도 합니다.

또 다른 이유로는 자신에게 벌을 주어야 한다고 생각하고 자해를 그 방법으로 선택하는 것입니다. 그러면서 자기 스스로를 미워합니다.

일반적으로 청소년들은 사회적, 가정적으로 불안한 상태에서 몸에 상처를 냅니다. 이때는 평소처럼 아픔을 느끼지 못하죠. 이걸 보고 부모님들이 아이들은 상처를 내는 것을 좋아한다고 혼동해서는 안 됩니다. 아이들은 스스로 좋아하지도 않는 고통을 당해야 한다며 자해를 하고 있기 때문입니다. 저는 예전에 자해에 대해, 절대적으로 증오하는 사람과 한 방에 갇혀 있는 거라고 설명하는 것을 들은 적이 있습니다. 그러고는 부모님에게도 상처를 주고 싶지 않느냐는 질문을 하더군요. 몇몇 부모님들은 자해에 대해 잘못 이해하고 있습니다. 정말 중요한데 말이죠. 당신의 자녀는 미친 것이 아닙니다. 도움이 필요한 것뿐이죠. 이상한 사람이 아니라 대등한 인간으로 대해주어야 합니다.

물론 한 번의 실수가 아니라 자해가 반복적으로 일어난다면 더 심각한 문제입니다. 청소년들은 처음 자해를 한 후에는 그게 잘못된 생각이라고 판단하고 멈추는 것이 일반적입니다. 한 번 시도해본 거라면 심각한 문제가 아니며 전반적으로 건강한 상태에서도 가능한 실수입니다. 따라서 한 번의 실수는 반복되는 자해 문제와는 다르게 접근해야 합니다. 그러나 자해가 반복된다면 여기에는 겉으로 드러나지 않는 심각한 문제가 있습니다. 이때는 심리치료사를 찾아가는 것도 방법입니다. 부모님, 친구, 아니면 평소 롤모델이었던 사람과 이야기를 나눌 수도 있습니다. 그러나 강압적으로 대화를 시도해서는 안 됩니다. 대부분 대화를 하고 싶어 하지 않으며, 누군가의 도움을 받는 것을 주저합니다. 항상 자녀의 곁에서 자녀의 결정에 상관없이 사랑하고 있음을 보여주는 것이 중요합니다. 이때 그들만의 공간을 허락해주세요. 아이를 너무 옥죄는 것은 해결에 도움이 안 됩니다. 자해를 멈추는 일도 매우 독립적인 과정입니다. 누군가 그러지 말라고 한다고 해서 바뀌는 문제가 아닙니다. 자해는 문제 해결의 방법이 아니라는 것을 스스로 깨달아야 합니다. 다시 강조하지만 자해는 스스로 멈추어야겠다고 할 때만 멈출 수 있습니다.

마지막으로 몸에 상처를 내는 것은, 굶기 또는 스스로 탈진하게 만들기처럼 자신을 괴롭히는 다양한 방법 중 하나입니다. 그렇기에 이런 문제들은 함께 다루어야 합니다. 청소년 시기에 몸에 난 깊은 상처 때문에 흘린 피로 어른이 되어 심각한

혈액 문제가 생길 수 있는 것처럼, 이런 문제들이 장기적인 영향을 미치는 심각한 문제라는 것을 알아야 합니다.

이 글에서 언급하지 않은, 자해에 대한 또 다른 중요한 관점이 있다. 아이들이 자신이 느끼는 감정이 마음에 들지 않을 때 스스로의 감정을 결정하기 위해 상처를 내는 경우이다. 자해를 함으로써 고통스런 감정을 느끼기로 자신이 결정한다고 생각하기 때문이다. 몇몇 청소년들은 다음과 같이 이야기한다.

"친구와 가족이 나에게 주는 감정보다 차라리 내가 만든 이 고통을 느끼는 편이 나아요."

청소년 자살

부모로서 자식을 잃는 것은 매우 힘든 경험일 것이다. 그리고 그 이유가 자살이라면 몇 배는 더 힘들다. 모든 가정이 이런 슬픔을 경험하지 않기를 간절히 바라지만 현실에서는 이와 같은 일들이 일어난다. 긍정훈육을 통해 할 수 있는 일은 위험한 징후에 대해 주의를 기울이는 것과 즉시 도움을 주는 것이다.

자살을 선택하게 되는 것은 대부분 심한 좌절 때문이다. 당신의 자녀가 자신감을 잃었을 때, 자살이 선택지 중 하나가 될 수도 있다. 자신감을 잃게 되면 스스로 상황을 해결할 수 없다는 믿음을 갖게 되고, 이는 자살로 이어질 수 있다. 청소년의 자살은 약물 오남용과 관련이 있는 경우가 많다. 자라면서 어려운 상황을 스스로 해결하는 방법을 배우지 못했다면, 그냥 상황이 흘러가는 대로 살았다면, 자살은 어쩌면 마지막 선택일 수 있다. 많은 아이가 실수는 배움의 기회라는 것을, 그래서 다시 시도할 수 있다는 점을 배우지 못했다. 실수를 한다고 세상이 끝나는 것이 아닌데 말이다. 불행하게도 이 강렬한 사춘기 시절, 청소년들은 '일시적인 문제를 해결하기 위해 영구적인 수단'인 자살을 선택한다.

청소년이 되기 전까지 아이들과 '일시적인 문제를 해결하기 위한 영구적인 수단'이라는 진술에 대해 이야기를 나눌 것을 권한다. 아이들은 이 문장을 어떻게 생각하는지 물어본다. 그리고 좌절했을 때 어떤 해결책이 있는지 물어본다. 자살이 아닌 다른 해결책을 생각해보는 것만으로도 아이가 힘든 시절을 겪을 때 도움이 될 것이다.

다음은 청소년 문제를 연구하는 단체에서 발표한 자살 징후들이다 (http://www.teensuicide.us/articles2.html 참조).

- 좋아하던 방과 후 활동에 대해 흥미 감소
- 학교 공부에 대한 흥미 감소
- 음주나 약물중독
- 가족이나 친구들과의 갈등 같은 행동 문제
- 수면 패턴 변화
- 식습관의 급격한 변화
- 지나칠 정도로 개인위생이 엉망이거나 자신의 외모에 대해 무관심함
- 학교 수업에 집중하지 못하거나 학력의 급속한 감소

- 학교에 대한 흥미 감소
- 위험한 행동
- 빈번하게 지루하다는 불평을 함
- 무반응

자녀에게서 자살의 징후가 보인다면 심각하게 임해야 한다. 격려를 해주며 대화로 이끌거나 그 문제에 대해 이야기할 수 있는 누군가를 찾을 수 있도록 도와야 한다. 또 관심을 가지고 이야기를 경청한다. 비록 예전에도 자살하겠다고 한 경험이 있다 하더라도 말이다. 어려움에 처한 자녀에게는 한 줄기 빛이 필요하며, 비록 지금은 힘들지만 다윗의 반지에 새겨진 문구처럼 '이 또한 지나가리라'는 메시지를 전해주어야 한다.

자살이 의심되는 자녀에게 어떤 어머니는 다음과 같은 이야기를 들려주었다.

"엄마도 한때 자살을 생각할 만큼 힘든 시절이 있었단다. 상황이 더 나아질 기미가 안 보였지. 하지만 상황은 좋아졌어. 내가 자살을 했다면 얼마나 많은 것들을 놓치게 되었을지 생각하기도 싫어. 그중의 하나가 바로 너야. 너를 보지 못할 뻔했지."

자녀와 자살에 대한 이야기를 할 때는 '자살', '죽음' 등 정확한 단어를 사용하는 것이 중요하다. 당신의 자녀가 그런 단어를 모를 것이라는 생각은 하지 마라. 이런 단어를 쓰는 것을 주저하지 말아야 한다. 혹시 자살에 대한 생각을 해본 적이 있는지 자녀에게 물어볼 수도 있다. 이렇게 물어보는 것만으로도 자녀의 자살에 대한 생각이 얼마나 진행되었는지를 알 수 있다. 그들의 생각과 결정은 어디로 튈지 모른다.

자살을 한다면 무엇이 달라질지 물어볼 수도 있다. "그럼, 그 친구는 더 이상 안 봐도 되겠죠."처럼 어떤 대답을 자녀가 할 것이고 그것은 그 아이가 직면한 문제이기도 하다. 자살의 징후가 보인다면 전문가를 찾는 것을 주저하지 말라.

스텔라는 딸 트레이시의 무기력한 모습에 너무도 힘들었다. 트레이시는 점점 더 불행해져 갔다. 스텔라는 트레이시에게 전문가를 만나볼 것을 권유했다. 트레이시는 어머니와 함께 가고 싶다고 했다. 전문가는 트레이시에게 이 책 12장에 나와 있는 가족 파이 차트와는 조금 다른 파이 차트를 그려보도록 했다. 원을 그린 다음 가족, 친구, 학교, 사랑이라는 네 개의 조각으로 나누었다. 트레이시에게 각각의 조각에 1점부터 10점까지 중에서 주고 싶은 점수를 주라고 했다. 트레이시는 먼저 가족에 2점을 주었다. 부모님은 이혼을 하겠다고 싸웠지만 그래도 트레이시는 여전히 부모님을 사랑했다. 친구는 0점을 주었다. 친구와 심하게 다투었고 어떻게 해결해야 할지 실마리도 찾지 못한다고 생각했다. 학교는 1점을 주었다. 다른 문제들로 인해 학업에 집중할 수가 없었다. 사랑에는 10점을 주었다. 이런 모든 상황에도 남자친구는 힘이 되고 좋은 존재라 생각했다.

전문가가 말했다.

"그렇게 낙담하는 것도 어쩌면 당연하다. 하지만 4개의 영역 중 비록 3개가 우울할지라도 순간의 문제를 해결하기 위해 영구적인 수단을 선택하는 것은 옳지 않단다."

이 말을 들은 트레이시는 잠시 생각하더니 "정말 이 문제가 일시적인 문제라고 생각하시나요?"라고 물어보았다.

전문가는 다시 "네 생각은 어떤데?"라고 물었다.

트레이시는 "저도 일시적이라고는 생각하지만 해결책을 찾지 못하겠어요."라고 말했다.

전문가는 "그럼 차례로 하나씩 해결해볼까?"라고 했고, 트레이시는 "좋아요."라고 답했다.

트레이시는 친구 문제를 해결하고 싶어 했다. 전문가는 문제를 해결하기 위해 친구 역할이 되어 역할극을 했다. 역할극을 하며 트레이시는 용기와 희망을 가지게 되었다. "상황이 나아질 거라는 걸 알아요. 그리고 일시적인 문제를 해결하기 위해 영구적인 수단을 선택하지는 않을 거예요."라고 말했다. 트레이시의 이 말은 깊은 인상을 남겼다.

식습관 문제

성 관련 문제나 자살과 같은 심각한 문제를 만났을 때, 사람들은 그 문제를 외면하고 그저 잘 해결될 거라 믿는 경향이 있다. 그러나 다이어트 문제는 대부분의 부모들이 좀 다른 접근을 한다. 오히려 부모가 적극적으로 해결에 나서며, 주위의 도움을 참견으로 생각해 거부하는 태도를 보이기도 한다.

부모는 음식과 관련된 자녀의 건강 문제를 다소 과장하는 경향이 있다. 부모 역시 자신의 체중이나 외모, 다이어트 문제로 고민을 하고 있기 때문이다. 부모들은 자녀에게 제대로 된 음식을 먹이기 위해 노력한다. 그런데 부모들은 자녀가 배가 고프면 먹고 배가 부르면 숟가락을 놓을 거라는 점을 신뢰하지 않거나 건강한 선택권을 주지 않는 경우가 많다. 대신 끊임없이 그 자연스러운 과정에 개입한다. 바로 이런 개입이 식습관 장애를 키우는 씨앗이 된다.

오늘날 미디어는 식습관 문제에 큰 영향을 미친다. 청소년들은 아이돌 가수들의 마른 몸매를 보며 부러워한다(그들이 춤 연습이나 운동을 얼마나 많이 하는지는 잘 모른다). 모델들의 사진을 보며 부러워하기도 한다(그 사진이 실은 다양한 기술과 컴퓨터 테크놀로지로 만들어진 거라는 사실은 잘 모른다). 미디어에서 보는 것들에 대해 자녀와 이야기를 나누어야 한다. 어떤 모습이 되고 싶은지, 스스로의 모습을 있는 그대로 받아들일 수 있는지에 대해 호기심 질문법을 통해 이야기를 나눈다.

대부분의 식습관 문제는 어린 시절에 시작된다. 여러 가지 이유로 어떤 아이들은 내적으로 먹는 것을 조절하지 못하고 몸이 주는 신호를 듣지 않으며 그들에게 어떤 음식이 좋은지 판단하지 못한다. 사춘기 시절에는 모든 면에서 기복이 굉장히 심하기 때문에 더 어린 시절에 시작된 식습관 문제가 이때에 이르러 더욱 심각해지며 삶을 위협하는 정도가 되기도 한다. 한 여자아이는 어렸을 때 편식을 했다. 그런데 고등학교에 들어갔을 때 뚱뚱하다는 놀림을 당했고 편식은 훨씬 심해졌다. 그 여학생은 아주 조금씩 먹기 시작했고 음식을 먹고 토했다. 토하면 몸에 남지 않으니 기분이 좋았다. 그 아이는 결국 폭식증 환자가 되었다.

위에서 든 심각한 예에서 알 수 있는 것처럼, 식습관 문제가 있는 청소년들은 몸에서 주는 신호를 듣지 않는다.

십대들에게서 볼 수 있는 가장 흔한 식습관 문제는 극심한 비만과 음식을 거의 먹지 않는 거식증, 음식을 먹고 토하거나 날씬한 상태를 유지하기 위해 설사약 같은 것을 복용하는 것들이다.

다른 약물 의존 문제들과 마찬가지로 이들 문제들도 시간이 갈수록 점점 심해져서 외부의 도움 없이는 해결하기 힘들어지게 된다. 일시적인 문제이던 것이 결국 상습적인 문제가 되는 것이다.

만약 자녀가 식습관 문제를 겪는다면 전문가의 도움을 받도록 한다. 병원에 가서 건강 상태를 체크하거나 상담사를 만날 수도 있고, 필요하다면 영양사도 만난다. 아주 심각한 경우에는 식습관을 바꾸거나 상담을 받기에 앞서 병원에서 일단 안정을 취하는 것이 필요할 수도 있다. 다시 한번 강조하지만 가족들이 관심을 갖고 협력하는 것이 빠른 회복을 가능하게 한다.

집을 떠나지 않는, 떠날 능력이 없는 어린 성인

오늘 날 새로운 현상은 청년이 되어서도 집을 떠나지 않는다는 것이다. 20세가 되었는데도 자신이 판단하지 않거나 책임감을 지지 않고 살아가는 젊은이들이 생겨나고 있다.

우리는 이 문제를 오랜 기간 살펴보았는데, 집을 떠나지 않는 이런 미성숙 행동들은 용기가 부족하거나 가족을 떠났을 때 겪게 되는 문제에 직면하고 싶지 않아서이다. 문화적인 변화도 있다. 많은 부모가 자식들에게 살 곳이나 자동차, 용돈 등을 주는 것을 여전히 부모의 역할로 생각하기 시작한 것이다. 한때 어머니들은 자식이 떠나는 것을 두려워하고 더 이상 자식들에게 어떤 도움도 못 주는 것을 걱정했던 적이 있다. 하지만 오늘날 많은 부모는 자녀들이 집을 나가지 않을까 봐 걱정하며, 자녀들이 빨리 새로운 둥지를 틀 것을 원한다.

그런데 부모로부터 독립하지 않고 집에 머물러 있는 어린 성인들이 왜 이렇게 많을까? 대부분은 부모와 함께 사는 데 익숙해져서, 편안함을 선택하기 때문에 집을 떠나지 않는다. 또는 과잉보호하는 훈육 방식 속에서 자라서 스스로 시도하는 것을 의미 없다고 여기고 새로운 선택을 하지 않는 경우이다. 스스로에 대한 믿음이 없는 것이다. 간혹 부모가 알코올중독자이거나 자녀 없이는 살 수 없다고 매달리는 바람에 떠나지 못하고 머무르는 경우도 있다.

혹은 자녀가 직업을 구하지 못하거나 집을 구할 능력이 없어서인 경우도 있다. 만약 자녀가 직업을 구하는 데 어려움이 있다면 부모의 일을 돕거나 집안일을 하는 것도 일시적인 해결책이 될 수 있다. 그렇지 않고 가족에 무임승차한다면 그것은 문제가 된다. 직업을 구하지 못하더라도 나가서 친구와 함께 살 수도 있고, 또 급여는 없지만 숙식을 해결해주는 비영리기관을 알아볼 수 있다. 이런 어려운 경험들은 어른으로 가는 디딤돌이 된다.

자녀가 집에 남아 있다면, 부모로서 할 수 있는 가장 친절한 일이 자녀가 독립할 수 있도록 하는 것이다. 언제까지 나가야 하는지 알려주고 직업을 구할 수 있도록 도우며 예산을 지원하거나 살 곳을 찾는 데 도움을 줄 수 있다. 대학에 진학한 자녀에게 경제적인 도움을 준다면 적은 금액이라도 아르바이트를 하게 한다. 스스로 돕는 자를 도와야 한다.

요약

어려운 상황에서도 희망의 빛은 있다. 어려운 순간은 어쩌면 성장을 위한 기회일 것이다. 외부적 요인과 행동들을 통제할 수 없을지라도 우리는 항상 스스로 어떤 선택을 할지 결정할 수 있다. 그 어떤 것도 영원하지는 않고 희망은 언제나 존재한다는 태도를 취하는 것이 중요하다. 시간이 지나 어려웠던 시절들을 되돌아보며, 당신과 자녀 모두에게 그 시간이 경험을 통해 극복할 수 있는 힘을 얻는 성장의 시간들이었음을 고마워할 수도 있다.

1. 당신의 자녀가 위험한 행동을 한다면 두려움을 느낀다고 솔직하게 이야기한다. 그리고 자녀의 문제 행동에 초점을 두지 말고, 그 행동으로 인해 부모가 소중한 자녀를 잃어버릴 수도 있는 것이 진짜 문제라고 이야기한다. 그런 다음 위험한 행동을 멈추라고 말한다. 부모의 이런 이야기들을 이해한다면 자녀도 부모 말에 동의를 하고 행동을 수정하게 될 것이다.

2. 학교 폭력이나 동아리에서의 문제를 자녀가 혼자 해결할 거라고 기대해서는 안 된다. 자녀가 어떤 어려움을 겪고 있는지 살피고, 도움을 줄 방법을 찾는다.

3. 약물 오남용 문제는 각 단계별로 부모가 조치할 수 있는 방법이 다르다.

4. 어떤 선택이 옳은지 고민되거나 걱정되기도 하고, 또 내가 잘못하고 있지는 않는지 두려울 수 있다. 그럼에도 부모가 가지는 생각과 느낌을 자녀와 나누어야 한다. 참는 것은 옳지 않다.

5. 개입할 상황이라면 개입을 하라. 처음에는 효과적이지 않더라도 두 번, 세 번 계속 시도한다.

6. 요즘의 청소년들은 성 문제에 있어 과거보다 더 개방적이다. 약속을 받는 것보다는 성 문제에 대해 자녀와 이야기를 나누는 것이 효과적이다.

7. 성폭력 등 자녀의 성과 관련된 문제는 즉시 도움을 받아야 한다. 부모로서 자신이 어떤 평가를 받게 될지를 두려워해서는 안 된다. 전문가의 도움을 받아서 가족 모두가 고통에서 벗어날 수 있다.

8. 자살 문제에 대해서는 전문가의 도움을 받을 수도 있고, 부모가 자녀와 함께 이 문제에 대해 진지하게 이야기를 나눌 수도 있다. "죽어버릴 거예요."라고 자녀가 이야기를 하더라도 그런 표현은 도움이 되지

않는다고 설명하고, 감정을 표현할 수 있는 다른 방법을 안내한다.

9. 자녀의 식습관이나 외모에 대한 관심을 통제하려는 것을 멈춘다. 그 러면 자녀의 변화를 보게 될 것이다.

실전 연습

부모의 청소년 시절의 비밀

자녀의 사춘기 시절의 행동이 영원히 바뀌지 않을 거라고 믿거나, 사춘기에 겪는 보통의 문제들을 최악의 상황으로 상상해버리기 쉽다. 부모가 십대였을 때를 되돌아보는 다음의 활동은 자녀에 대한 걱정을 줄이고 자녀를 신뢰하는 데 도움을 준다.

1. 당신의 배우자가 몰랐으면 하는, 청소년 시절에 당신이 했던 일을 3가 지 적는다.

2. 위의 항목들 중 누구에게도 말하지 않은 것이 있는가?

3. 위에 적은 세 가지 항목과 지금 자녀에 대한 당신의 두려움과 판단은 어떤 관련이 있는가?

4. 자녀들은 부모가 자신들에게 비밀을 이야기해주는 것을 매우 좋아한 다. 자녀들 중에는 자신만 가족 중에서 나쁜 사람이라며 스스로를 비 난하고 또 이런 감정을 불편해하는 아이가 있다. 그럴 때 비밀에 관한 대화가 아주 효과적이다. 또한 비밀을 나누는 것은 부모를 좀 더 인간 적으로 보이게 할 것이다.

14장

긍정의 훈육으로 만나는 나

긍정의 훈육이 필요한 건 바로 나

청소년 자녀를 기르면서 당신이 청소년이었을 때 해결하지 못했던 문제들을 만나게 된다. 무의식 속에는 당신이 해결하지 못한 문제들이 여전히 남아 있다. 비록 당신은 의식하지 못하지만, 그 문제들은 당신의 양육 스타일에 영향을 미친다. 청소년 시절 해결하지 못한 이런 짐들이 여전히 당신의 삶에 영향을 미치고, 십대 자녀를 양육할 때 큰 걸림돌을 만든다.

어쩌면 청소년 자녀를 양육하는 것은 당신이 해결하지 못했던 과제들을 해결하는 기회이기도 하다. 이 과정의 이점은 셀 수 없이 많다. 당신은 더욱 효과적인 훈육을 할 수 있고, 자녀를 더 잘 이해할 수 있고, 공감할 수 있고, 나아가 자녀를 도울 수 있다.

당신의 자녀가 겪고 있는 문제들은 당신이 청소년 시절 해결하지 못했던 문제들, 예를 들어 힘, 자기 이미지, 신체에 대한 이미지, 친밀한 관계, 친구 관계, 부모, 독립에 관한 문제들과 그리 다르지 않을 것이다. 아래의 활동은 당신이 청소년 시절 해결하지 못했던 문제들을 만나는 데 도움을 줄 것이다. 13세부터 18세 시절의 당신을 떠올린다. 어디에서 살았고, 학교는 어디를 다녔는지를 생각해본다. 그런 후 아래 질문에 '예', '아니요'로 답한다.

- 스스로를 믿고 자신만의 삶을 살 수 있다고 믿었는가? (힘)
- 스스로 좋은 사람이라 생각하고 소속감을 느꼈는가? (자기 이미지)
- 자신의 몸에 대해 편안함을 느꼈는가? (신체에 대한 이미지)
- 이성 친구가 있었나? 연애를 했나? 이성과 있는 것이 편했나? 동성끼리는 어땠나? (친밀한 관계)
- 부모님을 믿고, 도움이 필요하면 부모님의 도움을 받을 수 있다는 느낌이 있었는가? (부모)
- 선택의 자유가 있었는가? 아니면 어른들이 결정하고 감시를 받았나? (독립)

모건은 위 질문을 스스로에게 하며 자기 이미지, 신체에 대한 이미지, 친밀한 관계가 자신의 풀리지 않은 문제임을 알게 되었다. 자신이 청소년 시절 겪었던 고통을 자녀들도 겪을까 봐 두려워했다는 것을 깨닫게 되면서, 자신의 문제가 지금 자녀와의 관계에 어떤 영향을 미치는지를 생각하게 되었다. 친밀한 관계에 대한 자신감 부족을 극복할 수 있도록 모건은 자녀에게 이성 친구를 사귀는 문제에 대해 자유를 주었다. 그리고 스스로 옷을 고르게 하였고 딸의 다이어트에 관여하는 것을 그만두게 되었다.

모건은 자신의 청소년 시절에 대한 질문 활동을 하면서, 스스로 해결하지 못했던 문제들을 자신의 자녀가 겪고 있다면 도움을 주기가 어렵다는 것을 깨닫게 되었다. 그래서 관심과 호기심을 가지고 자녀와 대화를 시작했다. 또한 이성 문제에 대해 도움이 필요할 때 자녀를 도와줄 수 있는 자녀의 친구들이나 형제자매에게 멘토의 역할을 부탁할 수 있게 되었다.

모건은 자신의 미해결 문제들을 만나면서 스스로의 문제를 해결하는 데도 노력을 기울였다. 영양학을 공부하기 시작했고 조깅과 요가를 시작했다. 외모를 가꾸기 위해 친구들에게 조언을 구하기도 했다. 스스로 문제를 해결하는 과정은 자녀들에게 가장 강력한 훈육이자 모델링이다.

레오 역시 이 활동을 하며 많은 것을 배웠다. 레오는 어린 시절 이혼한 가정에서 어머니와 누나와 함께 살았는데 직장일로 바쁜 어머니의 상황 때문에 자유로운 시간을 많이 가졌다. 어머니는 직장일로 바빴기 때문에 레오 남매에게 신경을 많이 못 썼고 아이들은 자유로운 상황에서 스스로 해야 한다는 것을 배웠다.

때때로 남매는 아버지 집에서 시간을 보내기도 했는데, 아버지는 매우 엄격했고 선택과 그 책임은 남매에게 있다는 것을 만날 때마다 강조했다. 이런 부모의 서로 다른 훈육 방식은 레오에게 다음과 같은 생각을 하게 만들었다.

"난 부모님 중 누구에게도 도움을 받을 수가 없어. 아빠도 너무 바쁘고 엄마는 직장일뿐 아니라 집안일도 혼자서 하는데 부탁이나 요구를 할 수 없어."

레오는 매우 독립적인 아이로 성장했지만 거절당했다는 느낌을 가지게 되었다. 커서 아버지가 된 레오는 자녀에게 도움을 주는 부모가 되고 싶었고, 이런 생각은 두 자녀를 응석받이로 키우게 만들었다. 레오의 자녀들은 매일 재미난 곳에 데려가 달라고 졸랐다. 이런 모습을 보며 레오는 아이들이 자신과 다르게 책임감이 없다는 점에 실망감이 들기도 했다. 한편으로는 아이들이 응석받이가 안 되길 바라지만, 또 한편으로는 어린 시절 자신이 받지 못한 것들을 자녀에게 주고 싶어 한다.

16살 아들 잭슨을 둔 어머니의 이야기다. 하루는 학교 선생님이 자주 결석을 하고 지각을 한다며 잭슨을 불렀다. 잭슨과 면담을 한 후 선생님은 어머니에게 전화를 했다. 전화를 받자마자 어머니는 주저 없이 선생님을 찾아 상담을 했고 교사–부모 워크숍에도 참가하겠다고 했다.

나중의 상담 과정에서 잭슨의 어머니에게 어떻게 그렇게 아무 망설임도 없었는지를 물어보자, 어머니는 선생님에게 좋은 인상을 주고 싶었다고 대답했다. 조금 더 대화를 하자, 어머니는 선생님의 목소리 톤을 듣고 자동적으로 자신이 뭔가 잘못하고 있다고 느꼈다고 말했다. 선생님의 눈치를 보고 있었던 것이다.

잭슨의 어머니는 긍정훈육 워크숍에서 다른 부모들의 도움으로 사랑과 우애에 관한 어린 시절의 자기 신념을 알게 되었다. 그녀는 학창 시절 결코 잘못된 행동을 하지 않으려 했고, 실수를 하게 되더라도 바로 고치고 선생님을 실망시키지 않으려 노력했었다. 그때 옳은 것이란 다른 사람의 기준이었다. 따라서 훈육에서도 '옳음'이 자신과 자녀를 기준으로 한 것이 아니었던 것이다. 훈육을 할 때 잭슨 어머니는 언제나 자녀가 문제를 해결하도록 돕기보다는 선생님과 불편한 관계를 만들지 않는 것에 집중했다.

만약 어머니가 자신의 청소년 시절 해결하지 못했던 문제에서 자유로웠다면 선생님의 눈치를 살피는 것이 아니라 아들이 원하는 것과 해결해야 하는 것, 그리고 아들과 자신의 감정에 대해 이야기를 나눌 수 있었을 것이다. 또한 문제에 대한 책임은 자신이 아니라 아들에게 있으며 아들이 선생님과 그 문제를 해결해야 한다고 말할 수 있었을 것이다. 또 아들이 혼자서 선생님과 이야기를 나눌지, 어머니가 함께 해결할지에 대해서도 의논할 수 있었을 것이다.

부모가 자신의 청소년 시절의 강점과 약점을 아는 것은 훈육을 할 때 위험한 영향을 미치지 않도록 해준다. 부모 자신의 청소년 시절의 정보를 이용해 훈육에 관한 문제를 해결할 수 있을 뿐 아니라, 자녀에게 삶을 살아가는 힘과 용기를 갖게 해주고, 효과적인 훈육을 하는 부모가 될 수 있다.

부모가 스스로를 지지한다

누군가 부모에게 "자녀를 지지하고 있나요?"라고 묻는다면 대부분 "그럼요."라고 답할 것이다. (행동은 비록 그렇지 않을 수 있는데도 말이다.) 하지만 "당신은 스스로를 지지하나요?"라고 물으면, 당신은 부모가 자녀와는 별개로 자기 삶의 권리를 가진다는 것을 깨닫지 못했다는 점을 생각하게 될 것이다. 또한 부모가 모든 행동을 자녀에게 맞출 필요는 없다는 사실을 비로소 알게 될 수도 있다.

부모가 스스로를 지지한다는 것은 자녀의 욕구만큼이나 자신의 욕구를 고려한다는 것을 의미한다. 그런데 당신의 생각과 행동의 저변에 두려움이 자리하고 있으면 당신은 스스로를 존중하지도 보호하지도 못하는 '셔플 훈육'을 하게 된다. 상황에도 안 맞고 자신과 자녀를 존중하는 방식도 아니다.

● 셔플 훈육
○ 셔플 훈육은 자기 존중이나 장기 훈육의 목표 달성에 방해가 되는 생각과 행동들을 포함한다. 우왕좌왕하는 이 셔플 훈육은 자녀의 편에 서지도 당신의 편에 서지도 못하게 하며, 부모로서의 존엄과 존중을 잃게 한다. 이러한 셔플 훈육의 특징으로, 통제와 허용 같은 단기적인 훈육 기술을 정당화하게 된다는 점을 들 수 있다. ○
●

스스로를 지지하지 못하는 셔플 훈육 5단계
1단계: 청소년 자녀가 실수를 배움의 기회로 여기고 성장하도록 지지하기보다 잘못되었다고 비난하고 고쳐주려 애쓴다. 이런 태도는 자녀를 구출하느라 정신이 팔려, 부모 자신의 실수를 알아차리고 바로잡는 데에는 방해가 된다. 부모가 스스로를 지지하고 실수로부터 배우는 태도를 보여줌으로써 자녀가 실수를 배움의 기회로 만들 수 있게 돕는다.

2단계: 다른 사람들이 어떻게 생각할지 걱정한다. 당신과 당신의 자녀에게 무엇이 최선인지를 고려하는 것이 아니라 어떻게 보이는지에 관심을 둔다. 당신에게 별 관심이 없는 다른 사람들을 기쁘게 하려 노력하느라 정작 스스로에 대해 관심을 두지 않는다.

3단계: 어른으로 성장하는 과정에서 겪게 되는 고통과 어려움으로부터 자녀를 과잉보호한다. 나로부터의 훈육이란, 부모로서의 고통을 직면하고 스스로를 용서하며 지금의 어려움을 성장의 기회로 삼는 것을 의미한다.

4단계: 청소년 자녀가 화내는 것을 두려워하게 되면, 포기하거나 지거나 자녀가 화를 내지 않도록 회피하는 훈육을 하게 된다. 이러한 훈육은 자녀에게 화는 나쁘고 피해야 하는 것이며 다른 사람을 조종하는 데 사용할 수 있다는 것을 가르치게 된다. 화가 나면 감정을 살피고 적절하게 해결할 수 있다는 것을 부모가 먼저 보여주어야 한다. 당신은 스스로를 존중하고, 자녀가 화를 낼지라도 "안 돼."라고 해야 한다. 이것이 나로부터의 훈육이다.

5단계: 자녀를 위해 희생하지 않는다면 이기적이라고 믿거나, 스스로 즐기는 것을 허용하지 않는 부모들이 있다. 나로부터의 훈육은 스스로를 위해 해야 하는 것과 자녀를 위해 해야 하는 것을 조율하는 과정이다.

나로부터의 훈육이란 자녀를 한 인격으로 이해하는 것처럼 스스로를 한 인격으로 이해하는 것을 의미한다. 또 자녀를 존중하는 태도로 자녀의 성장을 돕는 것처럼 스스로를 존중하는 방식으로 자신의 성장을 지원하는 것이다. 당신의 자녀는 아마 당신이 스스로를 존중할 수 있도록 많은 기회를 줄 것이다.

만약 부모가 과거 청소년 시절에 해결하지 못한 오래된 자신의 문제에 갇혀 있다고 느끼면, 이 14장을 다시 한번 읽어보길 권한다. 이 장의 마지막에 제시된 활동은 부모가 자신의 미해결 문제를 확인하고 풀수 있게 해주며, 부모의 삶과 자녀의 삶 모두에 도움이 될 것이다.

이 장에서 배운 친절하며 단호한 훈육법

1. 자녀를 양육하는 것을 자신의 오랜 미해결 문제를 해결하는 기회로 본다. 해결하지 못한 문제에 대한 불안함을 자녀에게 넘기지 마라.

2. 부모에게 자기 이미지에 대한 문제가 있다면 자녀로 인해 그 문제가 표면화될 것이다. 부모의 문제와 자녀의 문제를 구분해야 한다.

3. 부모의 두려움이 무엇인지를 살피는 것은 과거의 문제를 해결하는 데 매우 효과적이다. 두려움의 정체를 이해하면 두려움을 내려놓을 수 있고, 상상하면서 두려워하는 것이 아니라 구체적인 상황 속에서 필요한 문제를 다룰 수 있게 된다.

4. 새로운 관점을 가지면 다양한 방법을 만나게 된다. 마치 마법처럼.

5. 부모가 자신의 청소년 시절을 회상하는 것은 부모의 기억과 현재 자녀의 상황 사이에서 유사점을 찾게 한다.

6. 부모가 지금 경험하는 고통은 일시적이라는 것을 명심한다. 자녀는 부모의 삶에 들어왔다 나가기를 반복할 것이다.

실전 연습

다음의 과정을 통해 당신의 청소년 시절 해결하지 못한 과제들을 확인할 수 있다. 또 자녀의 세계를 만날 수도 있다. 이 활동을 하며 '나는 이런 사람이어야 한다.'는 의무를 내려놓길 바란다. 그러면 스스로가 청소년 시절 어떤 식으로 생각하고 느끼고 행동했는지를 알 수 있다. 자신의 청소년 시절을 기억하는 것은 자녀의 세계를 이해하는 데 매우 도움이 되며, 자녀의 행동을 부모의 관점에서 왜곡해서 해석했다는 것을 깨우치는 데에도 도움이 된다.

1단계: 지금 자녀와 해결하지 못한 문제 탐색하기

1. 자녀와 겪었던 일 중 바꾸고 싶은 상황을 생각하고 자세하게 쓴다.

2. 그 상황이 일어났을 때의 감정을 쓴다. '∼ 같은', '그것', '∼한 듯한' 등의 단어를 사용하지 말고 정확하게 감정 단어를 사용한다. 감정은 한 단어로 표현할 수 있다. 예를 들어, "사람들이 날 싫어하는 것처럼 느꼈어요."라는 것은 감정이 아니라 생각이다. "상처받았어요."라고 표현하는 것이 감정이다. 감정 단어를 여러 개 함께 사용해도 괜찮다.

3. 문제 상황에서 무엇을 했나?

4. 당신의 행동에 자녀는 어떤 반응을 했나?

5. 자녀의 반응을 보고 당신은 어떤 결심을 했나?

2단계: 당신 자신의 청소년 시절로 돌아가기

1. 청소년 시절에 원하는 대로 안 되었던 상황을 떠올려 자세히 쓴다.

2. 그 상황에서 무엇을 느꼈나?

3. 그 상황에서 어떻게 했나?

4. 그때 주위의 어른들과 부모는 어떻게 행동했나?

5. 그들의 행동에 대한 당신의 반응은 어떠했나?

6. 그 상황에서 어떤 결심을 했나?

3단계: 지금의 문제 해결하기

1. 1단계와 2단계에서 쓴 상황들을 다시 읽어본 후 당신의 청소년 시절 해결되지 않은 문제를 서술한다.

2. 지금의 문제를 효과적으로 해결하는 데 도움이 될 만한 청소년 시절의 기억은 무엇이 있나? 어떤 관련이 있나?

3. 만약 청소년 시절의 문제와 지금의 문제 사이에 관련성을 찾을 수 없다면 1, 2단계의 내용을 배우자나 친구에게 보여준다. 그들은 더 객관적으로 이 상황을 볼 수 있기 때문이다. 스스로의 과거를 바라보는 것이 너무 어려운 당신에게 그들이 해결책을 줄 수 있다.

맺음말

두려운 훈육에서 용기 있는 훈육으로

정치, 경제, 기술, 건강에 대한 기준들이 다양한 영역에서 빠르게 변화하고 있지만 가장 따라가기 힘든 것은 아마도 이 복잡한 사회에서 하루가 다르게 변하는 아이들을 훈육하는 문제일 것이다. 훈육의 기술은 별로 개선되지 않았다. 오늘날 대표적인 훈육의 방식은 아이들을 행복하게 하는 것과 자존감을 높이는 데에 초점을 두고 있다. 그러나 부모들은 여전히 과잉통제나 과잉보호 수준에 머물러 있는지도 모른다. 그 결과 자녀들은 스스로를 능력이 없거나 나쁜 사람이라고 여기게 된다.

청소년 시절 숙제와 수행평가 점수를 강조하는 것은 엄청난 스트레스와 힘겨루기, 저항을 불러온다. 또 부모가 말로는 자녀의 행복과 자존감에 관심이 있다고 하면서도 정작 대부분의 이야기는 점수와 공부, 그리고 해야 할 의무에 대한 것이라면, 그리고 그 수단이 보상과 처벌이라면 당신의 자녀는 매우 혼란스러울 것이다.

부모의 과제는 자녀가 빠르게 성장하는 만큼 부모도 스스로 성장하는 길을 선택하는 것이다. 변화는 쉽지 않다. 하지만 할 수 있다. 당신이 변화하는 것이 얼마나 가치 있는 일인지 깨닫게 된다면 말이다. 그

첫 번째 단계는 자녀를 아기처럼 대하는 습관을 버리는 것이다. 십대 자녀를 배우고 협력하고 성장하는 능력을 갖춘, 존엄성을 지닌 한 개인으로 대해주는 것에서부터 변화는 시작된다.

당신의 청소년 자녀가 부모의 통제와 과잉보호 없이 삶의 기술들을 배울 수 있다고 믿기란 매우 힘든 일일 것이다. 이것이 힘든 가장 큰 이유는 바로 두려운 훈육과 용기 있는 훈육의 차이를 모르기 때문이다.

두려운 훈육

두려운 훈육을 하게 되는 건 자녀를 그냥 내버려 두는 게 부모에게 너무 힘들기 때문이다. 부모는 아이가 영원히 상처를 입을지 모른다고 걱정하고 두려워하면서 상황을 통제하려 한다. 즉 통제의 방식이다.

다른 한편 두려운 훈육은 허용의 방식으로 나타나기도 한다. 당신 스스로 작은 시도들을 얼마든지 할 수 있다는 것을 믿지 못한 채 아예 아무것도 하지 않는 것이다. 두려운 훈육은 통제 아니면 허용, 이 두 가지밖에 없다고 생각한다. 두려운 훈육은 다른 사람들이 어떻게 생각할지, 뒤에서 뭐라 말할지를 걱정한다. 때문에 진정으로 자녀의 문제에 집중하지 못하고 실수를 배움의 기회로 삼지도 못한다. 자녀가 성장하는 과정의 중요성보다 완벽함을 추구하게 된다. 이런 경우 부모는 자녀를 보호하는 것이야말로 부모의 과제라고 생각한다. 또 두려운 훈육은 주어진 상황에서 오직 한 번의 기회만 있다고 생각하며, 실수했을 경우 아이에게 회복할 수 없는 상처를 준다고 믿는다. 두려움을 가진 부모는 자녀에게 상처를 줄 의도는 아니지만, 자녀의 성장을 가로막는 훈육 방법들을 사용하고 만다. 과잉보호와 통제, 융통성 없는 규칙이나 무조건적인 허용, 혹은 소통하지 않는 훈육으로 자녀의 강점과 능력을 발현할 기회를 빼앗는다.

용기 있는 훈육

용기 있는 훈육은 두려움을 직면하는 것이다. 자녀를 믿고 실수를 배움의 기회로 여기는 것은 사실 두려운 일이다. 하지만 부모로서 해야 하는 과제에 집중해야 한다. 용기 있는 훈육은 비난하거나 그 상황을 대신 해결해주지 않고, 방법을 알려주는 데 시간을 할애한다. 용기 있는 부모는 자녀가 실수로부터 배울 수 있다는 믿음을 가지고 지지하는 환경을 만들며, 실수를 저질렀을 때 자녀를 비난하거나 대신 처리해주지 않는다. 또 자녀에게 능력이 있다는 믿음을 가지고 그들이 선택할 수 있는 기회와 여유를 주며, 필요한 경우에는 지원을 해준다.

부모가 자녀에 대해 유능하고 자질이 있으므로 경험을 통해 삶의 기술들을 배울 수 있다고 생각할 때, 부모는 더욱 용기를 가질 수 있다. 용기 있는 부모가 되기 위한 4가지 제안은 다음과 같다.

1. 긍정훈육을 함께 실천할 수 있는 동료를 찾는다.
2. 친절하며 단호한 훈육 방법을 꾸준히 연습하고 실천한다.
3. 자녀가 자신의 삶을 살아갈 수 있도록 삶의 기술을 가르친다.
4. 이 책을 반복해서 읽는다. 읽을 때마다 새로운 것들을 발견할 것이다.

청소년 자녀를 훈육하는 것은 부모의 삶에 큰 과제일 것이다. 그러므로 스스로를 훈련하는 시간을 가져야 한다. 긍정의 훈육에서 이야기하고 있는 훈육 방법들은 저절로 행할 수 있는 것들이 아니다. 우리는 이 방법들을 30년 넘게 실천하며 다듬은 결과로서 만들어낼 수 있었다. 그러니 그 절차와 내용을 신뢰하길 바란다. 한 가지 기쁜 소식은 당신이 자녀와 존중하는 관계를 만들수록, 당신은 주변 사람들과도 존중하는 관계를 맺게 될 거라는 점이다.